[德]汉斯·阿尔伯特·理查德 Hans Albert Richard
[德]曼纽拉·桑德 Manuela Sander 著
许天旱　王党会　罗皓荣 译

疲劳裂纹扩展
检测—评估—预防

Fatigue Crack Growth
Detect—Assess—Avoid

中国石化出版社

内容提要

本书主要论述疲劳裂纹扩展过程。首先根据现有的材料经典力学强度计算方法对构件和结构的尺寸进行了描述。然后通过描述裂纹扩展引起的各种损伤情况及损伤分析和无损检测理论，提出了Ⅰ型、Ⅱ型、Ⅲ型及混合型断裂机制及疲劳裂纹扩展的基本规律。随后描述了断裂力学的材料参数如断裂韧性、疲劳裂纹扩展门槛值及疲劳裂纹扩展曲线的实验确定方法。书中列举了大量的工程实例。

本书适合材料和机械等专业本科高年级学生及研究生作为教学参考书使用，也适合工程技术人员用于提高和作为参考资料使用。

著作权合同登记　图字 01－2021－7307

First published in German under the title
Ermüdungsrisse: Erkennen, sicher beurteilen, vermeiden
by Hans Albert Richard and Manuela Sander, edition: 3

图书在版编目(CIP)数据

疲劳裂纹扩展：检测—评估—预防/(德)汉斯·阿尔伯特·理查德(Hans Albert Richard)，(德)曼纽拉·桑德(Manuela Sander)著；许天旱，王党会，罗皓荣译．—北京：中国石化出版社，2021.12
书名原文：Fatigue Crack Growth Detect—Assess—Avoid
ISBN 978－7－5114－6520－7

Ⅰ.①疲…　Ⅱ.①汉…②曼…③许…④王…⑤罗…　Ⅲ.①疲劳断裂－裂纹扩展－检测②疲劳断裂－裂纹扩展－评估③疲劳断裂－裂纹扩展－预防　Ⅳ.①O346.1

中国版本图书馆 CIP 数据核字(2021)第 268804 号

中国石化出版社出版发行
地址:北京市东城区安定门外大街 58 号
邮编:100011　电话:(010)57512500
发行部电话:(010)57512575
http://www.sinopec-press.com
E-mail:press@sinopec.com
北京富泰印刷有限责任公司印刷
全国各地新华书店经销

*

787×1092 毫米 16 开本 14 印张 313 千字
2021 年 12 月第 1 版　2021 年 12 月第 1 次印刷
定价:78.00 元

前　言

由于技术实践中存在机械载荷，构件损伤时有发生。原因通常是构件中本来就存在瑕疵或裂纹或者在操作过程中形成了瑕疵或裂纹。构件在服役过程中受到时变载荷的作用，裂纹就会发生扩展。一般来说，裂纹在扩展初期是比较稳定的。在每一个循环载荷周期中，裂纹扩展（所谓的疲劳裂纹扩展）都少有发生。根据加载方式、构件的几何形状及材料的不同，疲劳裂纹可以在数千个周期内增长而不会失稳。但如果载荷或裂纹长度达到某一临界值，裂纹扩展则会出现失稳，构件或整个结构会发生失效。

本书主要论述疲劳裂纹扩展过程。因此，本文首先根据现有的材料经典力学强度计算方法对构件和结构的尺寸进行了描述；然后通过描述裂纹扩展引起的各种损伤情况及损伤分析和无损检测理论，提出了Ⅰ型、Ⅱ型、Ⅲ型及混合型断裂机制及疲劳裂纹扩展的基本规律；随后描述了断裂力学的材料参数（如断裂韧性、疲劳裂纹扩展门槛值及疲劳裂纹扩展曲线）的实验确定方法。前面8章提到的概念和材料参数对恒幅循环载荷是有效的，但在实际应用中，恒幅载荷是非常少见的，因此最后一章（第9章）将详细讨论服役载荷作用下的疲劳裂纹扩展及其对剩余寿命的影响，且研究主要集中在利用分析和数值模拟工具对剩余寿命的计算方面。另外，第9章中还给出了一些实际的例子，如管道泄漏、高速列车轮胎疲劳裂纹扩展的研究或模拟压力机架的疲劳裂纹扩展。

作者希望读者通过本书的学习，能够为进一步研究疲劳裂纹扩展，为随后应用本书所描述的概念及方式打下牢固的基础。此外，作者希望这些读者会喜欢研究书中包含的各种实例。希望通过本书的研究学习，相关人员能够使得因疲劳裂纹扩展而造成的损伤数量显著减少。

这本书是由第三版的德语书 *Ermüdungsrisse – Erkennen, Sicher beurteilen, Vermeiden* 翻译而来，由斯普林格菲威克出版社（*Springer Vieweg*）于 2012 年出版。因此我们十分感谢为德语版作出贡献的所有人，特别是 Dr. – Ing. Andre Riemer（Paderborn 大学）、Thomas Zipsner 和 Imke Zander（斯普林格菲威克编辑部）。

我们感谢 Birgit Felske 准备的英文版图稿，以及感谢斯普林格科学传媒承担的出版工作。我们特别感谢 Nathalie Jacobs 和 Cynthia Feenstra 在编辑和最后印刷方面的合作和协助。

Paderborn 大学：Hans Albert Richard

Rostock 大学：Manuela Sander

2016. 1

目　录

参　　数

A	面积
A_{min}	最小面积
A_0-A_3	Newman 裂纹张开函数系数
$A-D$	Richard 插值公式常数
C	根据 ASTM 确定的降载率（美国测试和材料学会）
C_{FM}	NASGRO 方程的材料相关系数
C_P	迟滞因子
C_P	Paris 定律中的材料相关系数
C_E	Erdogan－Ratwani 定律中的材料相关因数
C_{th}	描述临界值相关性 R 的 Newman 经验函数中的参数
D	直径
E	弹性模量、杨氏模量
F	试验力
F_a	力幅值
F_m	力均值
F_{max}，F_{min}	最大力，最小力
F_o，F_u	最大力，最小力
ΔF	循环/周期力
G	重量
G	能量释放率
G_{I}，G_{II}，G_{III}	模式Ⅰ、模式Ⅱ、模式Ⅲ的能量释放速率
G_{IC}	临界能量释放率
H	累积频率
I	面积惯性矩
J	J 积分的值
J_{IC}	J 积分的临界值
K	应力强度因子
K_C	临界应力强度因子

K_{I}，K_{II}，K_{III}	模式Ⅰ、模式Ⅱ、模式Ⅲ的应力强度因子
$K_{\mathrm{I,BI,max}}$，$K_{\mathrm{I,BI,min}}$	基准水平载荷的最大、最小应力强度因子
$K_{\mathrm{I,block}}$	块负载最大应力强度因子
K_{IC}，K_{IIC}，K_{IIIC}	模式Ⅰ、模式Ⅱ、模式Ⅲ的断裂韧度
$K_{\mathrm{I,max}}$，$K_{\mathrm{I,min}}$	最大、最小载荷下模式Ⅰ的应力强度因子
$K_{\mathrm{II,max}}$，$K_{\mathrm{II,min}}$	最大、最小载荷下模式Ⅱ的应力强度因子
$K_{\mathrm{I,max,eff}}$，$K_{\mathrm{I,min,eff}}$	有效最大、最小应力强度因子
$K_{\mathrm{I,max,req}}$	在 Willenborg 模型中考虑残余应力的虚拟应力强度因子
$K_{\mathrm{I,max,th}}$	临界值最大应力强度因子
$K^{*}_{\mathrm{max,th}}$	双准则概念中最大应力强度因子的临界值
$K_{\mathrm{I,ol}}$	过载应力强度因子
$K_{\mathrm{I,op}}$	裂纹张开应力强度因子
$K_{\mathrm{I,R}}$	残余应力强度因子
$K_{\mathrm{I,ul}}$	欠载的应力强度因子
$K_{\mathrm{I,zul}}$	许用应力强度因子
K_{Q}	临界应力强度因子
K_{V}	等效应力强度因子
$K_{\mathrm{V,max}}$，$K_{\mathrm{V,min}}$	最大、最小等效应力强度因子
ΔK	循环应力强度因子
ΔK_{I}，ΔK_{II}，ΔK_{III}	模式Ⅰ、模式Ⅱ、模式Ⅲ的循环应力强度因子
$\Delta K_{\mathrm{I,0}}$	初始循环应力强度因子
$\Delta K_{\mathrm{I,Bl}}$	基线水平载荷的循环应力强度因子
ΔK_{IC}	失稳初始裂纹扩展的循环应力强度：$\Delta K_{\mathrm{IC}} = K_{\mathrm{IC}} \cdot (1-R)$
$\Delta K_{\mathrm{I,eff}}$	有效循环应力强度因子
$\Delta K_{\mathrm{I,eff,th}}$	有效临界值
$\Delta K_{\mathrm{I,rms}}$	载荷谱循环应力强度的均方根
$\Delta K_{\mathrm{I,th}}$	模式Ⅰ的临界值（模式Ⅰ的循环应力强度因子的临界值）
$\Delta K_{\mathrm{II,th}}$，$\Delta K_{\mathrm{III,th}}$	模式Ⅱ、模式Ⅲ的临界值（模式Ⅱ、模式Ⅲ的循环应力强度因子的临界值）
$\Delta K_{\mathrm{I,zul}}$	许用循环应力强度因子
$\Delta K^{*}_{\mathrm{th}}$	双准则概念的临界值
$\Delta K_{\mathrm{th,0}}$	$R=0$ 的临界值 ΔK_{th}
ΔK_{V}	循环等效应力强度因子
M	力矩
M_{B}	弯矩
M_{T}	扭矩

L_j	梁单元长度（条带屈服模型）
N	载荷周期数
N	正应力
N_B	剩余寿命
N_{Bl}	基线水平载荷下的载荷循环数
N_D	疲劳强度载荷下的载荷循环数
N_D，N_{Dl}	延迟负载循环数，校正后的延迟负载循环数
N_i	萌生寿命
N_f	总使用寿命
Q	剪切力
R	最小应力与最大应力之比或最小应力强度因子与最大应力强度因子之比：$R=\sigma_{min}/\sigma_{max}=K_{min}/K_{max}$
R_{block}	块负载比
R_{cl}，R_p	ΔK_{th}为某一恒值对应的应力比，适用于应力比 R 为正、负值
R_e	屈服强度
R_{eff}	有效应力比 $R_{eff}=K_{min,eff}/K_{max,eff}$
R_m	抗拉强度
R_{ol}	过载比
$R_{p0.2}$	0.2%屈服强度
R_{SO}	关断比
R_t	表面粗糙度
S_B	抗断裂安全因子（系数）
S_D	抗疲劳断裂安全因子（系数）
S_E	抗疲劳裂纹扩展安全因子（系数）
S_F	抗屈服安全因子（系数）
S_R	抗裂纹扩展失稳安全因子（系数）
T	温度
U	电位差
U	弹性势能
U_0	初始电位差
$\overline{U}$	弹性能量密度
V	体积
V_j	虚拟裂纹张开位移（条带屈服模型）
W	外力做的功
W	截面系数（模数）
W	Wheeler 指数

W_B	抗弯截面系数（模数）
W_{min}	最小截面系数（模数）
W_P	极惯性矩
W_T	截面抗扭系数（模数）
Y_{I}，Y_{II}，Y_{III}	几何因子，模式Ⅰ、模式Ⅱ、模式Ⅲ的标准应力强度因子
a	裂纹深度、裂纹长度
a_0	El Haddad 参数
a_A	初始裂纹长度
a_C	临界裂纹深度，临界裂纹长度
a_{det}	检测极限：可通过无损检测仪器探测到的裂纹长度
a_{pl}	塑性裂纹长度校正
a_{th}	对应于疲劳裂纹扩展临界值的裂纹长度
Δa	裂纹增量
b	椭圆的半轴
b_1	表面系数
b_2	尺寸系数
c	裂纹长度
d	直径，宽度
$\mathrm{d}a/\mathrm{d}N$	裂纹扩展速率
$(\mathrm{d}a/\mathrm{d}N)_{th}$	临界值附近的裂纹扩展速率
f	频率
f_{ij}^{I}，f_{ij}^{II}，f_{ij}^{III}	无量纲函数
m_P	Paris 定律中的物质相关指数
m_E	Erdogan - Ratwani 定律中的材料相关指数
n_{ol}	分散式的过载次数
n_{FM}，p，q	NASGRO 方程的材料相关指数
p	内压
r，φ	极坐标
t	时间
t	厚度，试样厚度
u，v，w	位移
w	试样宽度
x，y，z	笛卡儿直角坐标（系）
α	角度
α	约束因子
α_H	主剪切应力角

α_K	应力集中因子
β	角度
ε	应变
ε_{ij}	应变张量
ε_m	平均应变
ε_{max}，ε_{min}	最大应变，最小应变
γ	裂纹张开函数：$K_{I,op}$与$K_{I,max}$的比值
κ	对于平面应力状态（ESZ）为（$3-v$）/（$1+v$）；对于平面应变状态为$3-4v$（EVZ）
v	泊松比
ρ	切口半径
ρ	密度
σ	法向应力（正应力）
σ_1，σ_2，σ_3	主法应力
σ_a	应力幅值
$\overline{\sigma}_a$	累积频率分布的最大应力幅值
$\sigma_{a,zul}$	许用应力幅值
σ_A	某一R比率下的疲劳强度
σ_C	临界应力
σ_D	疲劳强度
σ_F	屈服应力
σ_{ij}	应力张量
σ_j	条带屈服模型中的接触应力
σ_m	平均应力
σ_{max}，σ_{min}	最大正应力，最小正应力
σ_N	名义应力（公称应力）
σ_{op}	裂纹张开应力
σ_r，σ_φ，σ_z	柱坐标系中的法向应力（正应力）
σ_{Sch}	波动应力下的疲劳强度
σ_V	等效应力
$\sigma_{V,a}$	等效应力幅值
$\sigma_{V,max}$	最大等效应力
σ_W	交变应力下的疲劳强度
σ_x，σ_y，σ_z	x、y、z方向的法向应力
σ_{zul}	许用应力
$\Delta\sigma$	循环正应力

$\Delta\sigma_{th}$	疲劳裂纹扩展开始（萌生）对应的循环应力
τ	切应力
τ_a	切应力幅值
τ_C	临界切应力
τ_H	主切应力
τ_{max}	最大切应力
$\tau_{r\varphi}$，$\tau_{rz}\tau_{\varphi z}$	柱坐标系中的切应力
τ_{xy}，τ_{yz}，τ_{zx}	直角坐标中的切应力
τ_Z	非平面切应力
$\Delta\tau$	循环切应力
φ_0	扭折角
ψ_0	扭角
ω，ω_{pl}	塑性区尺寸
ω_{max}，ω_{ol}	主塑性区尺寸
ω_{min}	反塑性区尺寸

第1章　根据强度标准设计构件和结构

构件和结构通常是基于材料的经典强度，从应力、形变或稳定性的角度来设计。

例如，进行强度校核时，最大应力会和许用应力值进行比较。最大应力是由载荷和构件的几何形状确定的，通常采用下列方法之一：

(1)根据经典方式计算正应力，把可能的缺口影响也考虑进去；

(2)直接用有限元法进行分析；

(3)用实验法进行分析。

许用应力是根据相关的材料参数、表面因素、尺寸因素、缺口敏感性因素和安全因素等计算出来的。

如果负载主要是静态的，我们则需要进行静态强度的校核。通常，循环载荷或时变载荷需要进行疲劳强度的校核或结构耐久性的校核。对于各种应用，我们有必要进行形变分析、稳定性校核或保持长期稳定性的校核。

在许多情况下，除了强度校核，我们还需要进行断裂力学分析。也就是说，我们必须确定在哪些情况下，构件中的一个缺陷或裂纹会失稳扩展，从而造成构件突然断裂。我们还需要检查，一个裂纹是否会在循环载荷作用下(在疲劳条件下)稳定扩展，它的裂纹扩展速率会是多少，构件或结构在失效之前还有多少剩余服役寿命。

下面的章节将专门讨论裂纹扩展这个重要问题。通过研究这些基本原理，机器、设备和车辆的损坏(无论是轻微的还是灾难性的)都是应该能够预防的。然而，我们的注意力首先要转移到强度计算的本质方面，因为在含有裂纹的构件中，强度失效也是可能的。

1.1　构件和结构的负荷

在强度计算或断裂力学分析开始时，构件和机械的加载情况必须被阐明。这些负荷可以细分为主要负荷、附加负荷、特定负荷。

主要负荷包括恒载或重量、有效负荷(或服役载荷)和惯性力。附加负荷可以是风力荷载、在特殊情况下产生的力或热力。特定负荷指的是测试载荷和传输(或组装)过程中产生的载荷。

构件和结构所承受的应力通常受集中载荷、线性载荷、面积载荷、体积载荷或力矩的影响(详细说明可参见文献[1])。根据加载方向和构件的几何形状，这些载荷可能导致构件中出现单轴、平面或空间应力状态(请参见 1.2 节和文献[2])。

在影响到的区域，应力可以呈现为正应力 σ(如 σ_x、σ_y、σ_z)或者剪应力 τ(如 τ_{xy}、τ_{yz}、τ_{zx})，如图 1.1、图 1.2 所示。

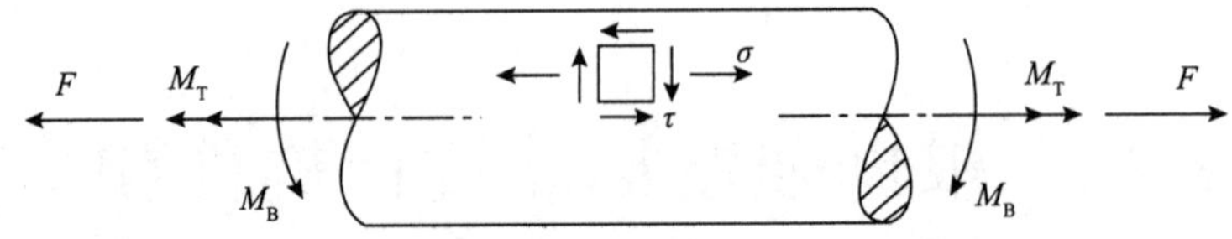

图 1.1 通过力 F，弯矩 M_B和转矩 M_T加载在轴上所得应力：正应力 σ，剪应力 τ

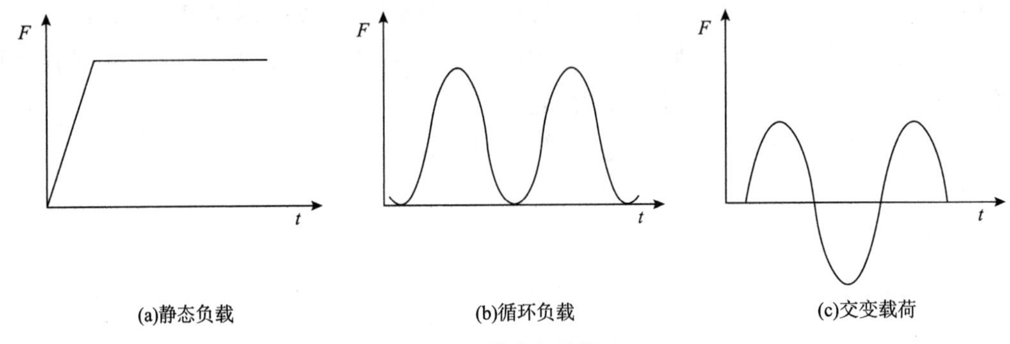

图 1.2 基本加载情况

对于强度计算来说，非常重要的是载荷类型，例如拉力、弯曲和扭转(见图 1.1)、时变载荷(承载情况下)。以下列出了不同类型的载荷：静态载荷、循环载荷、交变载荷、一般周期性载荷、变幅载荷、冲击载荷。静态载荷也称恒载，其特征是在长时间 t 内力 F 恒定，如图 1.2(a)所示。

纯循环拉伸载荷是周期性变化的载荷，其最小值总是为零，如图 1.2(b)所示。如果加载的最大值为零，则纯循环拉伸载荷被称为纯循环压力载荷。

如果最大和最小载荷在数量上相等但符号互异，并且平均载荷为零，则该载荷被称为纯交变载荷，如图 1.2(c)所示。

一般周期性载荷的特征量有载荷的最大值(如 F_0、F_{max})、载荷的最小值(如 F_u、F_{min})、振幅(如 F_a)、负载的平均值(如 F_m或比率 R)。比率 R 表示最小与最大载荷的比值。一般周期性载荷的载荷 - 时间图如图 1.3 所示：

$$R=\frac{F_u}{F_0}=\frac{F_{min}}{F_{max}} \tag{1.1}$$

如果从这些力中计算应力 σ，则应用下式：

$$R=\frac{\sigma_u}{\sigma_0}=\frac{\sigma_{min}}{\sigma_{max}} \tag{1.2}$$

式中 σ_0或 σ_{max}——周期性载荷 - 时间图中应力更大或最大值；

σ_u或 σ_{min}——更小或最小应力。

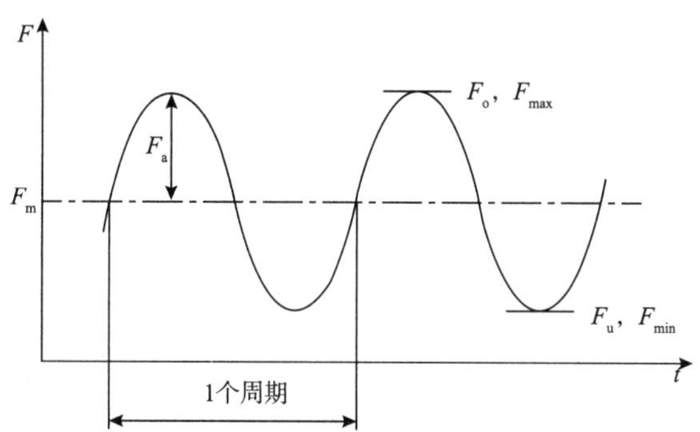

图 1.3　一般周期性载荷及其特征量

在非周期性加载条件下(见图 1.4)，载荷的幅值和平均应力连续变化。非周期性载荷－时间函数本身既可以是确定的也可以是随机的。这种载荷出现在汽车、飞机、风力发电厂和许多其他机器和构件上。

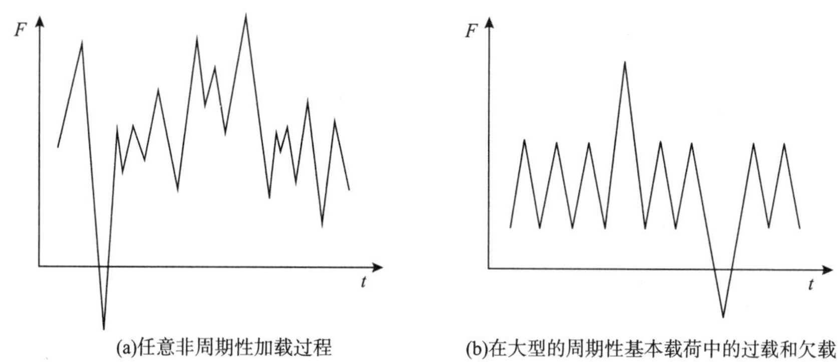

(a)任意非周期性加载过程　(b)在大型的周期性基本载荷中的过载和欠载

图 1.4　不同幅值的载荷类型

冲击载荷(见图 1.5)，其特征在于载荷 F 上升和下降的速度非常快。这意味着载荷的急剧增加发生在非常短的时间间隔 Δt 内。

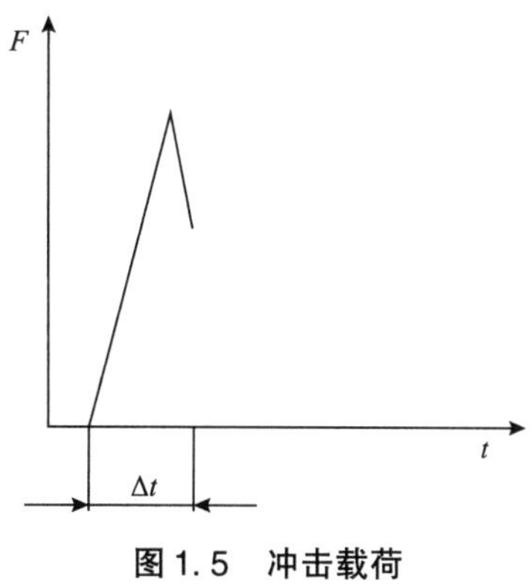

图 1.5　冲击载荷

时变载荷也会在构件中产生时变应力。在多轴应力条件下，应力随时间的变化可以成比例，也可以不成比例。

1.2 构件和结构中的应力和应力状态

根据加载条件和构件几何形状，单轴、平面或空间应力状态可能出现在构件和结构中，如图 1.6 所示。单轴应力状态，其特征在于产生正应力 σ，如图 1.6(a)所示。例如，由杆和板上的拉伸载荷(或压缩载荷)或梁和轴上的纯弯曲载荷能够产生正应力[2]。

具有剪应力 τ 的纯剪切应力状态[见图 1.6(b)]可以由轴上的扭转载荷或构件和结构的剪切载荷引起。

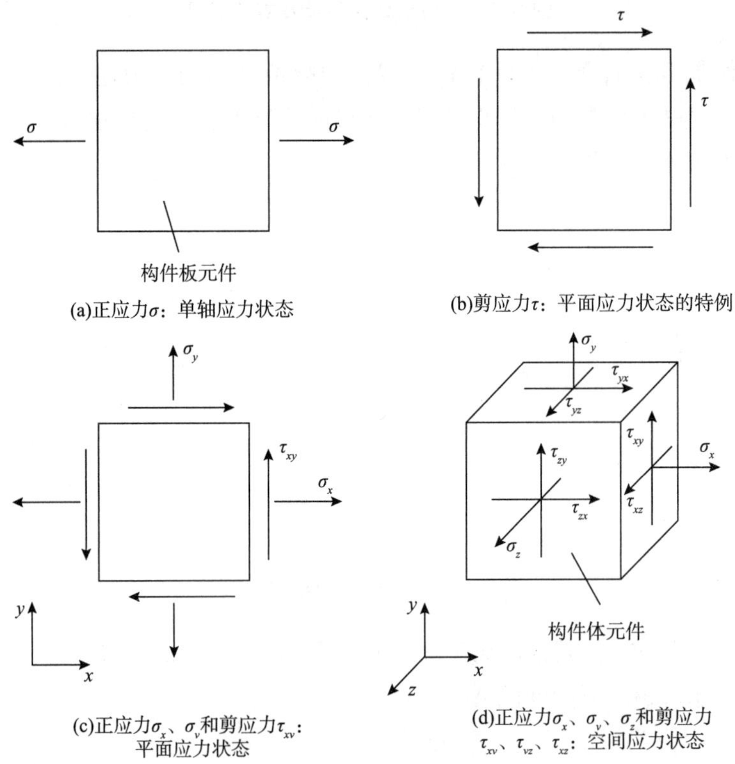

图 1.6 构件和结构中的应力和应力状态

1.2.1 平面应力状态

一般平面应力状态是以出现正应力 σ_x、σ_y 和剪切应力 τ_{xy} 为特征的，如图 1.6(c)所示。例如，这样的应力状态可以是在板平面类板结构上任意加载的结果，或者是空间构件在无载荷构件表面加载的结果。纯剪切应力状态[见图 1.6(b)]，是一般的平面应力状态的特殊情况($\sigma_x=0$，$\sigma_y=0$，$\tau_{xy}=\tau$)。甚至同时受到拉伸、弯曲和扭转载荷的轴也是如此(见图 1.1)。承受平面应力状态，其表面上的应力为 $\sigma_x=\sigma$，$\sigma_y=0$，$\tau_{xy}=-\tau$。

例如，这种应力状态可能是板面类板状结构的任意载荷或无载荷构件表面的空间构件载荷的结果。

1.2.2 空间应力状态

一般的空间应力状态由六个应力分量来描述，包括三个正应力 σ_x、σ_y 和 σ_z 和三个剪应力 τ_{xy}、τ_{yz} 和 τ_{xz} 组成，如图 1.6(d)所示。这种应力状态可以出现在任何负载条件下任何形状的构件和结构中。如果存在对称性，则会出现一般空间应力状态的特殊情况。在空间结构的无载荷表面(不承受载荷的表面)上，只会出现平面应力状态(见 1.2.1)。

1.2.3 主应力

在多轴应力状态下，根据强度进行设计时，最大正应力或最大剪切应力是非常重要的参数(见 1.3.1)。此外，在正应力的影响下，疲劳裂纹会在任意的构件和结构中扩展(见 2.9)。裂纹扩展方向与最大正应力方向垂直。这个最大正应力被称为主正应力 σ_1。

对于平面应力状态[见图 1.6(c)]，我们可以通过以下关系式，用应力分量 σ_x、σ_y 和 τ_{xy} 计算主正应力 σ_1(最大正应力)，也可参见文献[2]和图 1.7(a)。

$$\sigma_1 = \frac{\sigma_x + \sigma_y}{2} + \frac{1}{2}\sqrt{(\sigma_x - \sigma_y)^2 + 4\tau_{xy}^2} = \sigma_{max} \tag{1.3}$$

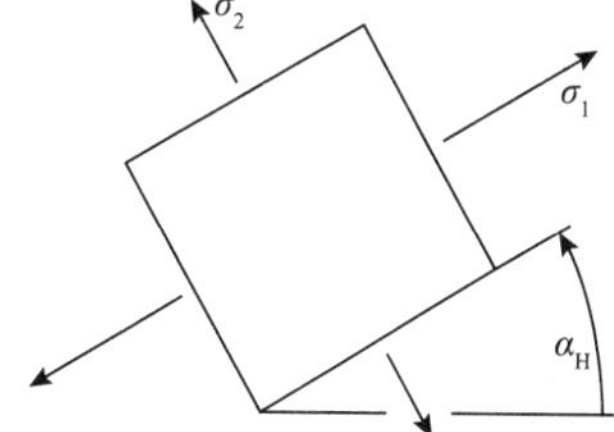

(a)具有主正应力 σ_1 和 σ_2($\sigma_1 > \sigma_2$)的平面单元

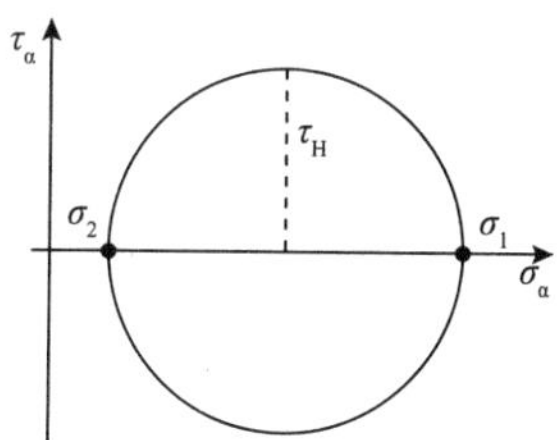

(b)用莫尔(Mohr's)应力圆表示的主正应力和主剪切应力 τ_H

图 1.7 平面应力状态下的主正应力

主正应力 σ_1 的角度被称为主应力角 α_H，可以用下式进行计算：

$$\alpha_H = \frac{1}{2}\arctan\frac{2\tau_{xy}}{\sigma_x - \sigma_y} \tag{1.4}$$

最小正应力 $\sigma_2 = \sigma_{min}$ 由下式计算：

$$\sigma_2 = \frac{\sigma_x + \sigma_y}{2} - \frac{1}{2}\sqrt{(\sigma_x - \sigma_y)^2 + 4\tau_{xy}^2} = \sigma_{min} \tag{1.5}$$

对于强度分析，最大的剪切应力即主剪切应力 $\tau_H = \tau_{max}$，通常是显著的。可以用如下关系式计算：

$$\tau_H = \frac{\sigma_1 - \sigma_2}{2} = \frac{1}{2}\sqrt{(\sigma_x - \sigma_y)^2 + 4\tau_{xy}^2} \tag{1.6}$$

主剪切应力 τ_H 作用于板元件的边缘，相对于主正应力的方向旋转 45°。

在平面应力状态下，主正应力 σ_1 和 σ_2 以及主剪切应力 τ_H 可以用莫尔应力圆表示，见参考文献[2]和图 1.7(b)。

一般的空间应力状态[见图1.6(d)]也可以用最大和最小的正应力来表示，因而也可以用主正应力σ_1、σ_2和σ_3来表示，其中$\sigma_1 > \sigma_2 > \sigma_3$[见图1.8(a)]。

通过求解一个三次方程(特征值方程)[3~5]，我们可以确定主正应力及其方向。一般空间应力状态也可以用不同应力水平的莫尔圆表示[平面1-2、2-3和1-3，图1.8(b)]。对于空间应力状态，被称为主剪切应力τ_H的最大剪切应力可以作为莫尔应力圆最大的半径：

$$\tau_H = \frac{\sigma_1 - \sigma_3}{2} \tag{1.7}$$

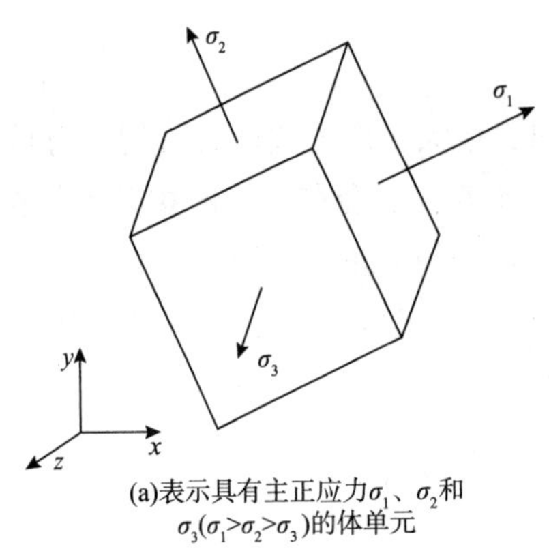

(a)表示具有主正应力σ_1、σ_2和σ_3($\sigma_1>\sigma_2>\sigma_3$)的体单元

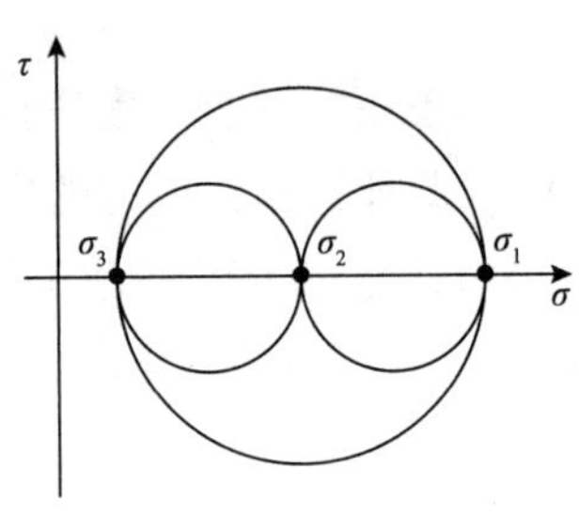

(b)平面1-2、2-3、1-3上莫尔应力圆上的主正应力的表示

图1.8 空间应力状态的主正应力

1.2.4 平面应力状态或平面应变状态

在类板状试样、构件和结构的情况下，我们可以区分平面应力状态和平面应变状态(见参考文献[2])。

在平面应力状态下，应力只出现在板的平面上，即在平面内$x-y$方向：σ_x、σ_y和τ_{xy}或σ_1和σ_2[见图1.6(c)和图1.7(a)]。在厚度方向(z方向)，正应力$\sigma_z=0$。作为加载的结果，除了在x方向和y方向上的应变之外，z方向也会出现应变ε_z。

在平面应变状态下，诸如在厚壁构件内部，z方向上是不可能出现应变的。因此，作为变形限制的结果，正应力σ_z就会作用在z方向上。σ_z可用泊松比ν(见参考文献[2])与应力σ_x和σ_y的关系来计算：

$$\sigma_z = \nu \cdot (\sigma_x + \sigma_y) \tag{1.8}$$

根据主正应力σ_1和σ_2[见图1.7(a)]，第三维的正应力用下式计算：

$$\sigma_3 = \nu \cdot (\sigma_1 + \sigma_2) \tag{1.9}$$

因此，平面应变状态是，具有σ_x、σ_y和σ_z或τ_{xy}($\tau_{yz}=\tau_{xz}=0$)和σ_1、σ_2和σ_3的空间应力状态的特殊情况[见式(1.9)]。

1.3 静态强度的校核

强度计算的目的是从数学上确定构件中由外部载荷引起的应力，并将其与结构和材料的承载能力进行比较。应力必须始终小于承载能力，用公式表示如下：

$$\sigma_{max} < \sigma_{zul} \tag{1.10}$$

式中　σ_{max}——最大的正应力；

σ_{zul}——许用应力。

用经典的强度计算方法可以获得 σ_{max}[2-4]，通常也可用有限元分析[5,6]或通过实验[7,8]的方法获得该值。

1.3.1　等效应力

以下公式适用于多轴应力情况下的强度校核：

$$\sigma_{V,max} < \sigma_{zul} \tag{1.11}$$

根据正应力假说[纳维(Navier)假设]，通过计算解理断裂阻力获得最大等效应力 $\sigma_{V,max}$。在具有主正应力 $\sigma_1 > \sigma_2 > \sigma_3$（见图 1.8）的三轴应力状态下[见 1.2.2 和图 1.6(d)]，式(1.12)适用于拉伸载荷主导的情况：

$$\sigma_V = \sigma_1 \tag{1.12}$$

对于应力为 σ_x、σ_y 和 τ_{xy} 的平面应力状态，如图 1.6 所示。我们可以得到等效应力：

$$\sigma_V = \frac{\sigma_x + \sigma_y}{2} + \frac{1}{2}\sqrt{(\sigma_x - \sigma_y)^2 + 4\tau_{xy}^2} \tag{1.13}$$

等效应力的计算另见式(1.3)。

式(1.14)适用于图 1.1 中的轴，其中 $\sigma_x = \sigma$，$\sigma_y = 0$ 和 $\tau_{xy} = \tau$：

$$\sigma_V = \frac{\sigma}{2} + \frac{1}{2}\sqrt{\sigma^2 + 4\tau^2} \tag{1.14}$$

对于计算屈服抗力，冯·米塞斯(von Mises)的最大变形应变能假说已被证明是等价的。以下条件适用于三轴应力状态[见图 1.6(d)和图 1.8]：

$$\sigma_V = \frac{1}{\sqrt{2}}\sqrt{(\sigma_1 - \sigma_2)^2 + (\sigma_2 - \sigma_3)^2 + (\sigma_3 - \sigma_1)^2} \tag{1.15}$$

在平面应力状态下[见图 1.6(c)]，等效应力按冯·米塞斯公式计算：

$$\sigma_V = \sqrt{\sigma_x{}^2 + \sigma_y{}^2 + \sigma_x\sigma_y + 3\tau_{xy}^2} \tag{1.16}$$

对于图 1.1 中的轴，计算方法如下：

$$\sigma_V = \sqrt{\sigma^2 + 3\tau^2} \tag{1.17}$$

1.3.2　许用应力

在计算解理断裂阻力时，我们可利用抗拉强度 R_m 和抗断裂安全系数 S_B 根据如下公式计算许用应力 σ_{zul}：

$$\sigma_{zul} = \frac{R_m}{S_B} \tag{1.18}$$

在计算塑性应变时，我们可利用极限 $R_{p0.2}$ 和抗屈服安全系数 S_F 根据如下公式计算许

用应力 σ_{zul}：

$$\sigma_{zul} = \frac{R_{p0.2}}{S_F} \tag{1.19}$$

对于具有明显屈服强度的材料，我们可以使用屈服极限 R_e代替 $R_{p0.2}$。

1.3.3 强度校核的操作步骤

图 1.9 提供了校核强度的操作顺序示意图。我们可从负载(如力 F、弯矩 M_B和扭矩 M_T)和构件的几何形状(如横截面积 A，面积惯性矩 I 或截面模量 W、W_T)，获得有效应力(如正应力 σ、剪切应力 τ、等效应力 σ_V或它们的最大值 σ_{max}、τ_{max}、$\sigma_{V,max}$)。

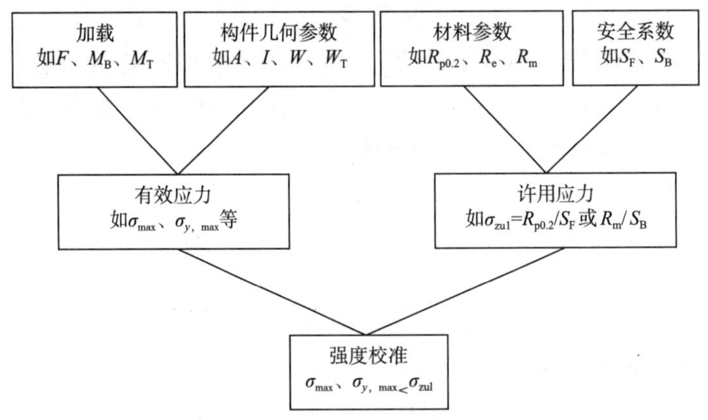

图 1.9 强度校核操作顺序示意图

我们还可从材料参数和安全系数(如抗屈服安全系数 S_F或抗断裂安全系数 S_B)计算获得许用应力 σ_{zul}。可能需要的材料参数包括屈服强度或极限 $R_{p0.2}$、抗拉强度 R_m以及可能适用的缺口敏感性因子[9,10]。当构件中的最大应力 σ_{max}或最大等效应力 $\sigma_{V,max}$小于许用应力 σ_{zul}时，强度校核合格。

对于拉伸杆，为了确保安全，排除断裂(见图 1.10)，根据力 F 和杆的横截面 A，通过关系式(1.20)可计算出正应力 σ：

$$\sigma = \frac{F}{A} \tag{1.20}$$

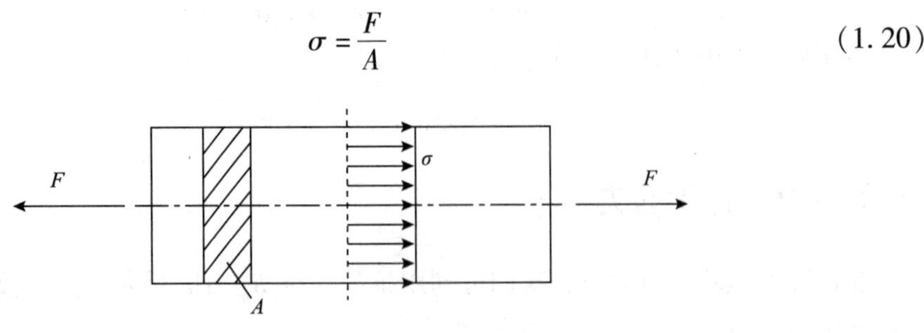

图 1.10 单轴拉伸载荷下的棒材或板材

许用应力 σ_{zul}由材料的抗拉强度 R_m和抗断裂安全系数 S_B计算得到[见式(1.18)]。当 $\sigma < \sigma_{zul}$时，强度校核即完成。

扭转载荷下的驱动轴(见图1.11)，不能发生塑性应变。根据驱动扭矩 M_T 和扭转截面模量 W_T，我们可利用式(1.21)计算轴表面上的最大剪切应力 τ_{max}：

$$\tau_{max}=\frac{M_T}{W_T} \tag{1.21}$$

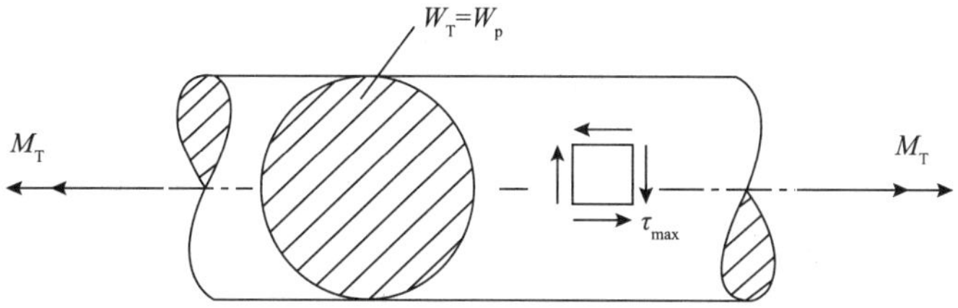

图1.11　具有驱动力矩 M_T、极截面模数 W_P 和产生最大剪切应力 τ_{max} 的驱动轴的截面

结合式(1.16)和 $\sigma_x=\sigma_y=0$ 以及 $\tau_{xy}=\tau_{max}$，可以计算等效应力：

$$\sigma_{V,max}=\sqrt{3}\tau_{max} \tag{1.22}$$

许用应力 σ_{zul} 根据式(1.19)由材料 $R_{p0.2}$ 值和抗屈服安全系数 S_F 获得。如果式(1.11)得到满足，则安全校核完成。

1.3.4　考虑缺口效应

对于弯曲载荷下的肩轴(见图1.12)，应考虑由缺口产生的应力增加。轴的最窄横截面的弯矩 M_B 和截面模量 W_B 产生名义应力

$$\sigma_N=\frac{M_B}{W_B} \tag{1.23}$$

然后利用应力集中系数 α_K 计算缺口处的最大应力 σ_{max} 如下：

$$\sigma_{max}=\alpha_K\cdot\sigma_N \tag{1.24}$$

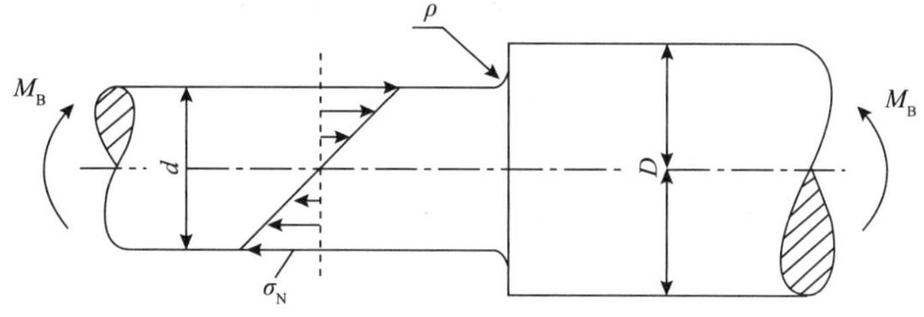

图1.12　承受弯曲载荷的肩轴

注：M_B—弯矩；d，D—直径；ρ—缺口半径；σ_N—最窄横截面处的名义应力。

式中 α_K 可由图1.14(a)中所示的应力集中系数获得。如果要避免轴中出现塑性应变，则我们可根据式(1.19)计算 σ_{zul}，随后就可以进行 $\sigma_{max}<\sigma_{zul}$ 的强度校核。

1.3.5　应力集中系数

例如，应力集中系数可以在图1.13或图1.14的应力集中系数中查到。其他几何形状

和应力对应的应力集中系数可以参见相关文献中的例子[3,4,9]。

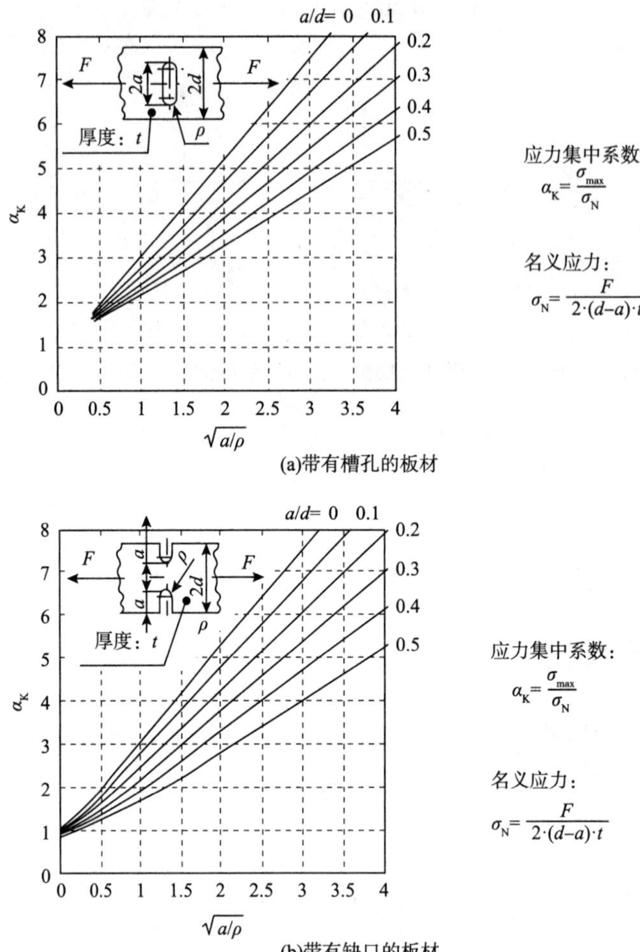

(a)带有槽孔的板材

(b)带有缺口的板材

图 1.13　拉伸载荷下板/棒材的应力集中系数

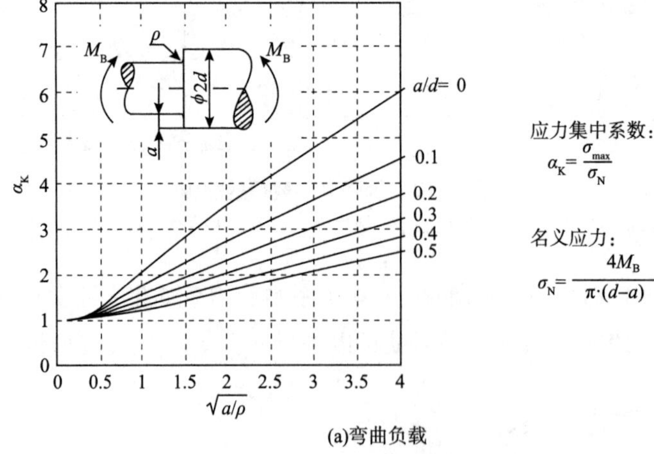

(a)弯曲负载

图 1.14　肩轴的应力集中系数

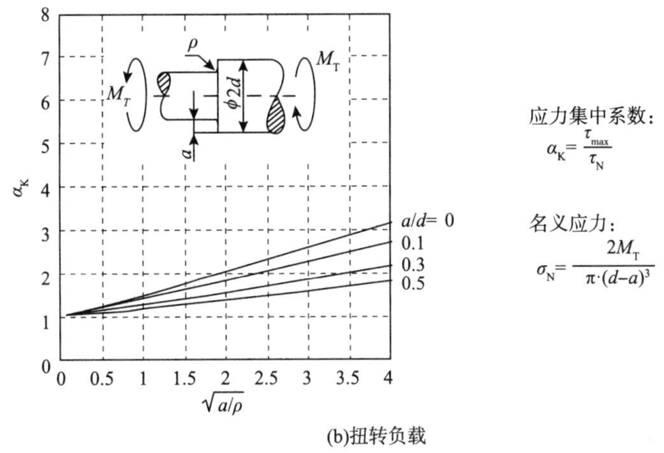

(b)扭转负载

图 1. 14　肩轴的应力集中系数(续)

1. 3. 6　材料参数和安全系数

表 1. 1 给出了材料参数 R_m 和 R_e 或 $R_{p0.2}$ 的例子。其他参数可以在相关文献中找到[9~12]。表 1. 2 提供了安全系数 S_F 和 S_B 的例子(较低的值适用于轻微损伤，较高的值适用于重大损伤)。更详细的信息参见相关文献[9,10]。

表 1. 1　材料参数 R_m 和 R_e 或 $R_{p0.2}$

材料		R_m/MPa	R_e，$R_{p0,2}$/MPa
	钢		
S355J2G3	1. 0570	510	355
C45E	1. 1191	700	490
34CrNiMo6	1. 6582	1200	1000
36CrNiMo4	1. 6511	1100	900
	铸钢		
GS 52	1. 0552	520	260
	铸铁		
EN – GJL – 300	EN – JL – 1050	300	190
EN – GJS – 500 – 7	EN – JS – 1050	500	320
	锻铝合金		
EN – AW 2024 – T4		425	275
EN – AW 7075 – T651		540	470
	铸造铝合金		
EN AC – 46400		135	90

其他参数实例参见相关文献[9,10]。

表 1.2 安全系数 S_B 和 S_F 的例子

材料	S_B	S_F
钢	1.75~2.0	1.3~1.5
锻造铝合金	1.75~2.0	1.3~1.5
铸铁材料	2.24~2.8	1.8~2.1

较低的值适用于较小的损伤，较高的值适用于重大损伤。更详细的信息参见相关文献[9,10]。

例 1.1

由 C45E 钢制成的轴通过恒定弯矩 M_B 和恒定的扭矩 M_T 加载。实心轴的直径为 d（见图 1.15）。

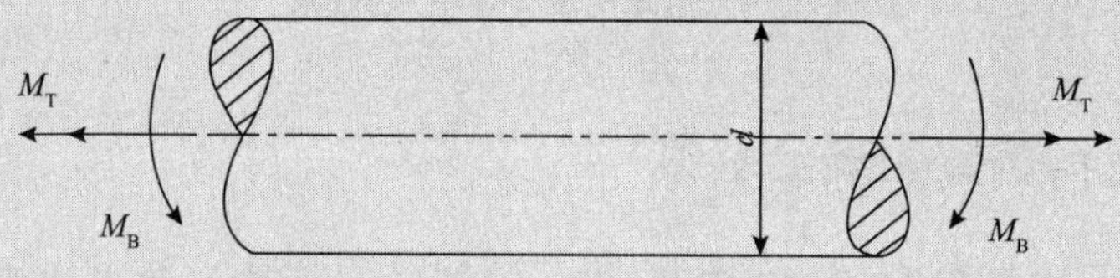

图 1.15 例 1.1 图示

求：(1)最大正应力 σ_{max}；

(2)最大剪切应力 τ_{max}；

(3)根据最大变形应变能假设确定的最大等效应力 $\sigma_{V,max}$；

(4)目前轴的抗屈服因子。

已知：$M_B=800\text{N}\cdot\text{m}$，$M_T=1000\text{N}\cdot\text{m}$，$d=40\text{mm}$

解：

(1)由弯曲载荷引起的最大正应力 σ_{max}，根据文献[2]计算如下：

$$\sigma_{max}=\frac{M_B}{W_B}，\text{其中}\quad W_B=\frac{\pi\cdot d^3}{32}=\frac{\pi\cdot(40\text{mm})^3}{32}=6283\text{mm}^3$$

$$\sigma_{max}=\frac{800000\text{N}\cdot\text{mm}}{6283\text{mm}^3}=127.3\text{N/mm}^2$$（一个拉伸应力作用在轴的顶面，则一个压缩应力作用在轴的底面）

(2)由扭转载荷产生的最大剪切应力 τ_{max}，根据文献[2]计算如下：

$$\tau_{max}=\frac{M_T}{W_T}，\text{其中}\quad W_T=\frac{\pi\cdot d^3}{16}=\frac{\pi\cdot(40\text{mm})^3}{16}=12566\text{mm}^3$$

$$\tau_{max}=\frac{1000000\text{N}\cdot\text{mm}}{12566\text{mm}^3}=79.6\text{N/mm}^2$$（影响轴的整个表面）

(3)根据最大形变应变能假设，计算最大等效应力 $\sigma_{V,max}$，根据公式(1.17)，可以获得：

$$\sigma_{V,max}=\sqrt{\sigma^2_{max}+3\cdot\tau^2_{max}}=\sqrt{(127.3\text{N/mm}^2)^2+3\cdot(79.6\text{N/mm}^2)^2}$$
$$=187.7\text{N/mm}^2$$

(4)目前，轴的抗塑性应变可根据式(1.11)和式(1.19)计算获得：

$$\sigma_{V,max}=\frac{R_{p0.2}}{S_{F,vorl}} \quad 或者 \quad S_{F,vorl}=\frac{R_{p0.2}}{\sigma_{V,max}}$$

根据表1.1，C45E钢的$R_{p0.2}=490N/mm^2$，计算结果如下：

$$S_{F,vorl}=\frac{490N/mm^2}{187.7N/mm^2}=2.6$$

$S_{F,vorl}=2.6>S_{F,erf}=1.5$(见表1.2)，经校核，静态强度合格。

1.4　疲劳强度的校核

与静态负载相反，时变负载能够导致构件和结构中出现完全不同的失效行为。在循环载荷下，裂纹扩展或疲劳断裂在远低于静态强度极限的情况下也会发生。例如，钢材在拉伸－压缩疲劳载荷下的疲劳强度[见图1.2(c)]仅为其抗拉强度的40%～45%。在铸铁或铝合金的情况下，疲劳强度与抗拉强度之比仅为0.3。在进行疲劳强度校核时，最大应力远没有应力幅那么重要。

1.4.1　有效应力和许用应力

如果一个机器构件受力$F(t)$循环加载，则会产生一个时变应力$\sigma(t)$，如图1.16所示。该循环应力由最大应力σ_0或σ_{max}，最小应力σ_u或σ_{min}，平均应力σ_m和应力幅σ_a定义。当设计疲劳强度时，应力幅值σ_a和平均应力σ_m或比率R[见式(1.2)]，尤其重要。

进行疲劳强度校核时，我们将应力幅σ_a与许用应力幅$\sigma_{a,zul}$进行比较，如下式所示：

$$\sigma_a<\sigma_{a,zul} \tag{1.25}$$

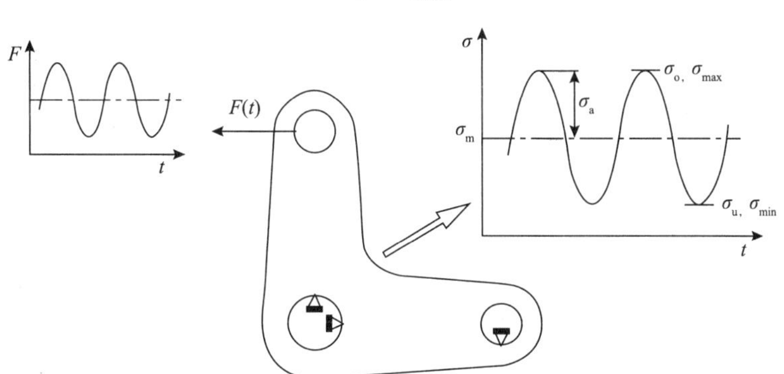

图1.16　时变负载$F(t)$和由此产生的应力$\sigma(t)$

σ_a或$\sigma_{a,max}$可以根据经典应力计算方法，使用有限元法或者通过实验(如应变片实验)来确定。

下式适用于多轴同相加载：

$$\sigma_{V,a} < \sigma_{a,zul} \tag{1.26}$$

对于弯曲和扭转载荷下的轴，我们根据正应力幅 σ_a和剪切应力幅 σ_a并利用正应力假设，即可计算等效应力振幅 $\sigma_{V,a}$，如下：

$$\sigma_{V,a} = \frac{\sigma_a}{2} + \frac{1}{2}\sqrt{\sigma_a^2 + 4\tau_a^2} \tag{1.27}$$

或最大形变应变能假设：

$$\sigma_{V,a} = \sqrt{\sigma_a^2 + 3\tau_a^2} \tag{1.28}$$

在设计抗疲劳断裂时，优先采用正应力假设。如果材料是延性的，那么我们也可以应用最大形变应变能假设。如果不能确定哪个假设是正确的，那么两者都应该适用，并且需要考虑到最不利的结果。

例如，根据材料的疲劳强度 σ_A、材料的表面系数 b_1、构件的尺寸系数 b_2和抗疲劳断裂安全系数 S_D，我们可计算许用应力 $\sigma_{a,zul}$，如下：

$$\sigma_{a,zul} = \frac{\sigma_A \cdot b_1 \cdot b_2}{S_D} \tag{1.29}$$

1.4.2 材料参数

Wöhler 曲线或 S－N 曲线（见图 1.17）提供了循环载荷下材料性能的信息。该曲线通常是基于圆柱形试样通过疲劳试验来确定的。在图 1.16 中，疲劳强度 σ_A是指在平均应力同时作用下所能承受的应力幅值。

疲劳应力对平均应力或比率 R 的依赖性可以参见图 1.18 所示的疲劳应力。借助表 1.3，可以估计 $R=-1$ 时的疲劳强度 σ_A（交变应力下的疲劳强度 σ_w）。表 1.3 还提供了抗疲劳断裂安全系数 S_D的参考值。

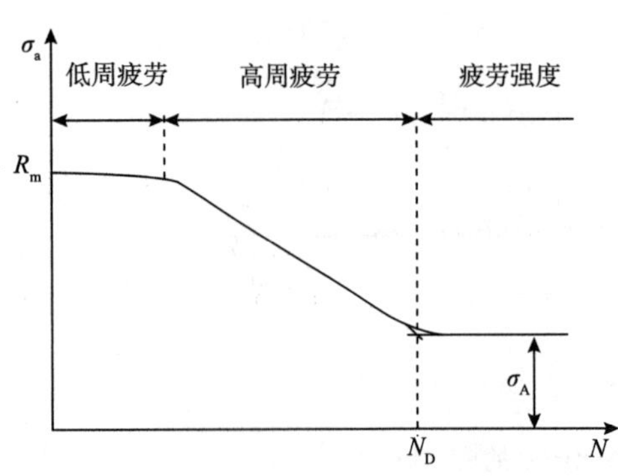

图 1.17 Wöhler 曲线的基本描述

注：σ_a—周期循环载荷下的应力幅，σ_A—材料的疲劳强度，R_m—材料的抗拉强度，N—载荷循环次数，N_D—疲劳极限对应循环次数（例如，对于钢循环次数为 2×10^6次）。

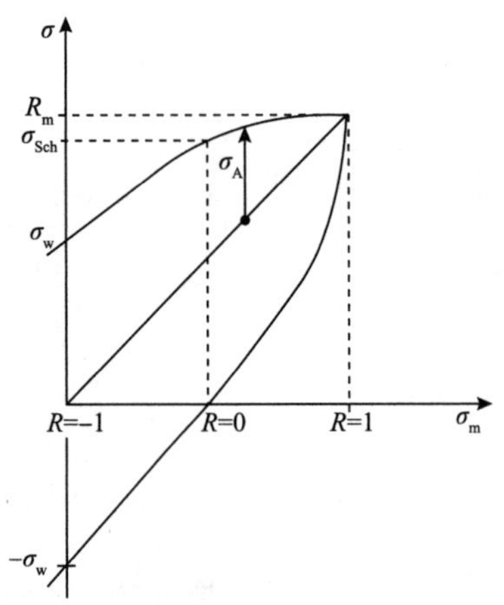

图 1.18 史密斯（Smith）疲劳应力图（包含疲劳应力幅 σ_A，交变应力下的疲劳强度 σ_W，波动应力下的疲劳强度 σ_{Sch}，均为平均应力或比率 R 的函数）

表 1.3 根据抗拉强度评估各种材料在交变应力下疲劳强度 σ_w 和抗疲劳断裂安全系数 S_D 实例

材料	σ_w	S_D
钢	$0.4 \sim 0.45R_m$	$1.3 \sim 1.5$
锻造铝合金	$0.3R_m$	$1.3 \sim 1.5$
铸铁材料	$0.3 \sim 0.34R_m$	$1.8 \sim 2.1$

R_m 的值参见表 1.1，其他材料参数和安全因子参见相关文献[9~12]。

1.4.3 表面和尺寸系数

表面系数 b_1 取决于构件表面的粗糙度 R_t 和材料的抗拉强度 R_m，可以在图 1.19 查到。

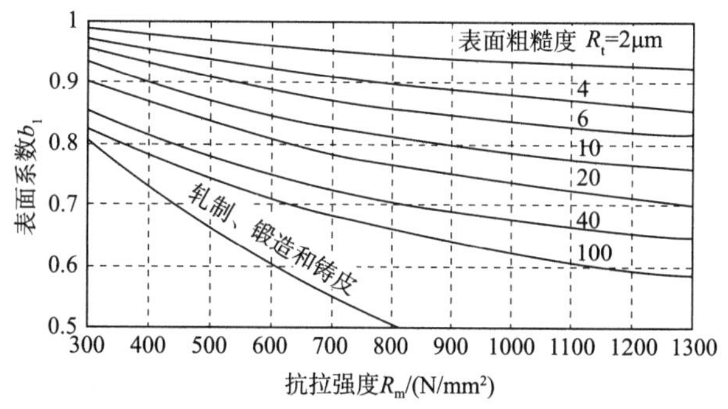

图 1.19 表面系数 b_1 与表面粗糙度(μm)和抗拉强度 R_m 的函数关系

尺寸系数 b_2 考虑了构件直径或厚度 d，如图 1.20 所示。

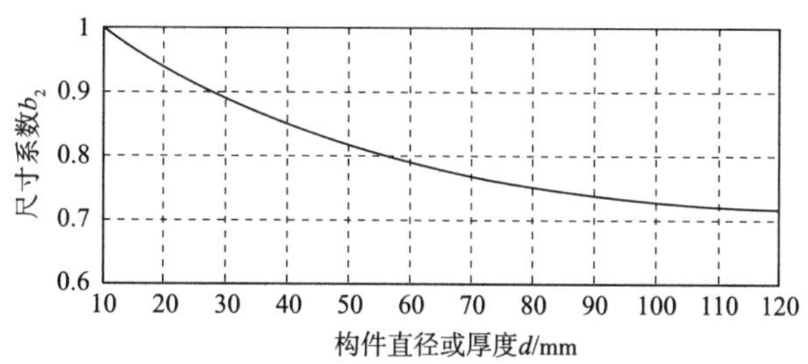

图 1.20 尺寸系数 b_2 为构件直径或构件厚度 d 的函数

例 1.2

一个由材料 EN - GJS 500 - 7 构成的铸件交替加载弯矩 M。铸造表面是通过机加工完成的，所以可以假定它的表面粗糙度为 $R_t = 10\mu m$。在给定的条件下，说明该构件的抗疲劳性。

已知： $M_{max} = 50Nm$，$D_1 = 40mm$，$D_2 = 32mm$，$\rho = 1mm$，$R_t = 10\mu m$(见图 1.21)。

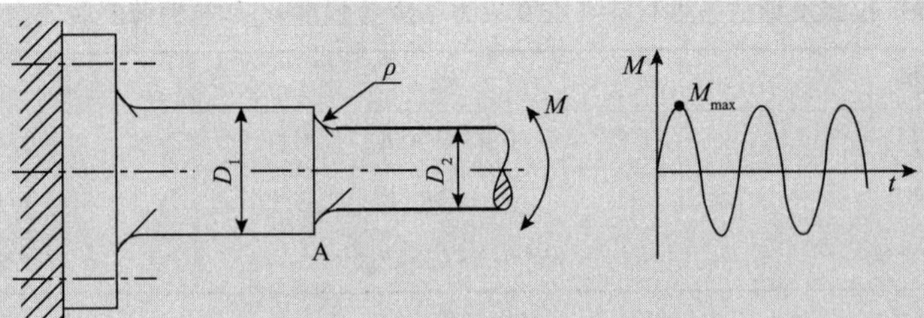

图 1.21 例 1.2 的图示

解：

(1) A 处横截面变化的最大应力

$$\sigma_{a,max} = \sigma_{max} = \alpha_K \cdot \sigma_N = \alpha_K \cdot \frac{M_{max}}{W_2}$$

其中：

$$W_2 = \frac{\pi \cdot D_2^3}{32} = \frac{\pi \cdot (32mm)^3}{32} = 3217.0mm^3$$

$\alpha_K = \alpha_K\left(\frac{a}{d}, \sqrt{\frac{a}{p}}\right)$根据图 1.14(a) 获得应力集中系数。

$$\frac{a}{d} = \frac{\frac{D_1 - D_2}{2}}{\frac{D_1}{2}} = \frac{D_1 - D_2}{D_1} = \frac{40mm - 32mm}{40mm} = 0.2$$

$$\sqrt{\frac{a}{p}} = \sqrt{\frac{\frac{D_1 - D_2}{2}}{\rho}} = \sqrt{\frac{D_1 - D_2}{2\rho}} = \sqrt{\frac{40mm - 32mm}{2 \cdot 1mm}} = 2$$

根据图 1.14(a) 可得 $\alpha_K = 2.3$，因此：

$$\sigma_{a,max} = \sigma_{max} = 2.3 \cdot \frac{50000N \cdot mm}{3217mm^3} = 35.8N/mm^2$$

(2) 许用应力

$$\sigma_{a,zul} = \frac{\sigma_A \cdot b_1 \cdot b_2}{S_D}$$

根据表 1.3，$\sigma_A = \sigma_W = 0.34\ R_m$；根据表 1.1，$R_m = 500MPa = 500N/mm^2$。计算如下：

$$\sigma_A = 0.34 \cdot 500MPa = 170N/mm^2$$

此外：

根据图 1.18，$b_1 = b_1(R_m, R_t) = b_1(500MPa, 10\mu m) = 0.87$

根据图 1.19，$b_2 = b_2(D_1) = b_2(40mm) = 0.85$

根据表 1.3，$S_D = 2.1$，因此：

$$\sigma_{a,zul} = \frac{170N/mm^2 \cdot 0.87 \cdot 0.85}{2.1} = 59.9N/mm^2$$

(3)疲劳强度校核

$$\sigma_{a,max}=35.8\text{N/mm}^2<\sigma_{a,zul}=59.9\text{N/mm}^2,$$

疲劳强度经校核合格。

1.4.4　缺口构件的疲劳强度校核

在验证缺口构件的疲劳强度时，我们可以使用疲劳缺口系数β_K来代替应力集中系数α_K，以确定最大应力；然后利用应力集中系数除以缺口敏感性系数 n 计算该疲劳缺口系数。这种缺口敏感性系数取决于局部应力梯度和材料的韧性。关于这一点，参见相关参考文献[3,4,9~11,13~16]。如果消除了缺口敏感性的影响，那么我们可获得如例1.2所示的保守的设计。

1.5　结构耐久性校核

除了经常使用的疲劳强度校核外，对于时变载荷，结构耐久性的校核也是必需的。许多构件和结构的实际使用通常涉及承受任意的非周期性负载(见图1.4)。如果已知实际的或预期的服役负载，那么该负载通常可以使用计数方法进行简化，以获得相关频率分布(参见第6.1节)，从而通过结构耐久性校核预测服役寿命。

适用的方法可以细分为三组：应力方法、应变方法、结构应力方法。

这些方法的详细描述参见相关文献[13~16]。

1.6　其他校核

除了静态和结构耐久性的校核之外，可能还需要其他校核，这取决于机器和结构的使用。其他校核包括：形变分析、稳定性校核、断裂力学分析。

除了强度校核之外，我们常常还需进行形变分析，即必须验证结构的最小刚度。这意味着允许的变形是不能超过某一限度的[2]。

当结构承受压缩和弯曲载荷时，失稳尤其可能发生。在这种情况下，稳定性需要校核，例如应该避免屈曲[2]。

只承受压缩力的构件也有崩溃的危险，因此进行稳定性验证的目的就是证实导致破坏的力矩总是小于材料承担的力矩[1]。

如果构件或材料出现缺陷或裂纹，除强度校核外，我们还必须进行断裂力学分析，从而确定临界缺陷尺寸或临界应力。在循环载荷情况下，我们也可以建立裂纹扩展速率和构件及结构的剩余寿命。以下章节将详细解释断裂-力学方法。

1.7 经典构件设计的限制

缺陷和裂纹的存在可以从根本上改变构件和结构的强度行为。技术产品有时会在远远低于其材料的静态强度甚至疲劳强度下失效。在最坏的情况下，可能会在没有预兆的情况下发生突然断裂，即没有可见的外部迹象。过去，这种不稳定的裂纹扩展导致了压力容器、输气管道、油罐车和飞机等灾难性的事故(见第2章)。

稳定的裂纹扩展也可能导致严重的损坏，如由循环载荷引起的疲劳裂纹扩展。根据传统方法，即使构件按抗疲劳强度设计，也会发生疲劳裂纹扩展。为了避免损坏，我们有必要更密切地检测"疲劳裂纹扩展"。

参考文献

[1] Richard, H. A, Sander, M. Technische Mechanik. Statik. Springer Vieweg, Wiesbaden(2012).

[2] Richard, H. A, Sander, M. Technische Mechanik. Festigkeitslehre. Springer Vieweg, Wiesbaden(2015).

[3] Läpple, V. Einfürung in die Festigkeitslehre. Vieweg + Teubner, Wiesbaden(2011).

[4] Wellinger, K. Dietmann, H. Festigkeitsberechnung. Kröner – Verlag, Stuttgart (1982).

[5] Hahn, H. G. Methode der finiten Elemente in der Festigkeitslehre. Akademische Verlagsgesellschaft, Frankfurt(1975).

[6] Richard, H. A. Sander, M. Kullmer, G, Fulland, M. Finite – Elemente – Simulation im Vergleich zur Realität. MP Materialprüung 46, 441 –48(2004).

[7] Rohrbach, Chr. Handbuch der experimentellen Spannungsanalyse. Springer, Berlin(1989).

[8] Richard, H. A. Ermittlung von Spannungsintensitätsfaktoren aus spannungsoptisch bestimmten Kerbfaktoren und Kerbspannungsdiagrammen. Forsch. Ing. Wes. 45, 188 –199(1979).

[9] FKM – Richtlinie: Rechnerischer Festigkeitsnachweis für Maschinenbauteile. VDMA – Verlag, Frankfurt (2003).

[10] Muhs, D. Wittel, H. u. a. Roloff/Matek Maschinenelemente. Vieweg + Teubner, Wiesbaden(2011).

[11] Czichos, H. Hennecke, M. (Hrsg.): Hütte. Das Ingenieurwissen. Springer, Berlin (2008).

[12] Grote, K. H. Feldhausen, J. (Hrsg.): Dubbel. Taschenbuch für den Maschinenbau. Springer, Berlin (2007).

[13] Gudehus, H. Zenner, H. Leitfaden für eine Betriebsfestigkeitsberechnung. Verlag Stahleisen, Düsseldorf (2000).

[14] Haibach, E. Betriebsfestigkeit. Springer, Berlin(2006).

[15] Radaj, D. Ermüdungsfestigkeit. Springer, Berlin(2007).

[16] Sander, M. Sicherheit und Betriebsfestigkeit von Maschinen und Anlagen. Springer-Verlag, Berlin(2008).

[17] DIN 50100: Dauerschwingversuch(1978).

第 2 章　裂纹扩展引起的损伤

直到几十年前，构件、机器和设备完全采用经典的强度计算方法设计，即第 1 章描述的强度准则的应用。尽管经过仔细的计算，损伤还是一次又一次地发生在桥梁、船舶、飞机、压力容器、反应堆构件、管道以及公路和铁路车辆中，有时还会造成灾难性后果。这种损伤的具体例子包括液压机中的横向断裂[1]，传动轴[2]中的扭转断裂，曲柄销断裂[3]以及加压气瓶的爆裂[4]。早期，耸人听闻的事件有 19 世纪蒸汽锅炉的爆炸，20 世纪上半叶焊接桥梁的倒塌事件，1942 年至 1948 年大量美国船只受损案例(几艘自由号舰船完全损坏)，1953 年和 1954 年发生的彗星号客机坠毁事件[5~8]，此类事件导致对其原因的更深入的研究。然而，最近还有很多的案例，例如：1988 年阿罗哈(Aloha)航空公司的事故[见图 2. 1(a)]，1998 年在德国埃舍德(Eschede)发生的灾难性列车脱轨事故[见图 2. 1(b)]以及 1999 年埃里卡油轮(Erika)漏油事故和 2002 年“威望”号油轮(Prestige)漏油事故[见图 2. 1(c)]。这些例子都已经表明，在机器、构件和结构的安全设计方面需要相当多的研究。导致这种损坏和断裂的原因通常是构件中已经存在的小缺陷或裂缝(例如材料中的不连续性或与制造相关的缺陷)，或者由于构件和结构的加载而随后产生的裂纹。由于服役负荷的原因(尤其是时变机械载荷或热载荷)，这些裂纹的尺寸可能会增大。它们如果达到临界尺寸，就开始不稳定地扩展。通常，裂纹的扩展速度很快，从而导致构件破裂，甚至导致整个结构的崩溃。

光滑表面上的裂纹萌生通常是微结构中的局部事件，例如由晶体缺陷或循环加载过程引起。另一种情况是，裂纹扩展是由服役负荷控制的宏观过程。

(a)1988年阿罗哈航空公司客机由于材料疲劳造成的机盖破坏

(b)1998年由于轮毂疲劳断裂造成的ICE高速列车灾难

(c)2002年由于稳定及不稳定的裂纹扩展，西班牙大西洋沿岸“威望”号油轮事故

图 2. 1　最近的严重损伤案例

对于导致结构突发残余断裂的裂纹扩展过程，裂纹尖端处的状况起到了决定性作用。

断裂力学[5,9~14]是在应力和位移场的基础上开发的一种用于预测疲劳裂纹扩展和避免脆性和韧性断裂的方法，属于一个跨学科的研究领域。这些方法将在第3~6章中详细探讨。只有在设计构件和结构时考虑到断裂力学概念，我们才能防止由裂纹扩展引起的损伤事件。

本书的第一部分首先涉及的是裂纹萌生和扩展的基本问题、损伤和断裂表面分析的基础、裂纹路径和裂纹形状，以及相关损伤案例及裂纹探测。

2.1 裂纹萌生和裂纹扩展

裂纹是指机器零件或结构中的局部材料分离。在构件投入使用之前，裂纹就已经能够作为材料或加工缺陷而存在，裂纹也可能在服役后期产生。材料缺陷可能包括空洞或夹杂物，制造过程缺陷可能源于机加工或热处理(如硬化)。时变载荷会引发疲劳裂纹的萌生和增长(见图2.2)。

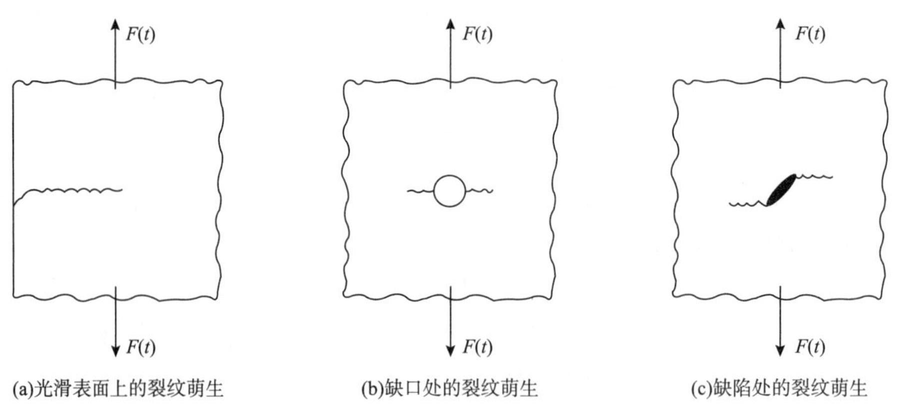

图2.2 不同类型的裂纹萌生和裂纹扩展

光滑表面上的裂纹萌生主要来自微观过程(参见参考文献[5][6][10][15]中的例子)。通常在拉伸载荷分量下，由主剪切应力控制的滑移过程(参见1.2.3节或参考文献[16])会导致一个和加载方向成小于45°的初始裂纹。经过一定量的裂纹扩展(初始裂纹长度达到200~250μm[17])后，裂纹在正应力的作用下开始扩展，例如裂纹方向垂直于施加的正应力[见图2.2(a)]。

如果构件有缺口[见图2.2(b)]，则有利于疲劳裂纹的萌生。裂纹在缺口应力最大的区域开始萌生，由于循环载荷，在正应力的作用下扩展，例如裂纹方向垂直于最大正应力(主正应力，见1.2.3节或参考文献[16])。

如果已经存在缺陷(材料缺陷、制造缺陷等)，那么在许多情况下，缺陷可以被认为是一种初始裂纹。疲劳裂纹扩展方向垂直于主正应力，如图2.2(c)所示。

构件的总服役寿命可以细分为裂纹萌生阶段和裂纹扩展阶段(见图2.3)。术语“裂纹形成”是指裂纹的实际开始萌生和微裂纹的开始生长。时变载荷作用下的裂纹扩展包括稳定的宏观裂纹扩展和通常不稳定的残余断裂。

寿命			
裂纹形成		裂纹扩展	
裂纹萌生	微裂纹生长	宏观裂纹生长	残余断裂

图 2.3 构件服役寿命的阶段

通过将两个服役寿命值 N_i 和 N_p 相加，可以确定构件的总使用寿命 N_f：

$$N_f = N_i + N_p \tag{2.1}$$

式中 N_i——裂纹萌生寿命，直到出现第一个长度为 a_i 的初始裂纹；

N_p——裂纹扩展的剩余寿命，直到构件断裂。

裂纹萌生阶段和裂纹扩展阶段的时间差异很大，这取决于裂纹萌生的情况和类型(见图 2.4)。

当光滑表面出现裂纹时，裂纹萌生的时间比裂纹扩展的时间长。也就是说，一个构件总使用寿命的 80% ~90% 都在初始裂纹形成之前；裂纹扩展直到构件断裂的时间小于总使用寿命。实际中，具有光滑、抛光的表面，没有缺口(基于设计或制造引起应力集中区)或没有缺陷的构件是相当稀少的。

当裂纹萌生在缺口时，裂纹萌生阶段的寿命显著缩短，这取决于缺口尖锐程度或应力集中情况。总的服役寿命也往往比具有光滑抛光表面的理想构件的寿命短(见图 2.4)。与裂纹扩展阶段相比，具有缺陷的构件具有非常短的裂纹萌生阶段以及更短的总使用寿命。

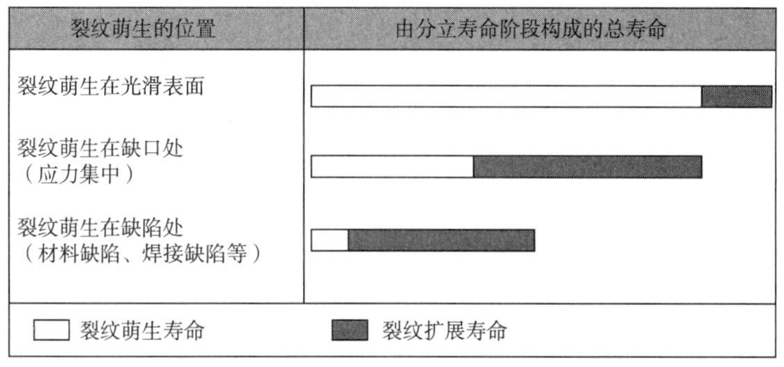

图 2.4 裂纹萌生位置对总使用寿命和各阶段使用寿命的影响

2.2 稳定和不稳定的裂纹扩展

在许多案例中，裂纹扩展都是导致构件损坏的原因(见图 2.1)。通常，一开始与失效相关的突然断裂或严重损坏等原因并不存在，而是由于服役载荷在相对较长的时间内产生的初始裂纹逐渐扩展产生的。在一般情况下，一段稳定的、受控的裂纹扩展发生于突然的、不受控制的和不稳定的裂纹扩展之前，并导致构件和结构的断裂。当受到时变载荷时，构件会出现稳定的裂纹扩展。在某些情况下，裂纹在每个加载周期内都会产生少量扩展。裂纹随着载荷循环次数的增加而变大。当达到临界裂纹尺寸时，或在载荷急剧增加的情况下，裂纹扩展可能变得不稳定，从而导致构件或结构突然断裂。

稳定的裂纹扩展需要很长时间(例如数十万甚至数百万次的载荷循环次数)，而不稳定的裂纹扩展则很快(裂纹扩展速度可以达到2000m/s)。然而，稳定的裂纹扩展不一定会变成不稳定扩展从而导致构件和结构的断裂。例如，疲劳裂纹扩展也会导致管壁局部失效，而管道本身不会爆裂，但是这可能会导致液体或气体物质的泄漏，在某些情况下会对环境造成破坏。

我们通常可以在机器构件和结构的断裂表面上很清楚地看到断裂的稳定和不稳定的裂纹扩展阶段(见图2.5和图2.9)。因此，损伤分析和断裂分析特别重要。

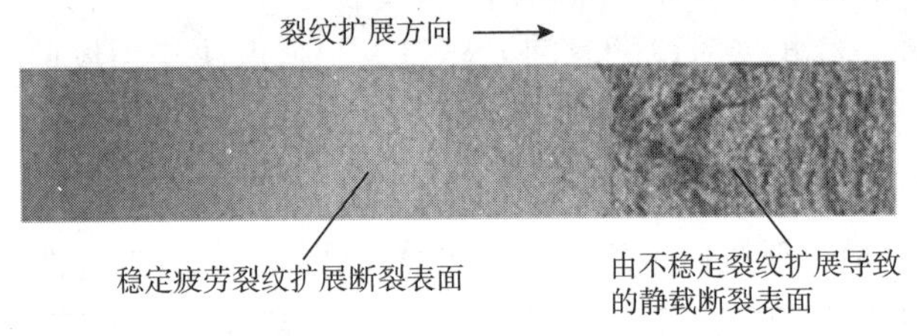

图2.5 具有疲劳断裂和不稳定裂纹扩展区域的断裂表面

2.3 损伤和断裂表面分析

如果发生损伤，损伤分析可以提供损伤产生的原因、损伤过程、载荷的大小和方向以及防止损伤的方法[18~20]。除了损伤特征和裂纹路径之外，断裂表面的检查对于已经出现的损伤原因分析可以提供更多的信息。损伤分析既可以通过目视进行宏观检查，也可以通过光学或扫描电子显微镜进行微观检查。

在许多情况下，对断裂表面进行宏观分析是完全足够的。例如，我们可以通过这样的分析来识别是解理断裂还是延性断裂，构件承受什么类型的载荷，载荷的方向，是疲劳断裂还是静态断裂。对于解理断裂，构件中的最大正应力(主正应力，参见1.2.3节、1.3节或文献[16])起决定性作用。构件沿垂直于主正应力的方向断裂[见图2.6(a)]，断裂发生前构件几乎没有形变。

延性断裂是由构件中的最大剪切应力(主剪应力，参见1.2.3节和1.3节或文献[16])引起的，并且在拉伸载荷下，裂纹方向与拉伸方向成小于45°的角[见图2.6(b)]。韧性延性断裂通常发生在构件大变形之前。解理断裂和延性断裂的断口具有显著的不同。

纯解理断裂出现在脆性材料中，而延性断裂出现在韧性材料中。另外，构件也会出现“混合断裂”，即具有剪切唇的解理断裂[见图2.6(c)]。剪切唇是靠近构件表面的延性区域，剪切唇明显与否取决于应力状态(参见第1.2节，特别是第1.2.4小节例子)和材料韧性。

疲劳断裂是由载荷频繁变化的时变载荷引起的。从初始裂纹开始(见图2.2)，构件中疲劳裂纹是在正应力的影响下扩展的，直到裂纹扩展失稳(残余静载断裂)。

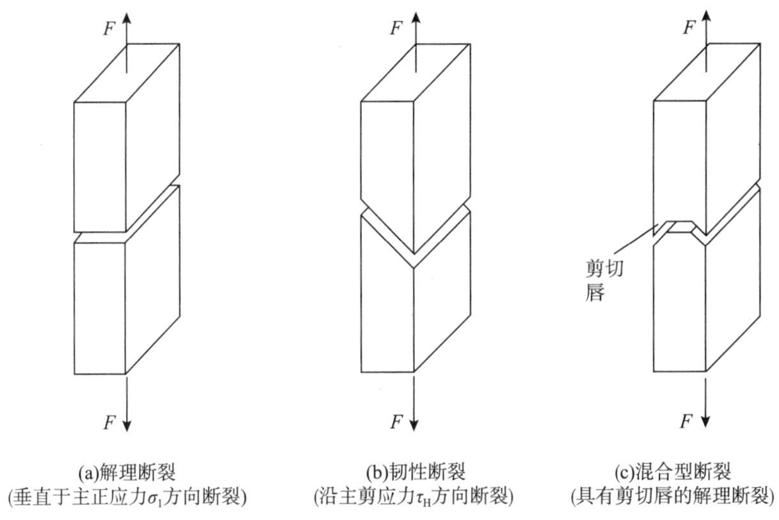

(a)解理断裂
(垂直于主正应力σ_1方向断裂)

(b)韧性断裂
(沿主剪应力τ_H方向断裂)

(c)混合型断裂
(具有剪切唇的解理断裂)

图2.6 解理断裂和延性断裂的区别

疲劳裂纹扩展几乎不会发生构件变形，即使在韧性材料中也是如此。因此疲劳裂纹表面的位向可以和解理断裂表面相似——像解理断面一样，垂直于构件中的主正应力。因为损伤引起的变形量很小，所以构件或结构表面的疲劳裂纹通常只能被识别为细线裂纹[参见图2.15(a)]。只有在裂纹长度较大的情况下，裂纹才能在载荷作用下明显呈现。

残余静载断裂可以看作是解理断裂、延性断裂或混合断裂，这取决于材料的韧性。脆性材料中会出现解理断裂，韧性材料中会出现延性断裂，中等强度材料中会出现带有剪切唇的解理断裂。在韧性材料中，静载断裂出现之前通常伴随大的塑性变形。而且疲劳断面越小，静载断面越大，这种特征越明显。延性失效和剪切唇的形成取决于现有的应力状态(参见第1.2.4节)。具有平面应变状态的厚壁构件更易于产生解理断裂或在表面具有小剪切唇的混合断裂。

如果发生疲劳断裂，则疲劳裂纹的起始位置及其路径通常易于在断裂面被识别[参见图2.13(b)和图2.14]，从稳定到不稳定裂纹扩展的过渡同样较为明显。这意味着疲劳裂纹表面与残余静载断裂表面具有明显的不同(见图2.5和图2.13)。

在时变载荷下，我们可以疲劳断裂表面可以看到载荷变化标志(见图2.7)。对于某些材料，我们也可以看到明显的颜色差别，如图2.8所示。

图2.7中的载荷变化标志是由在基准循环载荷基础上分散的单个过载产生的。钢铁断口的颜色效应(见图2.8)是不同比率的块载荷导致的。

暗色调表明在低负载水平下缓慢的疲劳裂纹扩展，较亮的颜色表示较高负载水平下具有较高的裂纹扩展速率。

在铝合金的疲劳断裂和残余静载断裂表面之间也存在明显的差异。图2.9还呈现了单个过载引起的载荷变化标志。在图2.9中，疲劳断裂表面与残余静载断裂表面明显不同，从稳定到不稳定的裂纹扩展的过渡是明显可辨的。

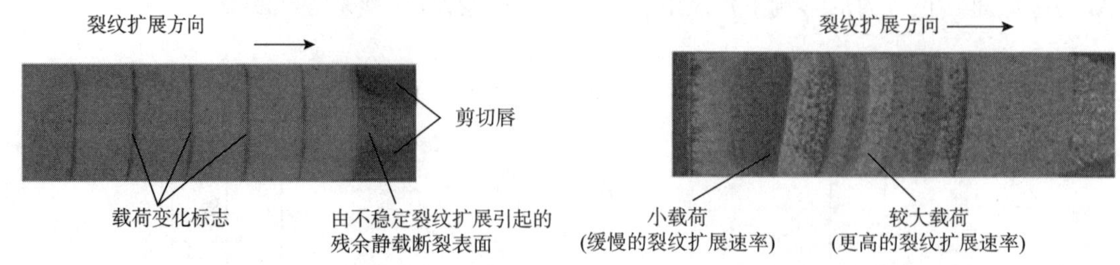

图 2.7　具有载荷变化标志的钢铁的疲劳断裂表面及具有剪切唇的残余静载断裂表面(这些载荷变化标志是在基准循环载荷基础上分散的过载产生的)

图 2.8　由时变块载荷引起具有不同颜色效应的钢铁疲劳断裂表面

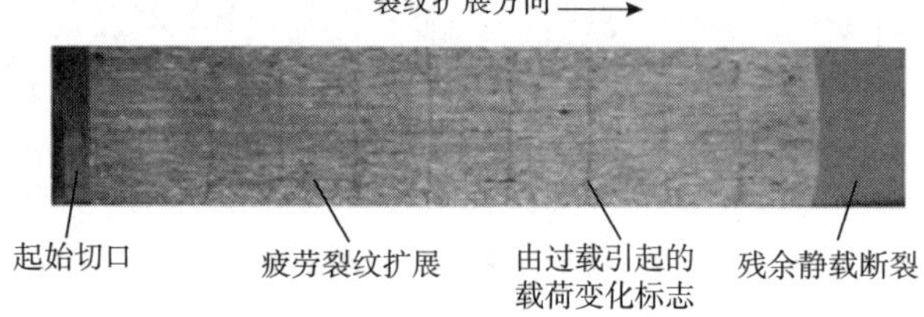

图 2.9　由单一过载引起的具有载荷变化标志的铝合金疲劳断裂表面和残余静载断裂表面

图 2.10 中也存在断裂面上块载荷水平的变化。例如源于服役载荷序列的任一时变负载，都会导致另一个完全不同的断裂表面模式(见图 2.11)。

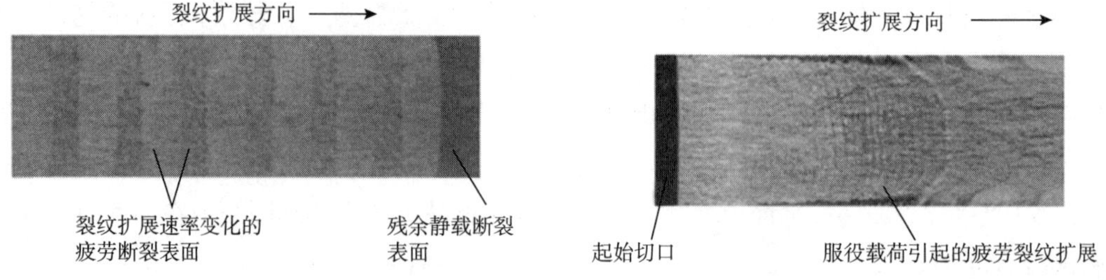

图 2.10　块载荷水平变化的铝合金疲劳断裂表面　**图 2.11　服役载荷引起的铝合金的疲劳断裂表面**

疲劳裂纹通常会在载荷远低于静态强度极限的情况下扩展。因此，大范围的疲劳裂纹扩展是构件在相对较低负载下服役的标志，如图 2.12(a)所示。然而，如果疲劳裂纹扩展时间较短就发生残余静载断裂，则可以认为构件的负载相对较高，如图 2.12(b)所示。

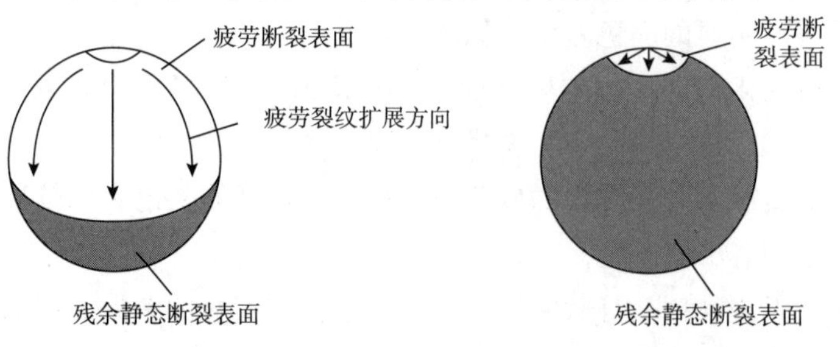

图 2.12　拉伸载荷或弯曲载荷下轴的疲劳裂纹和残余静载裂纹表面的比较

这些例子表明，我们可以在断裂表面的辅助下较好地追溯损伤过程。下面的损伤情况来源于实际的技术实践，将有助于更详细地阐明这些观察结果。

2.4 ICE车轮轮胎的疲劳裂纹扩展

1998年6月3日，高速ICE列车“Wilhelm Conrad Röntgen(威廉康拉德伦琴)”在从慕尼黑到汉堡的途中，在埃舍德村附近脱轨并坠毁，造成影响很大的灾难性后果。火车的几节车厢安装了橡胶弹簧轮，其中一个轮子在拨叉处断裂。之后，火车撞上了一座桥，如图2.1所示。事故原因被确定为火车橡胶弹簧轮的一个轮箍断裂，如图2.13(a)所示。大量的疲劳裂纹扩展导致轮箍断裂，如图2.13(b)所示。ICE车轮的裂纹扩展萌生于轮箍的内边缘。最初，裂纹在构件中间较深的位置开始生长，后来以半椭圆形状逐步扩展。只有当轮胎疲劳裂纹扩展损坏达到横截面的大约80%时，轮胎才会发生残余静载断裂。断裂表面显示出颜色效应，断裂表面结构表明裂纹扩展是一个高度不连续的过程。也就是说，裂纹扩展的快速或缓慢阶段与停滞阶段是交替出现的(见图2.8)。关于轮胎断裂的进一步细节可参见相关文献[21~24]和9.2小节。

(a)一个断裂的轮箍

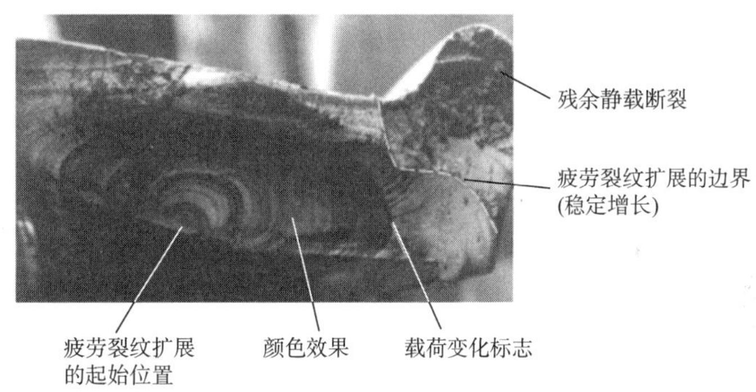

(b)具有大范围的疲劳裂纹扩展和相对较小残余静载断裂面的断后轮箍的断裂表面

图2.13 ICE轮箍断裂

2.5 压力机架的裂纹扩展

在操作液压机的过程中，液压机主体出现裂纹，导致液压机在循环(负载变化)约860000次后压机构件断裂，如图2.14(a)所示。这个裂纹萌生于设计缺口处，经过长时间的疲劳裂纹扩展，在液压机机架的整个中间区域延伸，最终导致压机机架破裂。在断裂的构件中，只有断裂表面的侧缘表现出典型静载断裂所具有的高粗糙度。在缺口根部的近半椭圆形铸造缺陷[见图2.14(b)]，宽约28mm，深约10mm，是疲劳裂纹扩展的起始点。从断裂面上的变载标记和变色现象可以看出，这一过程一开始是高度不连续的，如图2.14(c)所示。

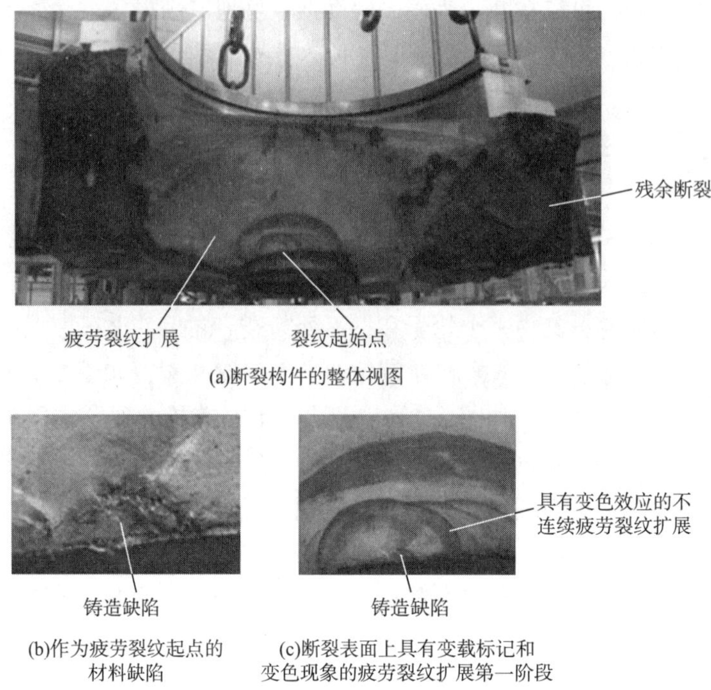

(a)断裂构件的整体视图

(b)作为疲劳裂纹起点的材料缺陷

(c)断裂表面上具有变载标记和变色现象的疲劳裂纹扩展第一阶段

图 2.14 液压机压力机架的裂纹扩展

有关此损伤情况的更多详细信息，参见文献[25]。缺口效应和材料缺陷对缺口的综合影响是导致疲劳断裂的原因[空间缺口裂纹问题，即在缺口处萌生的表面裂纹，如图 2.21(b)所示]。9.3 节中也对疲劳裂纹扩展的断裂力学研究做了广泛的介绍。

2.6 内部高压金属成型机紧固件的疲劳裂纹扩展

在内部高压金属成型机紧固件主体的头部区域，产生了表面可见的疲劳裂纹，如图 2.15(a)所示。这种裂纹发生在大约 165000 次施压周期后。紧固件主体未达到最终的断裂就停止使用。由于构件表面的裂纹没有提供足够的损伤信息，所以我们要将紧固架拆卸，使其露出断裂表面。在相当平滑的断裂表面[见图 2.15(b)]，我们可以看到由两种材料夹杂物(铸造缺陷)引起的延伸的疲劳裂纹扩展过程。断裂表面上隐约可见的载荷变化标记显示了疲劳裂纹以四分之一椭圆形状扩展。图 2.15(c)提供了材料夹杂物详细视图。关于整个损伤情况更广泛的讨论以及有关损伤分析的更多细节参见文献[25，26]。

2.7 老式汽车驱动轴的断裂

经过较长运行时间后，老式汽车的传动轴完全折断[见图 2.16(a)]——轴的横截面发生变化(刚度变化)萌生裂纹，几个齿轮的位置的传动轴形成疲劳断裂。由于旋转弯曲，这些裂缝扩大并连接在一起形成累积裂纹，如图 2.16(b)所示。大量的疲劳裂纹扩展最终导

致残余静载断裂。残余静载断裂表面与疲劳断裂表面相比相对较小，这表明服役负载远低于静态强度极限。

(a)铸件表面上可见的疲劳裂纹

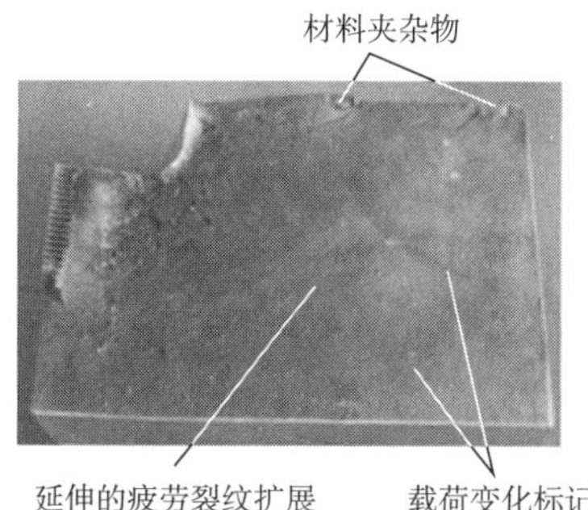

(b)疲劳裂纹扩展导致的断裂表面
(具有清晰可辨的材料夹杂物和载荷变化标记)

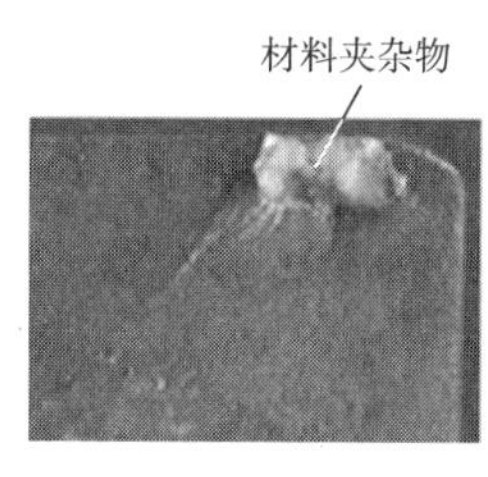

(c)作为疲劳裂纹扩展起始点的材料夹杂物

图 2.15 内部高压金属成型机的紧固件疲劳裂纹扩展

(a)在截面变化(刚度变化)位置断裂的传动轴

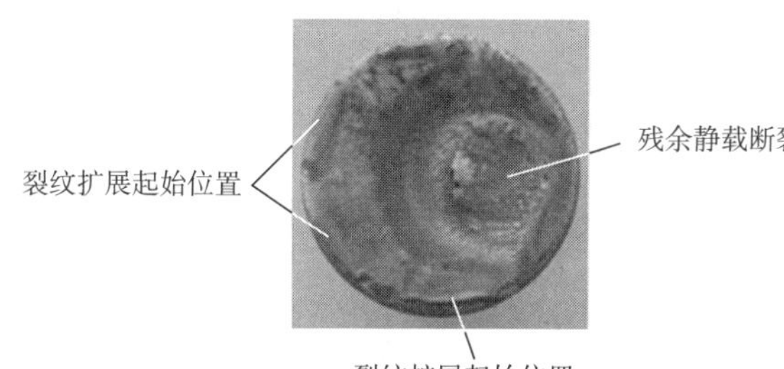

(b)广泛的疲劳裂纹扩展和较小的残余静载断裂表面的断裂面

图 2.16 驱动轴的断裂

2.8 其他损伤事件

选择上述损伤的例子是为了提供有关损伤和断裂表面分析的基本信息，并说明在实际结构中出现的裂纹形状(裂纹几何形状)是服役负载所导致的。在文献[6，18～20，27～30]中，我们可以看到与损伤分析基本过程相关的其他有趣的损伤案例和信息。更多列车结构中裂纹扩展的例子参见文献［31～34］。

例 2.1

图 2.17 显示了拉伸杆断裂表面的细节。确定裂纹萌生的位置和在断面上裂纹扩展的不同阶段。

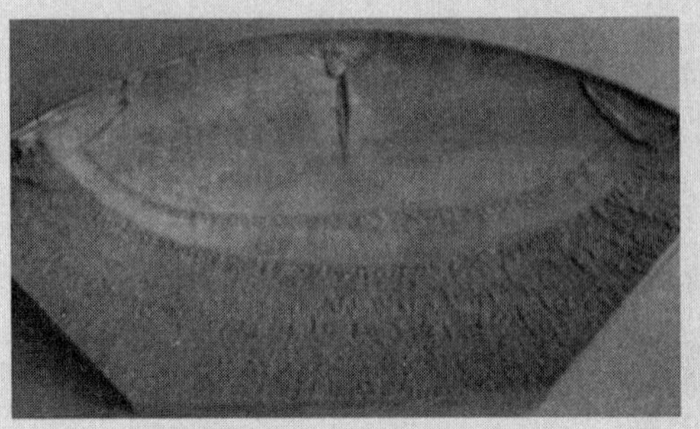

图 2.17 例 2.1 图示

解答

疲劳裂纹起始于拉伸杆表面并以半椭圆形状扩展(见图 2.18)。在短时间的不稳定裂纹扩展之后，在残余静载断裂发生之前，存在一个稳定的疲劳裂纹扩展阶段。与整个断面(实心轴的圆形横截面)相比，该疲劳裂纹扩展的面积非常小，由此我们可以推断出拉伸杆承受较高的静载。

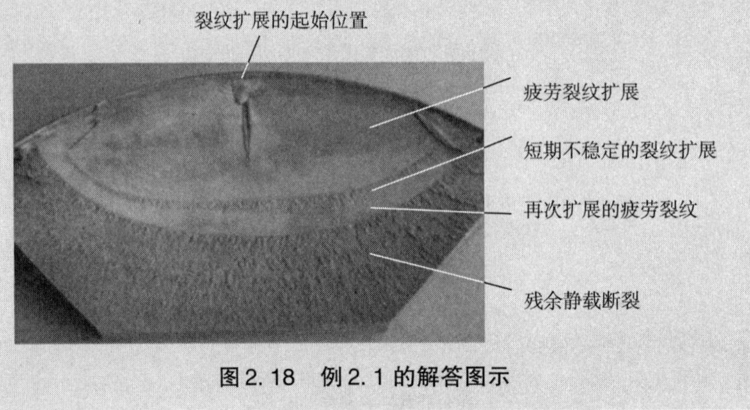

图 2.18 例 2.1 的解答图示

2.9 构件和结构中的基本裂纹路径和裂纹形状

为了便于检查和计算(估计)，我们要明确以下信息：

(1) 什么位置的负荷使得该裂纹产生扩展；

(2) 裂纹能够扩展到什么程度；

(3) 它在多大的裂纹扩展速率下扩展；

(4) 构件的剩余服役寿命是多少；

(5) 在裂纹扩展失稳情况下，存在什么样的危险。

识别构件和结构中的基本裂纹路径和裂纹形状是至关重要的。

根据实际经验(参见第 2.1 ~ 2.8 节)，典型的裂纹路径和形状(裂纹几何形状)可以由加载的方式和构件的几何形状确定。

“裂纹路径”被定义为裂纹在构件内形成的可见路径，或者在构件表面或任何三维结构上形成的可见路径。

“裂纹形状”(裂纹类型、裂纹几何形状)通常是指结构内部的裂纹扩展。也就是说，如果构件表面完好无损，那么裂纹形状从外部看不出来。在通常情况下，只有当构件由于服役载荷而断开时，裂纹形状才能被观察到；或者拆分构件也能使得断裂表面暴露出来。

2.9.1　基本应力状态的裂纹路径

图 2.19 显示了基本加载方式和不同应力状态下产生的裂纹路径。从整个构件的角度来看，疲劳裂纹始终与最大的正应力垂直(主正应力，参见第 1.2.3 节)。这导致不同应力状态在板状结构或三维结构的表面产生明显不同的裂纹路径。

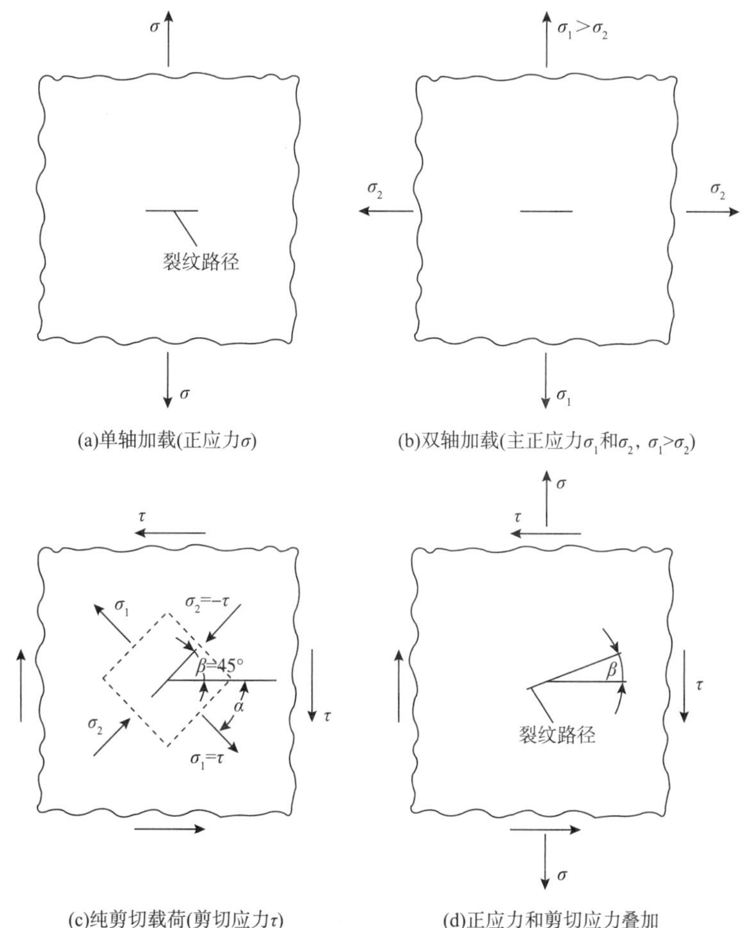

图 2.19　作为基本应力状态函数的板状结构或实际构件表面上的基本裂纹路径

注：对于应力状态的定义，包括正应力 σ、剪应力 τ、主正应力 σ_1 和 σ_2 以及主应力角 $\alpha = \alpha_H$ 参见 1.2 节及文献[16]。

在正应力σ[见图2.19(a)]产生的单轴加载下(1.2节，文献[16])，疲劳裂纹垂直于这个正应力而扩展。

在双轴加载的情况下[16]，其特征在于由两个主正应力σ_1和σ_2产生双轴拉应力场，其中$\sigma_1 > \sigma_2$[见图2.19(b)]，疲劳裂纹将垂直于最大的主正应力σ_1而扩展。

在剪切应力τ[见图2.19(c)]产生的纯剪切荷载下(第1.2节，文献[16])，裂纹也垂直于最大的主正应力σ_1。由于后者与水平面成$\alpha = 45°$的角度，所以疲劳裂纹处于$\beta = 45°$的角度，即与剪切应力方向成45°角。

如果存在正应力σ和剪切应力τ的叠加(参见1.2.1，文献[16])，那么其特征值由正应力σ和剪应力τ共同决定，裂纹路径取决于σ和τ的大小(即取决于主正应力σ_1的方向)，裂纹路径位于如图2.19(d)所示角度β。对于$\sigma > 0$和$\tau = 0$(单轴加载)，$\beta = 0°$；对于$\sigma = 0$和$\tau > 0$(纯剪切加载)，$\beta = 45°$。

2.9.2 轴上的裂纹路径和裂纹形状

根据加载类型，图2.20显示了出现在轴中的全部裂纹路径。如果轴(棱柱结构)处于循环拉伸载荷$F(t)$下，则疲劳裂纹将垂直于主正应力$\sigma_1 = \sigma$，即垂直于轴的纵轴和力$F(t)$，如图2.20(a)所示。因此，断裂发生在$\beta = 0°$角度的横截面上。

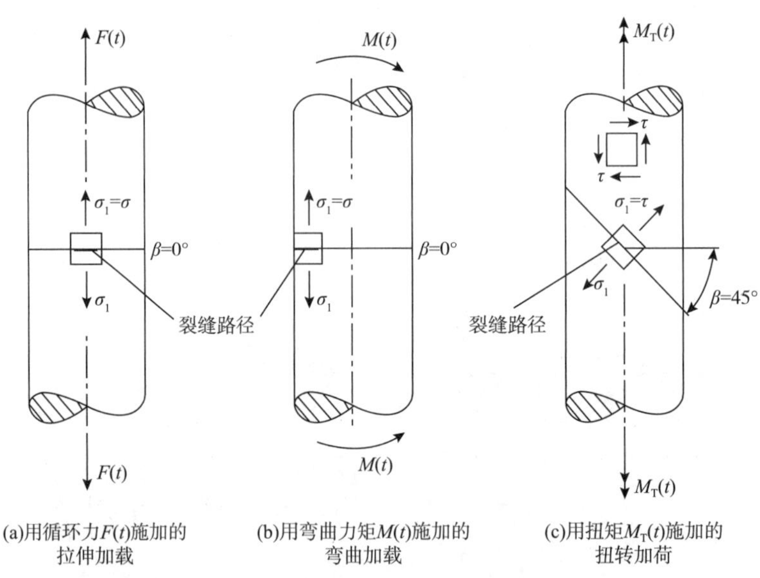

图2.20 不同加载条件下轴的疲劳裂纹扩展

具有时变弯矩$M(t)$的弯曲载荷[见图2.20(b)]导致轴表面上的最大正应力(主正应力)$\sigma_1 = \sigma = \sigma_{max}$[16]，并与轴中间保持着最大距离。疲劳裂纹扩展始于这个轴的高应力区。该裂纹垂直于主正应力($\sigma_1 = \sigma$)，即在轴截面(角度$\beta = 0°$)上扩展。

另外，在扭矩$M_T(t)$施加的扭转载荷下，裂纹路径与轴的横截面或轴的纵向轴线成一个$\beta = 45°$的角，如图2.20(c)所示。扭矩会在整个轴表面产生一个恒定的剪应力τ[16]，主

正应力($\sigma_1 = \tau$)然后作用在与纵轴成 45°的角度上。由于疲劳裂纹也会在纯剪切载荷情况下垂直于主正应力的σ_1方向上扩展，所以裂纹路径处于$\beta = 45°$的角度。如图2.21所示的裂纹扩展模式出现于驱动轴中存在交替扭转载荷下。裂纹与纵向轴线(或轴横截面)成45°角扩展。由于在交替扭转载荷下扭矩会改变其旋转方向，剪切应力τ和主正应力σ_1也会改变方向，裂纹扩展路径会交替改变，从而导致交叉的裂纹扩展。

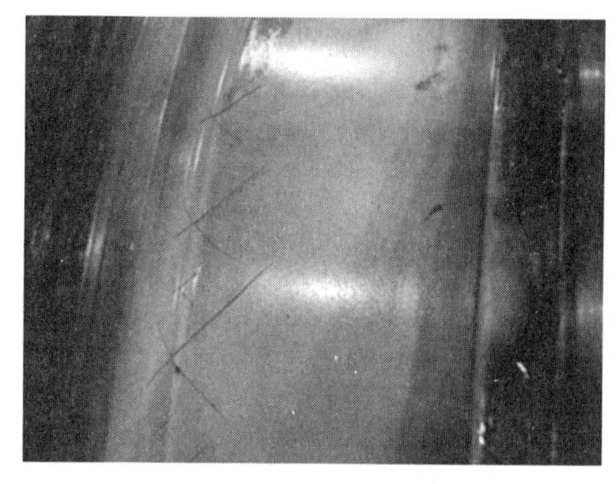

图2.21　交变扭转载荷下驱动轴的疲劳裂纹扩展

图2.22显示了疲劳裂纹表面(断口)情形，该情形可能发生在拉伸和弯曲载荷作用下。图2.22(a)中的半椭圆表面裂纹可以通过拉伸载荷和弯曲载荷产生(见图2.12和例2.1中的裂纹模式)。图2.22(b)中的周向裂纹可能形成于在拉伸载荷下的表面硬化轴中、弯曲载荷下的旋转轴(见图2.16)中或在带有周向凹槽的构件上。图2.22(c)中的双表面裂纹是交替弯曲载荷的产物。

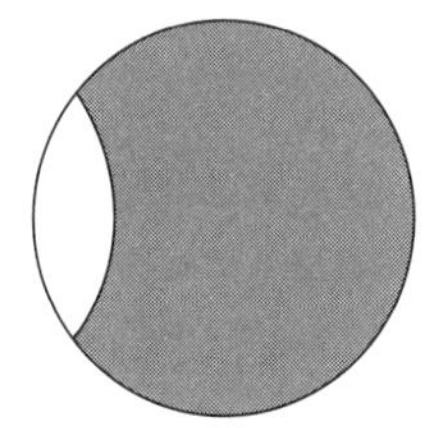

(a)由拉伸或弯曲载荷引起的半椭圆表面裂纹

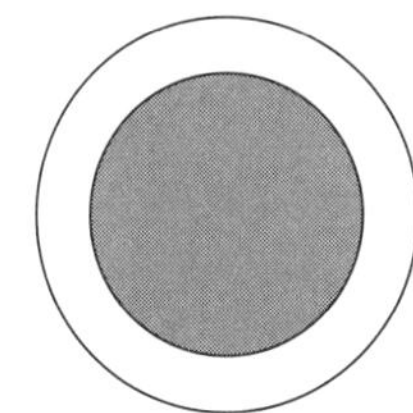

(b)表面硬化轴在拉伸载荷或轴在旋转弯曲载荷作用下的周向疲劳裂纹

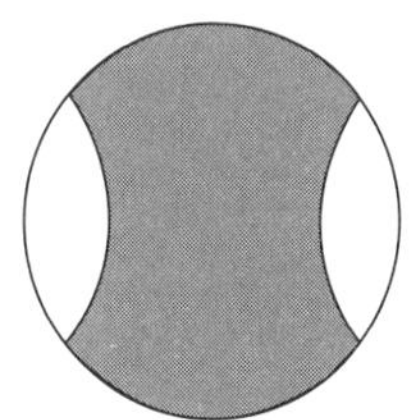

(c)交替弯曲载荷导致的双面表面裂纹

图2.22　由轴的拉伸和弯曲加载引起的典型疲劳表面(断口)

2.9.3　构件和结构中系统化的裂纹类型

图2.23显示了在构件和结构中频繁出现的典型的裂纹类型。裂纹基本上可以被分为下列几种类型：贯穿裂纹、表面裂纹、内部裂纹、边缘裂纹。

最简单的裂纹形状是贯穿裂纹，如图2.23(a)所示。它们通常出现在薄板状构件或测试样品中(另见图2.5、图2.7～图2.9和图2.10中的裂纹扩展)。贯穿裂纹贯穿于材料的整个厚度并且当从板结构的侧面考虑时可以被看作细线裂纹。因此，如果仅观察板平面或薄壁结构的表面，则贯穿裂纹可以被看作是平面裂纹问题(见图2.24)。相比于表面裂纹[见图2.23(b)]、内部裂纹[见图2.23(c)]和边缘裂纹[见图2.23(d)]，它们在数学上比更容易描述。

表面裂纹(也称“部分贯穿裂纹”)从构件表面开始，以半椭圆形或半圆形形状在构件中生长，如图2.23(b)所示。这种表面裂纹通常形成于缺口或孔状结构中。表面裂纹的实际例子可以在图 2.13、图 2.14 及例 2.1 中找到。

图 2.23(c)中的内部裂纹是位于构件或结构内部的裂纹，没有到达表面。因此，它们也不能在构件表面被观察到。内部裂纹以圆形或椭圆形的疲劳裂纹形式扩展。

边缘裂纹通常始于构件的边缘或拐角，如图 2.23(d)所示。它们随着构件内部和表面的疲劳裂纹的扩展而扩展。边缘裂纹也常常出现在孔状结构中。经过较大范围的疲劳裂纹扩展之后，边缘裂纹可能会发展为贯穿裂纹。图 2.15(b)中显示了一个边缘裂纹的实际例子(由产生的载荷变化标志可以识别)。在图 2.15(c)中，紧固件的内孔区域内形成了边缘裂纹。

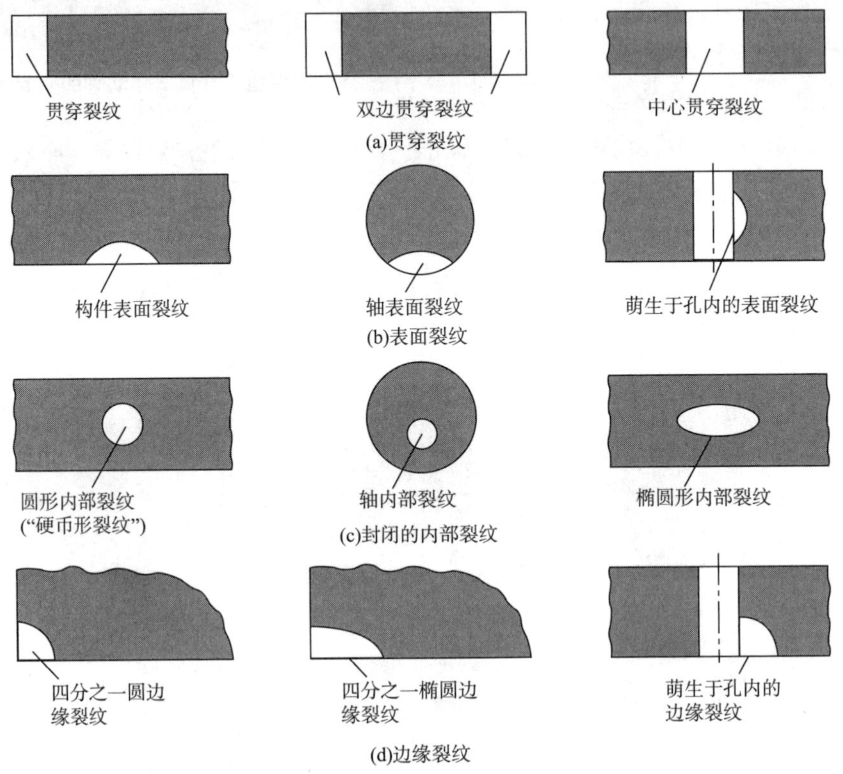

图 2.23　构件和结构中典型的裂纹类型(断面)

图 2.23 和图 2.24 所示的裂纹类型将成为本书后续章节进一步研究的基础。贯穿裂纹[见图 2.23(a)]可以被视为平面裂纹问题(见图 2.24)；表面裂纹[见图 2.23(b)]、内部裂纹[见图 2.23(c)]和边缘裂纹[见图 2.23(d)]可以被视为空间(三维)裂纹问题。

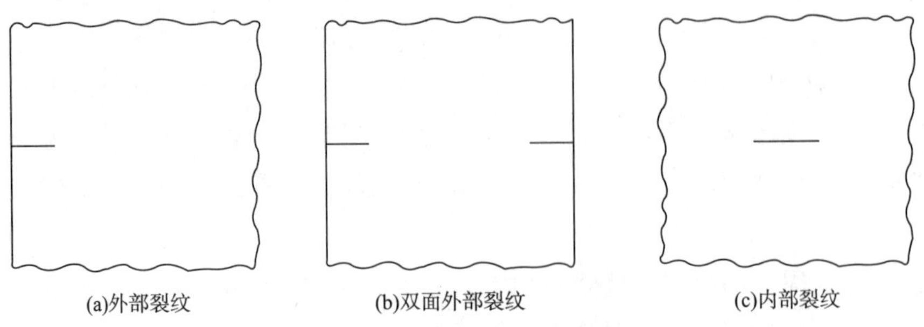

图 2.24　图 2.23(a)中的贯穿裂纹表示为平面裂纹问题(侧视图)

例 2.2

图 2.25 中所示构件(直径为 d 的轴)是通过力 F 和扭矩 M_T 同时加载的。

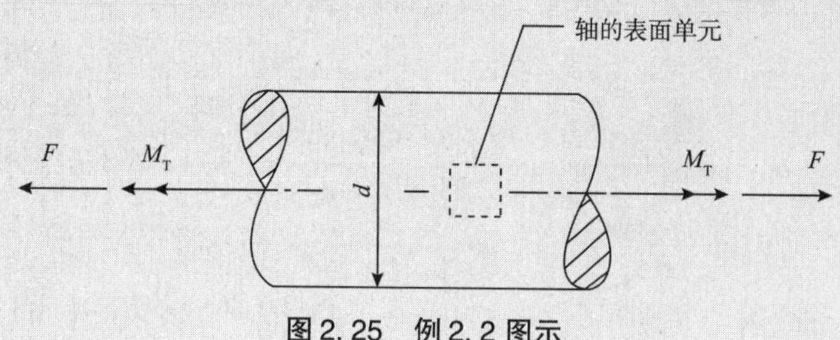

图 2.25　例 2.2 图示

确定：

(1)作用在轴的一个表面上的正应力和剪切应力；(2)最大主正应力的大小和方向；(3)疲劳裂纹扩展的方向。

已知： $F=140\text{kN}$，$M_T=400\text{N}\cdot\text{m}$，$d=30\text{mm}$

解：

(1)作用在轴的表面单元上的正应力和剪切应力 F 引起正应力 σ[16]：

$$\sigma=\frac{F}{A}=\frac{F}{\frac{\pi\cdot d^2}{4}}=\frac{140000\text{N}}{\frac{\pi\cdot 30^2\ \text{mm}^2}{4}}=198.1\text{N/mm}^2$$

转矩引起剪应力 τ[16]：

$$\tau=\frac{M_T}{W_T}=\frac{M_T}{\frac{\pi\cdot d^3}{16}}=\frac{400000\text{N}\cdot\text{mm}}{\frac{\pi\cdot 30^3\text{mm}^3}{16}}=75.5\text{N/mm}^2$$

因此，正应力 σ 和剪切应力 τ 作用于同一个表面单元上(见图 2.26)：

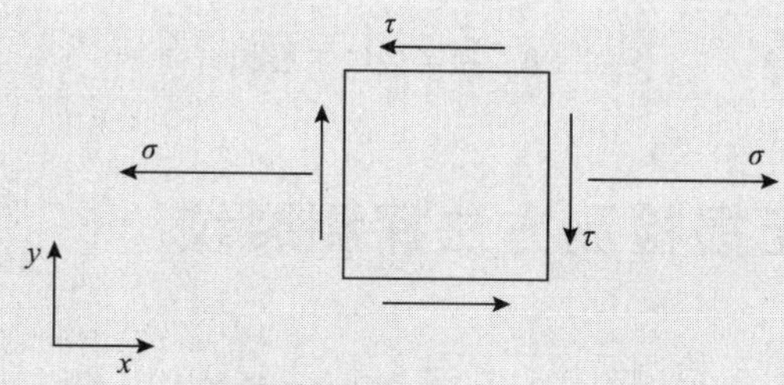

图 2.26　正应力σ和剪切应力τ

(2)主正应力的大小和方向。

主正应力 σ_1 由正应力 σ 和剪切应力 τ 通过以下关系式获得(参见文献[16]中的例子)：$\sigma_1=\frac{\sigma}{2}+\frac{1}{2}\sqrt{\sigma^2+4\tau^2}$[也可以参见 1.2 节的式(1.3)]。

主正应力 σ 的方向由角 $\alpha=\alpha_H$ 确定，可以用以下关系式计算(参见文献[16]中的例子)

$$\tan 2\alpha_H = -\frac{2\tau}{\sigma}$$

从而获得：

$$\sigma_1 = \frac{198.1\text{N/mm}^2}{2} + \frac{1}{2}\sqrt{(198.1\text{N/mm}^2)^2 + 4\,(75.5\text{N/mm}^2)^2} = 223.6\text{N/mm}^2$$

和

$$\alpha = |\alpha_H| = \frac{1}{2}\arctan\frac{2\cdot 75.5\text{N/mm}^2}{198.1\text{N/mm}^2} = \frac{37.3°}{2} = 18.6°\text{（见图 2.27）}$$

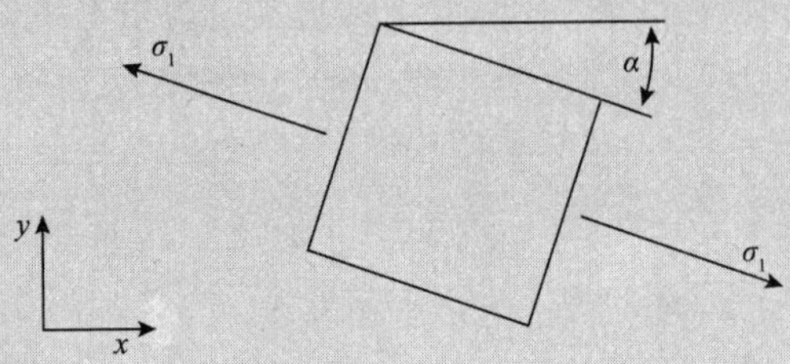

图 2.27 最大主正应力的大小和方向

(3)疲劳裂纹扩展的方向。

疲劳裂纹垂直于主正应力 σ_1 方向扩展，即与轴的横截面成 β 角度。

因此，$\beta = \alpha = 18.6°$。

基本裂纹扩展如图 2.28 所示：

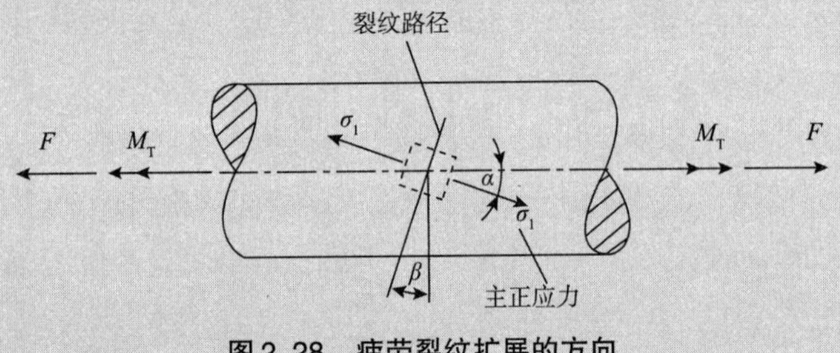

图 2.28 疲劳裂纹扩展的方向

2.10 使用无损检测方法探测裂纹

无损检测方法可以用于检测缺陷、不连续性或裂纹（例如，作为生产后的即时检测，作为质量保证的措施），因为这种方法允许在对材料或构件进行检测的情况下不改变材料的性能。这种方法还能精确地检测构件是否存在缺陷，特别是在与安全相关的构件方面。此外，无损检测方法也可用于检查运行过程中的构件和结构，以检测是否产生裂纹。除了基本的缺陷检测外，无损检测方法还可以用来进行缺陷的定位，并确定尺寸[35]。

无损测试方法通常通过以下方式分类：基本物理原理、材料应用、可检测的缺陷类型、应用领域[36]。

根据基本原理的分类包括以下方面：

(1)光学方法，例如目视检测(DIN EN 13018)、渗透检测(DIN EN 571)或激光引伸计检测；

(2)声学方法，例如敲击检测或超声波检测(DIN EN 583)；

(3)电磁方法，例如涡流检测(DIN EN 12084)或磁粉检测(DIN 54130)；

(4)射线照相技术(DIN EN 444)和计算机控制的断层摄影术。

目视检测主要检测的是构件是否存在外部缺陷，可使用诸如光源、反射镜、放大镜或内窥镜等手段进行裂纹检测[37]。通常，渗透剂检测用来检测眼睛不可见的表面裂纹。试片经过仔细清洗和干燥后，我们在其表面加入合适的渗透剂。通过毛细作用，液体渗透到已经开裂到表面的缺陷处。经过一定的等待时间后，我们从表面除去额外的渗透剂并施加显影剂。显影剂吸收残留在裂纹中的液体，从而使得我们能够清楚地看到缺陷。渗透剂有部分荧光剂，所以测试片必须用紫外光观察[35,38]。

敲击法是一种非常简单的声学测试方法，即用锤子敲击构件实现检测。缺陷或裂纹的存在与否可以通过构件声音的变化来检测，但我们不能确定其具体位置[39]。

最常见的无损检测方法是超声波检测——利用换能器将具有特定频率的超声波脉冲发送到构件中。除了构件的几何形状外，信号还会被缺陷或裂纹反射。信号可由同一个或另一个换能器接收，随后被转换成电信号并在屏幕上以图形方式显示出来[39]。

电磁测试的方法可以用来检测表面区域的缺陷和裂纹[39]。涡流检测是基于导电材料中电流的感应[40]，通过检测线圈在待测试构件中感应出涡流来检测缺陷。构件中的缺陷(例如裂纹、细孔、空腔或微结构的变化)会影响涡流的分布。利用高分辨率线圈系统和计算机的信号处理，即使是复杂的缺陷也能够进行视觉描绘[39]。

磁粉检测可以通过从外部磁化试件来检测缺陷。根据 DIN EN ISO 9934 - 1[41]，电流(例如轴向电流或感应电流)和场流方法(例如内导体和外导体，固定线圈或手动磁体)可以用来帮助完成该检测。元件缺陷会导致漏磁通量，因此我们可以用悬浮的细小磁粉颗粒来检测缺陷。悬浮液中的磁粉被漏磁吸引，可产生清晰可见的缺陷显示。如果使用荧光测试介质，则应在暗室中使用黑光源(UV - A)辐射进行缺陷显示[35,39,41]。图 2. 29(a)显示了使用磁粉检测法探测到的两个裂纹的视图。为了比较，图 2. 29(b)从裂纹附近打开构件进行观察检测说明。在测试之后，构件应该进行消磁处理。像医学检测一样，射线照相方法也被用于材料测试。例如，在辐射强度、波长、测试对象厚度和传输时间经过调整之后，我们使用 X 射线对待测构件进行透照，从而获得显示材料厚度和密度分布的 X 射线图像。利用这样的图像，我们可以检测到材料厚度变化(例如空腔或细孔)或不均匀性(例如外来的夹杂质或合金)等缺陷[39]。

通过计算机控制的断层摄影术，我们可以利用大量横截面图像来检查构件的缺陷[39]。

除了测试方法的物理原理不同之外，无损检测方法呈现出了不同的基本灵敏度，这些灵敏度取决于构件几何形状、表面条件、测试表面的可及性以及选定的测试技术[33,42]。缺陷是否能被检测到还取决于缺陷的大小。

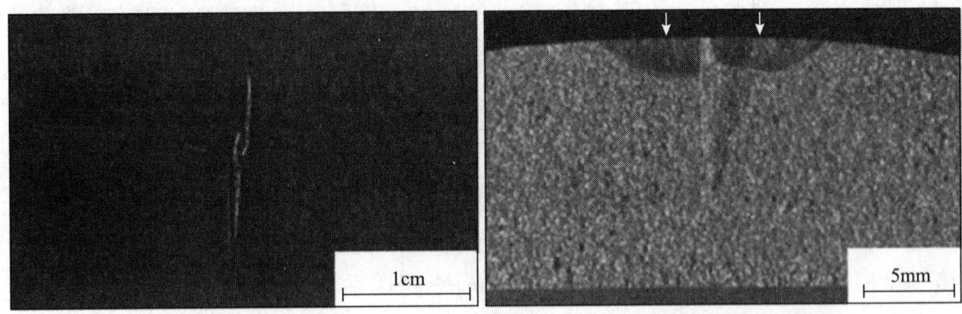

(a)磁性颗粒测试显示　　(b)构件断开后的可见裂纹

图 2.29 使用磁粉检测法进行裂纹探测[43]

图 2.30 显示裂纹的检测概率 POD 随着裂纹深度的增加而增加。另外，决定使用哪种方法起着至关重要的作用，特别是当缺陷尺寸较小的时候。

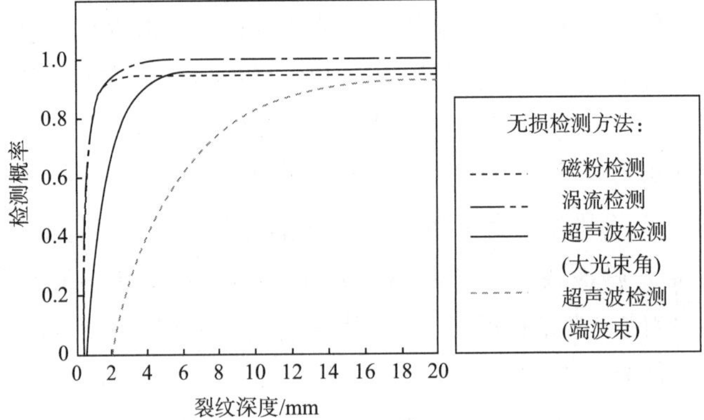

图 2.30 检测概率作为裂纹深度和各种无损测试方法的函数[44]

参考文献

[1] Bertram, W. Traversenbruch einer hydraulischen Presse. Jahrestagung, Werkstoff – Bauteil – Schaden, pp. 83 – 88. der VDI – Gesellschaft Werkstofftechnik, München(1983).

[2] Lange, G. Konstruktions –, werkstoff – und fertigungsbedingte Schäden an Luftfahrzeugen. Jahrestagung, Werkstoff – Bauteil – Schaden, pp. 149 – 154. der VDI – Gesellschaft Werkstofftechnik, München, (1983).

[3] Stenzel, K. Werkstoff – und Bauteilverhalten im Bereich der Marine. Jahrestagung, Werkstoff – Bauteil – Schaden der VDI – Gesellschaft Werkstofftechnik, München(1983).

[4] Eiden, H., Krämer, F. O., Meyer, K. P. Bauteilschäden. Erfahrungen aus der Sachverständigentätigkeit. Verlag TÜV Rheinland, Köln(1986).

[5] Blumenauer, H., Pusch, G. Technische Bruchmechanik. Wiley – VCHVerlag, Weinheim(1993).

[6] Broichhausen, I. Schadenskunde. Hanser – Verlag, München(1985).

[7] Neumann, K. F. DasBuch der Schadensfälle. Stuttgart(1980).

[8] American Society for Metals: Case histories in failure analysis. Ohio(1979).

[9]Hahn, H. G. Bruchmechanik. Teubner – Verlag, Stuttgart(1976).

[10]Schwalbe, K. H. Bruchmechanik metallischer Werkstoffe. Hanser – Verlag, München(1980).

[11]Rossmanith, H. P. Grundlagen der Bruchmechanik. Springer, Wien(1982).

[12]Richard, H. A. Bruchvorhersagen beiüberlagerter Normal – und Schubbeanspruchung. VDI Forschungsheft 631, VDI – Verlag, Düsseldorf(1985).

[13] Richard, H. A. Grundlagen und Anwendungen der Bruchmechanik. Technische Mechanik 11, 69 – 80 (1989).

[14]FKM – Richtlinie: Bruchmechanischer Festigkeitsnachweis für Maschinenbauteile. VDMA – Verlag, Frankfurt(2006).

[15]Schijve, J. Fatigue of structures and materials. Kluwer Academic Publishers, Dordrecht(2001).

[16]Richard, H. A., Sander, M. Technische Mechanik. Festigkeitslehre. Vieweg + Teubner, Wiesbaden(2011).

[17]Tokaji, K., Ogawa, T. The growth behaviour of microstructurally small fatigue cracks in metals. In: Miller, K. J., delosRios, E. R. (eds.)Short Fatigue Crack Growth, ESIS13, pp. 85 – 99. Mechanical Engineering Publications, London(1992).

[18]Schmitt – Thomas, K. G. Integrierte Schadensanalyse. Springer, Berlin(2004).

[19] VDI Richtlinie 3822, Blatt 2: Schadensanalyse – Schäden durch mechanische Beanspruchung. Düsseldorf (2006).

[20] Lange, G: Systematische Untersuchung technischer Schadensfälle. Deutsche Gesellschaft für Metallkunde, Oberursel(1992).

[21]Richard, H. A., Fulland, M., Sander, M., Kullmer, G. Bruchmechanische Untersuchungen zum ICE – Radreifenbruch. In: DVM – Bericht 236, Fortschritte der Bruch – und Schädigungsmechanik, pp. 105 – 119. Deutscher Verband für Materialforschung und – prüfung, Berlin(2004).

[22]Richard, H. A., Sander, M., Kullmer, G., Fulland, M: Finite – Elemente – Simulation im Vergleich zur Realität. MP Materialprüfung 46, 441 – 448(2004).

[23]Richard, H. A., Fulland, M., Sander, M., Kullmer, G. Fracture in a rubber sprung railway wheel. Eng. Fail. Anal. 12, 986 – 999(2005).

[24] Esslinger, V., Kieselbach, R., Kolber, R., Weise, B. The railway accident of Eschede—technical background. Eng. Fail. Anal. 11, 515 – 535(2004).

[25]Kullmer, G., Sander, M., Richard, H. A. Schadensanalyse von Verschlusskörpern einer Innenhochdruckumformmaschine. In: DVM – Bericht237, pp. 55 – 64. Technische Sicherheit, Zuverlässigkeit und Lebensdauer. Deutscher Verband für Materialforschung und – prüfung, Berlin(2005).

[26]Kullmer, G., Sander, M., Richard, H. A. Ermittlung der Versagensursache von Verschlusskörpern einer Innenhochdruckumformmaschine. Materialprüfung 10, 513 – 521(2006).

[27] Lange, G., Pohl, M. (eds.) Werkstoffprüfung – Schadensanalyse und Schadensvermeidung. Wiley VCH Verlag, Weinheim(2001).

[28] Richard, H. A., Sander, M., Fulland, M., Kullmer, G. Development of fatigue crack growth in real structures. Eng. Fract. Mech. 75, 331 – 340(2008).

[29]Fulland, M., Sander, M., Kullmer, G., Richard, H. A. Analysis of fatigue crack propagation in the frame of a hydraulic press. Eng. Fract. Mech. 75, 892 – 900(2008).

[30] Verein Deutscher Eisenhüttenleute(Hrsg.). Erscheinungsformen von Rissen und Brüchen metallischer Werkstoffe. Verlag Stahleisen, Düsseldorf(1997).

[31] Edel, K. O. Allowable crack sizes for railway wheels and rails. Theoret. Appl. Fract. Mech. 9, 75 – 82 (1988).

[32] Edel, K. O., Bondnitski, G., Schur, E. A.: Literaturanalyse zur Thematik, Bruchmechanik in Eisenbahnschienen. FH Brandenburg a. d, Havel(1997).

[33] Zerbst, U., Mädler, K., Hintze, H. Fracture mechanics in railway applications—an overview. Eng. Fract. Mech. 72, 163 – 194(2005).

[34] Madia, M., Beretta, S., Zerbst, U. An investigation on the influence of rotary bending and press fitting on stressintensity factors and fatigue crack growth in railway axles. Eng. Fract. Mech. 75, 1906 – 1920(2008).

[35] Schlinke, D. Werkstoffprüfung für Metalle. VDI – Verlag, Düsseldorf(1981).

[36] Grellmann, W. Vorlesung Werkstoffprüfung.

[37] DIN EN 13018: Zerstörungsfreie Prüfung – Sichtprüfung: Allgemeine Grundlagen(2001).

[38] DIN EN 571 – 1: Zerstörungsfreie Prüfung – Eindringprüfung. Teil 1: Allgemeine Grundlagen(1997).

[39] Czichos, H., Skrotzki, B., Simon, F. – G. Werkstoffe. In: Czichos, H., Hennecke, M. (eds.) Hütte – Das Ingenieurwissen. Springer, Berlin(2008).

[40] DIN EN 12084: Zerstörungsfreie Prüfung – Wirbelstromprüfung: Allgemeine Grundlagen(2001).

[41] DIN EN ISO9934 – 1: Zerstörungsfreie Prüfung – Magnetpulverprüfung. Teil 1: Allgemeine Grundlagen (2001).

[42] Hintze, H., Mädler, K. ZfP in der Radsatzinstandhaltung. In: Kolloquium Bemessung von Eisenbahnfahrwerken. TU Clausthal(2004).

[43] Beuth, T. Untersuchungen zur Schallschwächung an Radsatzvollwellen. 5. Fachtagung, ZfP im Eisenbahnwesen, Wittenberge(2008).

[44] Benyon, J. A., Watson, A. S. The use of Monte – Carlo analysis to increase axle inspection interval. In: Proceedings of the 13th International Wheelset Congress, Rom(2001).

第 3 章　断裂力学基础

进行强度校核(见第 1 章)，通常假定构件是没有缺陷的。在某些情况下，随着安全因子的提高，需要考虑材料潜在的不连续性。然而缺陷和裂纹的存在能够从根本上改变构件和结构的强度特性。例如，技术产品有时会在远远低于静态强度水平或材料的疲劳强度下失效(见第 2 章损伤实例)。

技术断裂力学(见文献[1 ~ 11])是工程力学和材料工程之间的一门跨交叉学科，它认为构件和结构中存在裂纹是原则问题，裂纹能达到微米级的小尺寸，但也可以达到相对较大的尺寸，例如，达到毫米甚至米级。构件和结构中经常出现的典型裂纹类型见 2.9.3 节。

断裂力学概念和研究基础就是对裂尖附近区域环境的研究。通过观察裂纹区域的局部应力(应力和位移场的发生位置)，以及与裂纹相关的应力强度因子和断裂力学材料参数，即可研究出用于评估和预测稳定及失稳裂纹扩展的概念与方法。以下将描述这些基本情况和关系。

3.1　裂纹和裂纹模式

裂纹是材料的局部分离，这些材料的分离显然破坏了构件中的力流。力流重新定向，局部奇异应力场出现在裂尖或裂纹前沿区域。图 3.1(b)、图 3.1(c)显示了裂纹对构件力流的干扰，以及与没有裂纹的构件进行对比，如图 3.1(a)所示。

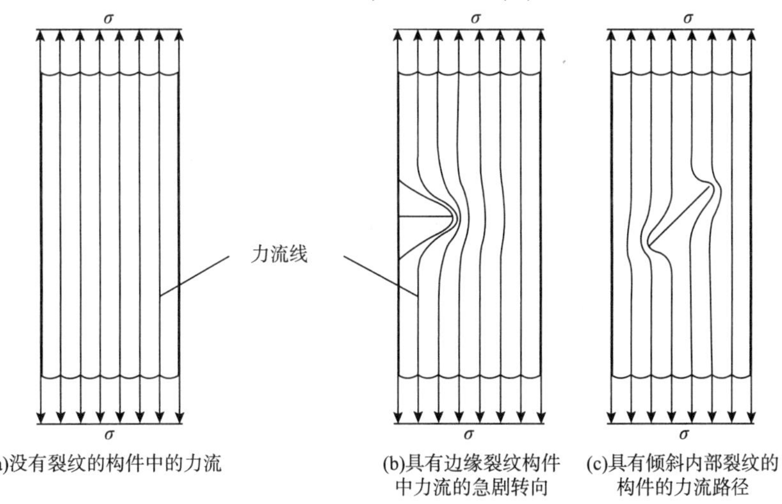

图 3.1　裂纹对力流路径的干扰

力流被定义为通过某一构件中力或应力的传递。力流线也可以理解为应力水平线，在力流线急剧地改变方向且排列位置相互靠近的区域会出现较高的局部应力。

如图3.1(a)所示，没有缺陷或裂纹的拉伸加载板具有完全不受干扰的力流。在具有边缘裂纹的构件中，由于裂纹，力流线被急剧地转向并压缩，如图3.1(b)所示。裂尖一般会发生应力集中，理论上讲，应力可以达到无限大。图3.1(c)显示了内部具有倾斜裂纹构件的力流路径。通过构件，力的传递再次受到相当大的干扰。然而，与图3.1(b)中的力流相比，力流路径相对于裂纹是不对称的。显然，图3.1(b)中的裂纹(或裂纹附近)承受的载荷与图3.1(c)不同。

由于裂纹几何形状的简单性——裂纹被认为是断裂力学中的一个数学剖面，对于构件和结构中出现的所有裂纹，仅存在三种基本裂纹加载类型或加载模式(第2章中提供了一系列裂纹类型，可供参考)，见图3.2或文献[1~9，12]。

3.1.1 模式Ⅰ

模式Ⅰ[见图3.2(a)]包含所有导致裂纹张开的正应力，即裂纹边缘相对于裂纹平面可以对称地移除。因此，当存在一个相对于裂纹平面对称的力流路径时，模式Ⅰ应力状态始终存在[见图3.1(b)]。例如，在承受拉伸载荷和弯曲载荷的构件中，当裂纹扩展与正应力垂直时，应力状态便始终存在。由于在正应力的影响下，疲劳裂纹会沿着原来路径扩展，所以在开裂过程中，如果加载方向不发生变化，疲劳裂纹通常总处于模式Ⅰ载荷的状态。

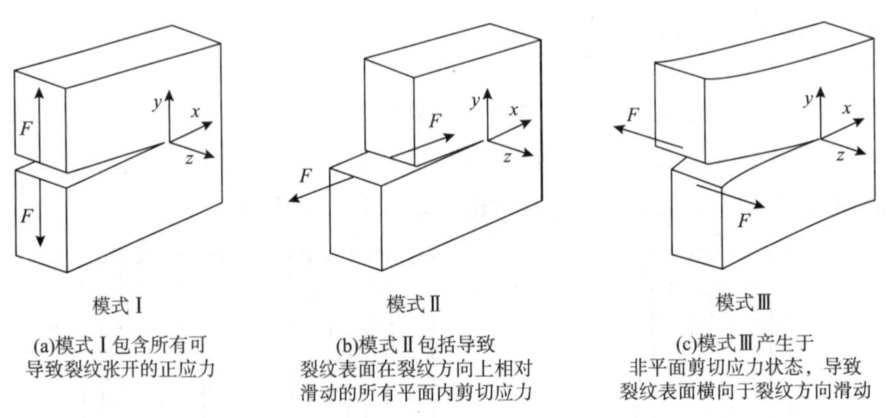

(a)模式Ⅰ包含所有可导致裂纹张开的正应力　(b)模式Ⅱ包括导致裂纹表面在裂纹方向上相对滑动的所有平面内剪切应力　(c)模式Ⅲ产生于非平面剪切应力状态，导致裂纹表面横向于裂纹方向滑动

图3.2 断裂力学中的三种基本裂纹载荷类型

3.1.2 模式Ⅱ

模式Ⅱ[见图3.2(b)]与所有切应力相关，这些切应力引起裂纹的两个表面在裂纹方向上反向滑动。例如，在整体或局部受平面剪切载荷影响的构件，就属于这种情况。

3.1.3 模式Ⅲ

模式Ⅲ[见图3.2(c)]对应于非平面剪切应力状态，这导致裂纹表面以与裂纹扩展方向成直角的方式相互反向移动，即在裂纹前沿的方向移动。例如，当垂直于轴线的平面中存在裂纹时，对该轴施加扭转载荷就属于模式Ⅲ加载。

3.1.4 混合模式

上述的基本裂纹加载类型以组合形式出现的[7,12,13]，称为混合模式加载。例如，当模式Ⅰ和模式Ⅱ叠加时，这是一种平面混合模式情况。这种情况会发生在含有倾斜内部裂纹的构件中[12][见图3.1(c)]。除了其他方式外，混合模式加载还可以通过相对于裂纹的不对称的力流分布来识别，如图3.1(c)所示。

如果所有三种裂纹应力类型叠加在一起，则称为一般或空间混合模式[12,13]。这与表面裂纹、内部裂纹以及与构件内或构件表面上的加载方向成一定角度的边缘裂纹或多轴加载构件中的裂纹有关。

3.2 裂纹处的应力分布

断裂力学的出发点是裂尖附近存在弹性应力场。对于某些裂纹样式，在理想的情况下，完全可能使用合适的裂纹模型和连续体力学方法来精确确定裂纹处的应力分布，参见文献[1，9]。

3.2.1 用弹性理论解决裂纹问题

扁平拉伸承载板中的椭圆形孔是应力集中或缺口效应的一个基本问题。为此，获得沿 x 轴的应力分布 $\sigma_y(x)$ 和 $\sigma_x(x)$ 以及沿着缺口边缘的切向应力 σ_t，如图3.3(a)所示。

最大应力 σ_{max} 出现在缺口根部。它可以根据作用在板上的应力 σ 及半轴 a 和 b 的长度或根据椭圆的半轴长度 a 及曲率半径 ρ，利用式(3.1)进行计算[1]：

$$\sigma_{max} = \sigma \cdot \left(1 + 2 \cdot \frac{a}{b}\right) = \sigma \cdot \left(1 + 2 \cdot \sqrt{\frac{a}{\rho}}\right) \tag{3.1}$$

对于尖锐的缺口，半轴 b 或曲率半径 ρ 是非常小的，其缺口应力最大值 σ_{max} 也显著增加。

如果考虑将一个裂纹[见图3.3(b)]理想化为一个数学剖面或具有 $b \to 0$ 或 $\rho \to 0$ 的缺口这种特殊情况，然后根据式(3.1)即可获得最大应力，其增加超出所有限制：$\sigma_{max,crack} \to \infty$。

无限延伸板中的这种内部裂纹是断裂力学中基本的裂纹模型，称为 Griffith 裂纹[见图3.3(b)]。因此，这个长度为 $2a$ 的裂纹可以看作是椭圆形孔的一种极限情况，如图3.3(a)所示。

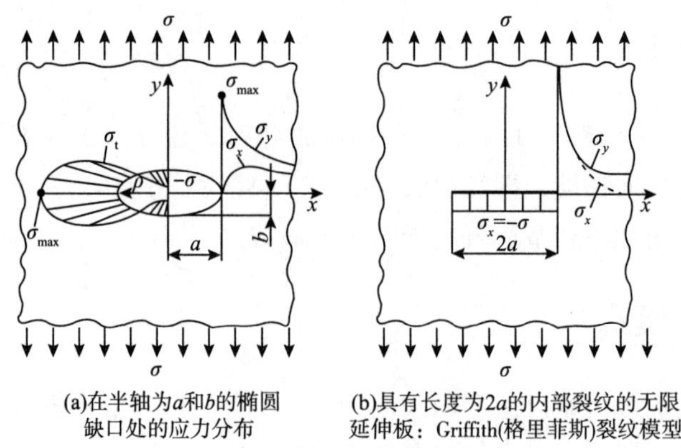

(a)在半轴为a和b的椭圆缺口处的应力分布　(b)具有长度为2a的内部裂纹的无限延伸板：Griffith(格里菲斯)裂纹模型

图 3.3　裂纹作为缺口的一种特殊情况

对于图 3.3(b) 中的拉伸承载板中的裂纹，获得了沿 x 轴[1,9]应力分布的精确解：

$$\sigma_x=\begin{cases}-\sigma & x<a\\ \sigma\cdot\left[\dfrac{x/a}{\sqrt{(x/a)^2-1}}-1\right] & x>a\end{cases}$$

$$\sigma_y=\begin{cases}0 & x<a\\ \sigma\cdot\dfrac{x/a}{\sqrt{(x/a)^2-1}} & x>a\end{cases}\qquad(3.2)$$

$$\tau_{xy}=0\qquad \text{任意 } x$$

从式(3.2)可以看出，$x=\pm a$(裂尖)在 x 轴上的应力 σ_x 和 σ_y 在理论上可以是无限大。这种情况类似于其他负载的 Griffith 裂纹和其他平面裂纹问题的解决方案(参见文献[1, 9]中例子)。

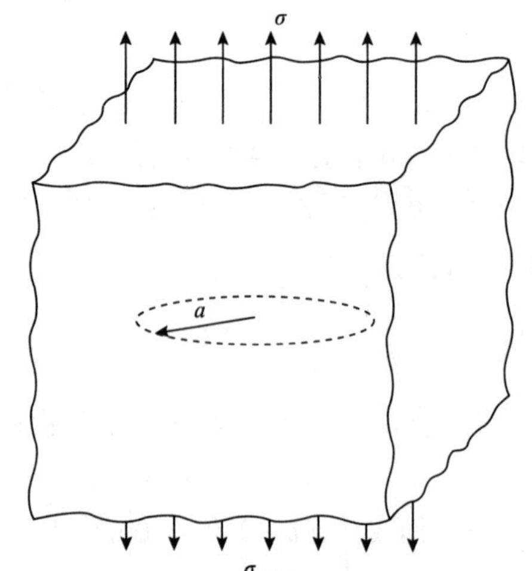

图 3.4　无限延伸体内圆形内部裂纹作为一个基本的空间裂纹模型

在具有单轴拉伸应力场的无限延伸体内，圆形内部裂纹(便士形裂纹)是一个基本的空间裂纹模型，如图 3.4 所示。这种裂纹问题是一个旋转椭球孔洞的特例，它的缺口半径 $\rho\to0$。弹性理论解也表明裂纹前沿存在一个应力奇异性[1]。这意味着经典的强度分析方法对于裂纹情况是无效的，而这种经典的强度分析方法通常是通过比较 σ_{max} 与许用值 σ_{zul}(参见 1.3 节的例子)来进行性能校核的。

3.2.2　平面裂纹问题的应力分布

从平面和空间裂纹问题的弹性理论解出发，可以导出仅适用于裂尖附近的近似表达式。如果引入裂尖的极坐标 r 和 φ，由图 3.5 可知，裂纹尖端应力场的一系列级数展开式通过一系

列依赖于因子 $r^{(n/2)-1}$ 的级数项获得，其中 $n=1$，2，3，…[1]。

如果只考虑 $r^{-1/2}$ 的第一个级数项，由此得到的平面裂纹问题的应力分布为 i，$j=x$，y。

$$\sigma_{ij}=\frac{1}{\sqrt{2\pi\cdot r}}\left[K_{\mathrm{I}}\cdot f_{ij}^{\mathrm{I}}(\varphi)+K_{\mathrm{II}}\cdot f_{ij}^{\mathrm{II}}(\varphi)\right] \tag{3.3}$$

式(3.3)精确地描述了裂尖附近的弹性应力场，见图3.5($r\to0$)。当 r 比特征长度(如裂纹长度 a)小的时候，它可以作为一个很好的近似值。式(3.3)适用于具有平面应力或平面应变状态的均匀各向同性体裂纹问题的所有线性弹性解。[$f_{ij}^{\mathrm{I}}(\varphi)$ 和 $f_{ij}^{\mathrm{II}}(\varphi)$]是仅依赖于角度 φ 的无量纲函数，参见式(3.6)。参数 K_{I} 和 K_{II} 称为应力强度因子，每个因子都与基本的裂纹加载类型有关，如图3.2(a)、图3.2(b)所示。应力强度因子描述了裂纹附近的应力场强度(见3.4节)，并且与极坐标参量 r 和 φ 无关。

式(3.3)描述了在裂纹模式Ⅰ和Ⅱ叠加的情况下(平面混合模式加载[7,12])裂尖区域的应力分布。

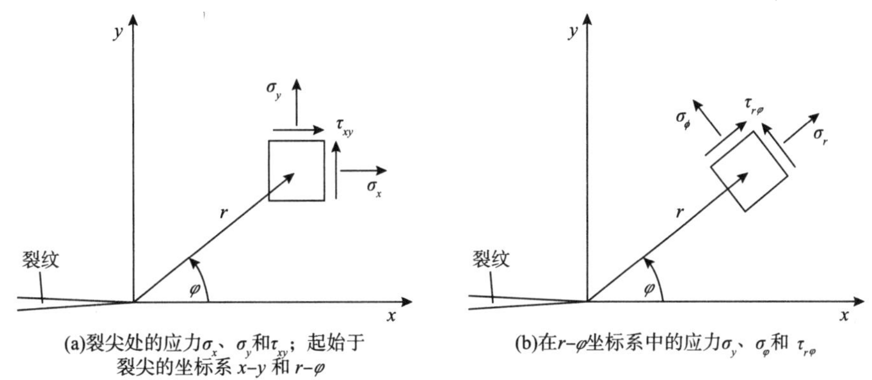

图3.5 裂纹尖端处的坐标系和应力分量

3.2.2.1 模式Ⅰ中的应力分布

对于纯Ⅰ模式加载($K_{\mathrm{I}}\neq0$，$K_{\mathrm{II}}=0$，$\sigma_{xx}=\sigma_x$，$\sigma_{yy}=\sigma_y$，$\sigma_{xy}=\tau_{xy}$)，适用于以下公式：

$$\begin{aligned}\sigma_x&=\frac{K_{\mathrm{I}}}{\sqrt{2\pi\cdot r}}\cdot\cos\frac{\varphi}{2}\cdot\left(1-\sin\frac{\varphi}{2}\cdot\sin\frac{3\varphi}{2}\right)\\ \sigma_y&=\frac{K_{\mathrm{I}}}{\sqrt{2\pi\cdot r}}\cdot\cos\frac{\varphi}{2}\cdot\left(1+\sin\frac{\varphi}{2}\cdot\sin\frac{3\varphi}{2}\right)\\ \tau_{xy}&=\frac{K_{\mathrm{I}}}{\sqrt{2\pi\cdot r}}\cdot\sin\frac{\varphi}{2}\cdot\cos\frac{\varphi}{2}\cdot\cos\frac{3\varphi}{2}\end{aligned} \tag{3.4}$$

沿着 x 轴，即以下公式适用于 $r=x$ 和 $\varphi=0$

$$\sigma_x=\frac{K_{\mathrm{I}}}{\sqrt{2\pi\cdot x}}$$

$$\sigma_y = \frac{K_I}{\sqrt{2\pi \cdot x}} \tag{3.5}$$

$$\tau_{xy} = 0$$

3.2.2.2 平面混合模式载荷的应力分布

在裂纹混合模式加载的情况下($K_I \neq 0$，$K_{II} \neq 0$)，获得笛卡儿坐标系中的应力场

$$\sigma_x = \frac{K_I}{\sqrt{2\pi \cdot r}} \cdot \cos\frac{\varphi}{2} \cdot \left(1 - \sin\frac{\varphi}{2} \cdot \sin\frac{3\varphi}{2}\right) - \frac{K_{II}}{\sqrt{2\pi \cdot r}} \cdot \sin\frac{\varphi}{2} \cdot \left(2 + \cos\frac{\varphi}{2} \cdot \cos\frac{3\varphi}{2}\right)$$

$$\sigma_y = \frac{K_I}{\sqrt{2\pi \cdot r}} \cdot \cos\frac{\varphi}{2} \cdot \left(1 + \sin\frac{\varphi}{2} \cdot \sin\frac{3\varphi}{2}\right) + \frac{K_{II}}{\sqrt{2\pi \cdot r}} \cdot \sin\frac{\varphi}{2} \cdot \cos\frac{\varphi}{2} \cdot \cos\frac{3\varphi}{2} \tag{3.6}$$

$$\tau_{xy} = \frac{K_I}{\sqrt{2\pi \cdot r}} \cdot \sin\frac{\varphi}{2} \cdot \cos\frac{\varphi}{2} \cdot \cos\frac{3\varphi}{2} + \frac{K_{II}}{\sqrt{2\pi \cdot r}} \cdot \cos\frac{\varphi}{2} \cdot \left(1 - \sin\frac{\varphi}{2} \cdot \sin\frac{3\varphi}{2}\right)$$

在极坐标系中，裂尖区域的应力场公式如下：

$$\sigma_r = \frac{K_I}{\sqrt{2\pi \cdot r}} \cdot \cos\frac{\varphi}{2} \cdot \left(1 + \sin^2\frac{\varphi}{2}\right) + \frac{K_{II}}{\sqrt{2\pi \cdot r}} \cdot \cos\frac{\varphi}{2} \cdot \left(\frac{3}{2}\sin\varphi - 2\tan\frac{\varphi}{2}\right)$$

$$\sigma_\varphi = \frac{K_I}{\sqrt{2\pi \cdot r}} \cdot \cos^3\frac{\varphi}{2} - \frac{K_{II}}{\sqrt{2\pi \cdot r}} \cdot \frac{3}{2}\sin\varphi \cdot \cos\frac{\varphi}{2} \tag{3.7}$$

$$\tau_{r\varphi} = \frac{K_I}{\sqrt{2\pi \cdot r}} \cdot \frac{1}{2}\sin\varphi \cdot \cos\frac{\varphi}{2} + \frac{K_{II}}{\sqrt{2\pi \cdot r}} \cdot \frac{1}{2}\cos\frac{\varphi}{2} \cdot (3\cos\varphi - 1)$$

从式(3.6)和式(3.7)中，也可以获得在 $K_{II}=0$ 的情况下的纯模式Ⅰ和 $K_I=0$ 的情况下的纯模式Ⅱ加载的公式。

例 3.1

对于在拉伸载荷下无限延伸板的内部裂纹(Griffith 裂纹作为断裂力学中的基本裂纹问题)，用式(3.2)的精确解求出 $0<x/a<0.3$ 范围内的应力分布 $\sigma_y(x)$ 和用式(3.4)求出近似解。$K_I=\sigma \cdot \sqrt{\pi \cdot a}$ 可以被认为是这种裂纹问题的应力强度因子(参见 3.4.2.1 节)。

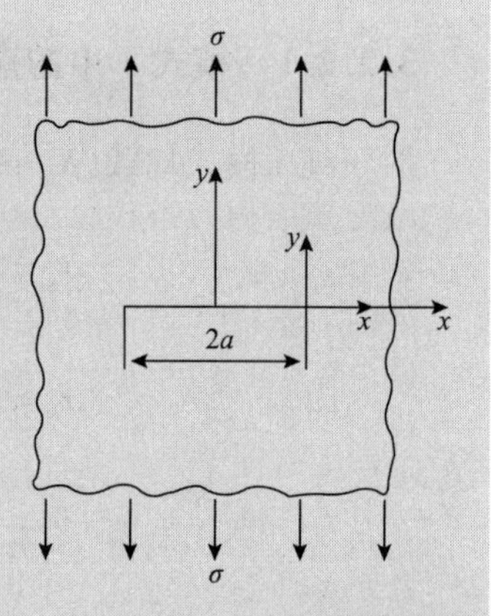

解：

根据式(3.2)，可以得到 $\bar{X}=x+a$

$$\frac{\sigma_{y,准确}}{\sigma} = \frac{\bar{x}/a}{\sqrt{(\bar{x}/a)^2 - 1}} = \frac{(x+a)/a}{\sqrt{((x+a)/a)^2 - 1}} = \frac{x/a + 1}{\sqrt{((x/a)+1)^2 - 1}}$$

通过式(3.4)可以得到 $K_I=\sigma \cdot \sqrt{\pi \cdot a}$，$\varphi=0$ 和 $r=x$

$$\sigma_{y,\text{近似}} = \frac{K_{\mathrm{I}}}{\sqrt{2\pi \cdot x}} = \frac{\sigma \cdot \sqrt{\pi \cdot a}}{\sqrt{2\pi \cdot x}}$$

因此：

$$\frac{\sigma_{y,\text{近似}}}{\sigma} = \frac{1}{\sqrt{2}}\sqrt{\frac{a}{x}} = \frac{1}{\sqrt{2} \cdot \sqrt{x/a}}$$

$\frac{x}{a}$	$\frac{\sigma_{y,\text{准确}}}{\sigma}$	$\frac{\sigma_{y,\text{近似}}}{\sigma}$
0	∞	∞
0.01	7.12	7.07
0.02	5.07	5.00
0.03	4.17	4.08
0.04	3.64	3.54
0.05	3.27	3.16
0.06	3.02	2.89
0.08	2.65	2.50
0.10	2.40	2.24
0.20	1.81	1.58
0.30	1.56	1.29

3.2.3　空间裂纹问题的应力分布

空间裂纹问题包括表面裂纹、边缘裂纹和内部裂纹，如图 2.23(b)～图 2.23(d)所示。通常，载荷可导致所有三种裂纹承载类型的重叠(见图3.2)[12]。在这种情况下，裂纹附近的应力分布可以用张量表示如下[1]：

$$\sigma_{ij} = \frac{1}{\sqrt{2\pi \cdot r}}\left[K_{\mathrm{I}} \cdot f_{ij}^{\mathrm{I}}(\varphi) + K_{\mathrm{II}} \cdot f_{ij}^{\mathrm{II}}(\varphi) + K_{\mathrm{III}} \cdot f_{ij}^{\mathrm{III}}(\varphi)\right] \tag{3.8}$$

式中，i，$j = x$，y，z。

与平面解决方案相反，式(3.3)包含一个额外的应力强度因子 K_{III}，其对应于裂纹加载类型Ⅲ和函数 $f_{ij}^{\mathrm{III}}(\varphi)$。$1/\sqrt{r}$即应力场的奇异性，也适用于空间裂纹问题($r \to 0$，$\sigma_{ij} \to \infty$)。

3.2.3.1　笛卡尔坐标系下的应力分布

在笛卡儿坐标系中，获得了以下关于 σ_x、σ_y、σ_z、τ_{xy}、τ_{xz}、τ_{yz}[见图3.6(a)]的应力关系：

$$\sigma_x = \frac{K_{\mathrm{I}}}{\sqrt{2\pi \cdot r}} \cdot \cos\frac{\varphi}{2} \cdot \left(1 - \sin\frac{\varphi}{2} \cdot \sin\frac{3\varphi}{2}\right) - \frac{K_{\mathrm{II}}}{\sqrt{2\pi \cdot r}} \cdot \sin\frac{\varphi}{2} \cdot \left(2 + \cos\frac{\varphi}{2} \cdot \cos\frac{3\varphi}{2}\right)$$

$$\sigma_y = \frac{K_{\mathrm{I}}}{\sqrt{2\pi \cdot r}} \cdot \cos\frac{\varphi}{2} \cdot \left(1 + \sin\frac{\varphi}{2} \cdot \sin\frac{3\varphi}{2}\right) + \frac{K_{\mathrm{II}}}{\sqrt{2\pi \cdot r}} \cdot \sin\frac{\varphi}{2} \cdot \cos\frac{\varphi}{2} \cdot \cos\frac{3\varphi}{2}$$

$$\tau_{xy} = \frac{K_{\mathrm{I}}}{\sqrt{2\pi \cdot r}} \cdot \sin\frac{\varphi}{2} \cdot \cos\frac{\varphi}{2} \cdot \cos\frac{3\varphi}{2} + \frac{K_{\mathrm{II}}}{\sqrt{2\pi \cdot r}} \cdot \cos\frac{\varphi}{2} \cdot \left(1 - \sin\frac{\varphi}{2} \cdot \sin\frac{3\varphi}{2}\right)$$

$$\tau_{xz} = -\frac{K_{\mathrm{III}}}{\sqrt{2\pi \cdot r}} \cdot \sin\frac{\varphi}{2}$$

$$\tau_{yz} = \frac{K_{\mathrm{III}}}{\sqrt{2\pi \cdot r}} \cdot \cos\frac{\varphi}{2}$$

$$\sigma_z = v \cdot (\sigma_x + \sigma_y) = \frac{2v}{\sqrt{2\pi \cdot r}} \cdot \left(K_{\mathrm{I}} \cdot \cos\frac{\varphi}{2} - K_{\mathrm{II}} \cdot \sin\frac{\varphi}{2}\right) \tag{3.9}$$

3.2.3.2 圆柱坐标系中的应力分布

使用圆柱坐标系会产生应力 σ_r、σ_φ、σ_z、$\tau_{r\varphi}$、τ_{rz}和 $\tau_{\varphi z}$，见图 3.6(b)：

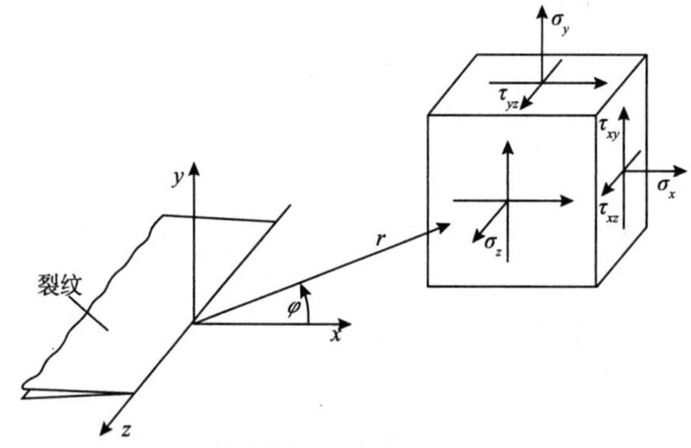

(a)在裂纹附近的应力σ_x、σ_y、σ_z、τ_{xy}、τ_{xz}、τ_{yz}，笛卡儿坐标x、y、z；极坐标r、φ

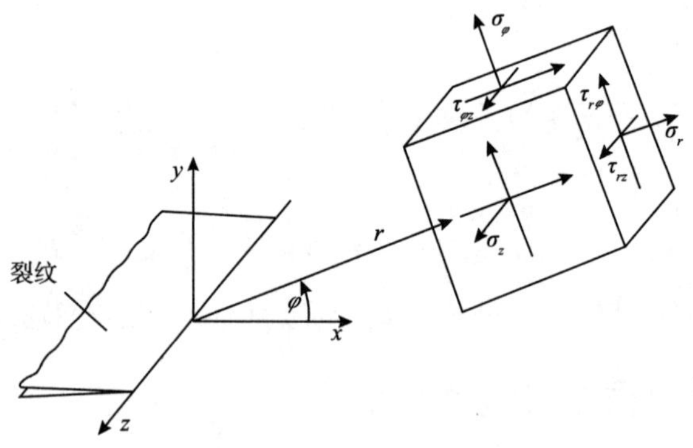

(b)σ_r、σ_φ、σ_z、$\tau_{r\varphi}$、τ_{rz}和$\tau_{\varphi z}$；柱坐标r、φ、z

图 3.6 空间裂纹问题中的坐标系和应力分量

$$\sigma_r = \frac{K_{\mathrm{I}}}{4\sqrt{2\pi \cdot r}} \cdot \left(5\cos\frac{\varphi}{2} - \cos\frac{3\varphi}{2}\right) - \frac{K_{\mathrm{II}}}{4\sqrt{2\pi \cdot r}} \cdot \left(5\sin\frac{\varphi}{2} - 3\sin\frac{3\varphi}{2}\right)$$

$$\sigma_\varphi = \frac{K_{\mathrm{I}}}{4\sqrt{2\pi \cdot r}} \cdot \left(3\cos\frac{\varphi}{2} + \cos\frac{3\varphi}{2}\right) - \frac{K_{\mathrm{II}}}{4\sqrt{2\pi \cdot r}} \cdot \left(3\sin\frac{\varphi}{2} + 3\sin\frac{3\varphi}{2}\right)$$

$$\tau_{r\varphi}=\frac{K_{\mathrm{I}}}{4\sqrt{2\pi\cdot r}}\cdot\left(\sin\frac{\varphi}{2}+\sin\frac{3\varphi}{2}\right)+\frac{K_{\mathrm{II}}}{4\sqrt{2\pi\cdot r}}\cdot\left(\cos\frac{\varphi}{2}+3\cos\frac{3\varphi}{2}\right)$$

$$\tau_{rz}=\frac{K_{\mathrm{III}}}{\sqrt{2\pi\cdot r}}\cdot\sin\frac{\varphi}{2}$$

$$\tau_{\varphi z}=\frac{K_{\mathrm{III}}}{\sqrt{2\pi\cdot r}}\cdot\cos\frac{\varphi}{2}$$

$$\sigma_z=v\cdot(\sigma_r+\sigma_\varphi)=\frac{2v}{\sqrt{2\pi\cdot r}}\cdot\left(K_{\mathrm{I}}\cdot\cos\frac{\varphi}{2}-K_{\mathrm{II}}\cdot\sin\frac{\varphi}{2}\right) \tag{3.10}$$

由式(3.9)和式(3.10)可知，对于 $r\to 0$(在裂尖或裂纹前沿)，$1/\sqrt{r}$会导致一个无限大的应力——应力奇异性，应力对 $1/\sqrt{r}$依赖关系再次变得清晰。对于裂纹体加载，最重要的承载特征量是应力强度因子 K_{I}、K_{II} 和 K_{III}。第 3.4 节将对它们做更详细的研究。

3.3 裂纹附近的位移场

除研究裂纹处的应力分布外，研究裂纹区的位移，特别是裂纹边缘或表面的位移，在断裂力学中具有相当重要的意义。文献[1]中给出了 x 方向位移 u，y 方向位移 v 和 z 方向位移 w(见图 3.5 和图 3.6 中的坐标系)的弹性理论解例子。根据极坐标 r 和 φ 或柱坐标 r、φ 和 z 以及应力强度因子 K_{I}、K_{II}和 K_{III}，我们可以建立位移场的近似公式。以下适用于模式I：

$$u=\frac{K_{\mathrm{I}}\cdot(1+v)}{E}\cdot\sqrt{\frac{r}{2\pi}}\cdot\cos\frac{\varphi}{2}\cdot\left(\kappa-1+2\sin^2\frac{\varphi}{2}\right)$$

$$v=\frac{K_{\mathrm{I}}\cdot(1+v)}{E}\cdot\sqrt{\frac{r}{2\pi}}\cdot\sin\frac{\varphi}{2}\cdot\left(\kappa+1-2\cos^2\frac{\varphi}{2}\right) \tag{3.11}$$

式中，平面应力状态的 $k=(3-v)/(1+v)$；平面应变状态的 $k=3-4v$(1.2.4 节)；E 为杨氏模量；v 为泊松比[14]。

对于模式Ⅱ位移如下：

$$u=\frac{K_{\mathrm{II}}\cdot(1+v)}{E}\cdot\sqrt{\frac{r}{2\pi}}\cdot\sin\frac{\varphi}{2}\cdot\left(\kappa+1+2\cos^2\frac{\varphi}{2}\right)$$

$$v=-\frac{K_{\mathrm{II}}\cdot(1+v)}{E}\cdot\sqrt{\frac{r}{2\pi}}\cdot\cos\frac{\varphi}{2}\cdot\left(\kappa-1-2\sin^2\frac{\varphi}{2}\right) \tag{3.12}$$

在模式Ⅲ中，$u=v=0$。z 方向上的位移 w 可以用下式计算：

$$w=\frac{4K_{\mathrm{III}}\cdot(1+v)}{E}\cdot\sqrt{\frac{r}{2\pi}}\cdot\sin\frac{\varphi}{2} \tag{3.13}$$

当 $r\to 0$，应力是奇异的，裂尖或裂纹前沿($r\to 0$)的位移 u、v 和 w 会消失。任何裂纹的位移分布均由应力强度因子 K_{I}、K_{II} 和 K_{III}来表征，K_{I}、K_{II} 和 K_{III}具体取决于载荷的大小类型。

3.4 应力强度因子

所有构件和结构裂纹附近的弹性应力场都是能够表示的，并且构件中出现的所有载荷都可以用3.2节中所述的近似公式进行表示。应力场的奇异性 $-1/\sqrt{r}$ 和归入基本断裂模式的应力强度因子 K_{I}、K_{II} 和 K_{III}（见图3.2）都可以用这些公式特征化。

裂纹附近的弹性位移场可以用第3.3节提供的近似公式表示。它们的表征既依赖于 $\sqrt{r}$，也依赖于应力强度因子 K_{I}、K_{II} 和 K_{III}。

3.4.1 裂纹模式Ⅰ、Ⅱ和Ⅲ的应力强度因子

应力强度因子描述了奇异应力场的强度，同时也是裂纹区位移大小的量度，即它们也是一种测量裂纹张开度或裂纹表面相对位移的方式。

应力强度因子取决于：

(1)构件的外部负载；

(2)裂纹几何形状或裂纹长度/深度；

(3)裂纹的位置、裂纹的排列、构件的几何形状以及施加载荷的类型和位置。

因此，应力强度因子描述的是强度，而不是裂纹附近的应力和位移的分布。

3.4.1.1 应力强度因子 K_{I}、K_{II}、K_{III} 的定义

应力强度因子与裂纹承受的载荷、裂纹的几何形状及上述构件的关系可以由以下公式表示：

$$K_{\mathrm{I}} = \sigma \cdot \sqrt{\pi \cdot a} \cdot Y_{\mathrm{I}} \tag{3.14}$$

$$K_{\mathrm{II}} = \tau \cdot \sqrt{\pi \cdot a} \cdot Y_{\mathrm{II}} \tag{3.15}$$

$$K_{\mathrm{III}} = \tau_z \cdot \sqrt{\pi \cdot a} \cdot Y_{\mathrm{III}} \tag{3.16}$$

应力强度因子 K_{I} 仅适用于平面和空间裂纹问题中的模式Ⅰ载荷[见图3.2(a)、图3.3(b)和图3.4]。应力 σ 代表构件的载荷，但也可以根据加载情况由力 F 或弯矩 M 来计算。裂纹几何形状分别用裂纹长度和裂纹深度 a 表示。通常，内部裂纹的长度用 $2a$ 表示，而边缘、表面或角部裂纹的情况用长度或深度 a 表示。几何因子 Y_{I} 一般都要考虑裂纹位置、构件几何形状以及加载应用的类型和位置。对于在拉伸载荷下的无限延伸板的 Griffith 裂纹，如图3.3(b)所示，$Y_{\mathrm{I}}=1$（另见3.4.2.1节）。

应力强度因子 K_{II} 对纯模式Ⅱ载荷有效[见图3.2(b)]。应力 τ 或 τ_{xy} 代表构件的平面剪切载荷，也可以用剪切力 Q 或扭矩 M_{T} 计算。在这里，裂纹的几何形状也是由裂纹长度 a 来表征，Y_{II} 表示模式Ⅱ加载情况下的几何因子。

如果存在纯模式Ⅲ加载状态[见图3.2(c)]，则应力强度因子 K_{III} 很重要。外部载荷由非平面剪切应力 τ_z 或 τ_{yz} 来表示，然而也可以由扭矩 M_{T} 确定。裂纹长度由 a 表示，而 Y_{III} 是

纯模式Ⅲ加载的几何因子。

3.4.1.2 应力强度因子的尺寸和单位

将物理量代入式(3.14)、式(3.15)和式(3.16)，对应的应力强度因子 K_{I}、K_{II} 和 K_{III} 即可获得：

度量：力/长度$^{3/2}$

单位：$\mathrm{N/mm^{3/2}}$ 或者 $\mathrm{MPa}/\sqrt{\mathrm{m}}$

其中 $31.6\mathrm{N/mm^{3/2}} = 1\mathrm{MPa}/\sqrt{\mathrm{m}}$

3.4.2 基本裂纹问题的应力强度因子

本节将提供基本裂纹问题的应力强度因子和几何因子实例，目的是让读者感受这些断裂力学量，而这些量在技术实践中很大程度上仍然是未知的。广泛收集的应力强度因子可以在文献[6，15~18]中找到。

3.4.2.1 无限延伸板中的 Griffith 裂纹

无限延伸板中的内部裂纹(Griffith 裂纹)是断裂力学中的基本裂纹模型。对于板的拉伸载荷，如图 3.3(b)所示，应力强度因子计算方法如下(参见文献[1])：

$$K_{\mathrm{I}} = \sigma \cdot \sqrt{\pi \cdot a} \tag{3.17}$$

如果将该应力强度因子与式(3.14)中的一般关系式进行比较，则可以发现：对于 Griffith 裂纹，几何因子 $Y_{\mathrm{I}} = 1$。因此几何因子 Y_{I} 也表示无量纲应力强度因子：

$$Y_{\mathrm{I}} = \frac{K_{\mathrm{I}}}{\sigma \cdot \sqrt{\pi \cdot a}} \tag{3.18}$$

这意味着任何构件和结构中的 I 型裂纹的应力强度因子可以标准化为 Griffith 裂纹的应力强度因子 $\sigma \cdot \sqrt{\pi \cdot a}$。

如果纯剪切载荷施加于具有内部裂纹的板中，且剪切应力 $\tau = \tau_{xy}$，那么这个应力强度因子可用下式进行计算：

$$K_{\mathrm{II}} = \tau \cdot \sqrt{\pi \cdot a} \tag{3.19}$$

与式(3.15)比较，发现这种基本裂纹的 $Y_{\mathrm{II}} = 1$。

3.4.2.2 拉伸载荷下无限延伸体的圆形裂纹

对于在拉伸载荷下的无限延伸体中的圆形裂纹，见图 3.4，模式 I 应力强度因子如下：

$$K_{\mathrm{I}} = \frac{2}{\pi} \cdot \sigma \cdot \sqrt{\pi \cdot a} \tag{3.20}$$

这种裂纹类型代表了所有空间裂纹问题的基本解。根据式(3.14)，几何因子是：

$$Y_{\mathrm{I}} = \frac{2}{\pi} = 0.637$$

如果将式(3. 20)与 Griffith 裂纹的应力强度因子[见式(3. 17)]进行比较，可以看出，内部圆形裂纹的应力强度因子小于 π/2。

3. 4. 2. 3 有限延伸板内部裂纹

板的几何形状影响几何因子 Y_{I} 以及与之相关的应力强度因子 K_{I}。对于拉伸载荷下的有限延伸板[见图 3. 7(a)]，Y_{I} 因子随着 a/d 比的增加而增加[见图 3. 7(b)]。对于 $a/d \to 0$(有限延伸板中的小裂纹或一个无限延伸的板)，再次得到了 3. 4. 2. 1 节中的 Y_{I} 解。

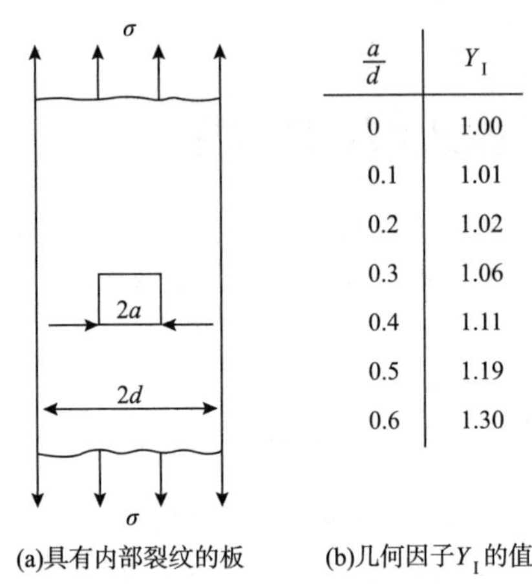

$\frac{a}{d}$	Y_{I}
0	1.00
0.1	1.01
0.2	1.02
0.3	1.06
0.4	1.11
0.5	1.19
0.6	1.30

(a)具有内部裂纹的板　(b)几何因子 Y_{I} 的值

图 3. 7 拉伸载荷下有限宽板内部裂纹

3. 4. 2. 4 拉伸载荷下半无限和有限延伸板的边缘裂纹

对于在拉伸载荷下的半无限延伸板的边缘裂纹，如图 3. 8(a)所示，边缘裂纹的 Y_{I} 值比内部裂纹大 12%(Griffith 裂纹，3. 4. 2. 1 节)。

$$Y_{\mathrm{I}} = 1.12$$

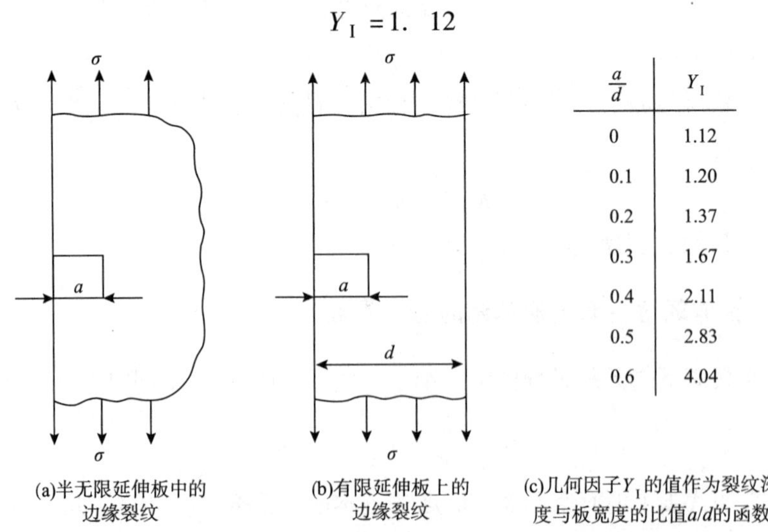

$\frac{a}{d}$	Y_{I}
0	1.12
0.1	1.20
0.2	1.37
0.3	1.67
0.4	2.11
0.5	2.83
0.6	4.04

(a)半无限延伸板中的边缘裂纹　(b)有限延伸板上的边缘裂纹　(c)几何因子 Y_{I} 的值作为裂纹深度与板宽度的比值 a/d 的函数

图 3. 8 在拉伸载荷作用下的半无限和有限延伸板的边缘裂纹

对于在拉伸载荷下有限延伸的板的边缘裂纹，见图 3.1(b)和图 3.8(b)，随着 a/d 比增加，Y_{I} 因子急剧上升，见图 3.8(c)。对此的解释是，考虑到具有较大裂纹长度 a 的边缘裂纹问题，不仅在法向力方面，而且在残余横截面中还有大量的弯矩是有效的。一般而言，外部裂纹(边缘裂纹)的 Y_{I} 值明显大于内部裂纹的 Y_{I} 值。

3.4.2.5　单轴加载下无限延伸板的倾斜内部裂纹

如果构件内部的裂纹倾向于加载方向[见图 3.1(c)]，则会导致平面混合模式加载。在拉伸载荷作用下，无限延伸的板内存在一个倾斜内部裂纹，如图 3.9(a)所示，裂尖处的应力强度由应力强度因子 K_{I} 和 K_{II} 表示。它们用以下关系式来计算：

$$K_{\mathrm{I}} = \sigma \cdot \sqrt{\pi \cdot a} \cdot Y_{\mathrm{I}} \tag{3.21}$$

$$K_{\mathrm{II}} = \sigma \cdot \sqrt{\pi \cdot a} \cdot Y_{\mathrm{II}} \tag{3.22}$$

而 Y_{I} 和 Y_{II} 因子是由下式确定

$$Y_{\mathrm{I}} = \sin^2\beta \tag{3.23}$$

$$Y_{\mathrm{II}} = \sin\beta \cdot \cos\beta \tag{3.24}$$

Y_{I} 和 Y_{II} 的数值可以在图 3.9(b)中找到。

对于有限尺寸和双轴加载的板，修正了 Y_{I} 和 Y_{II} 因子[6,7,15,16]。

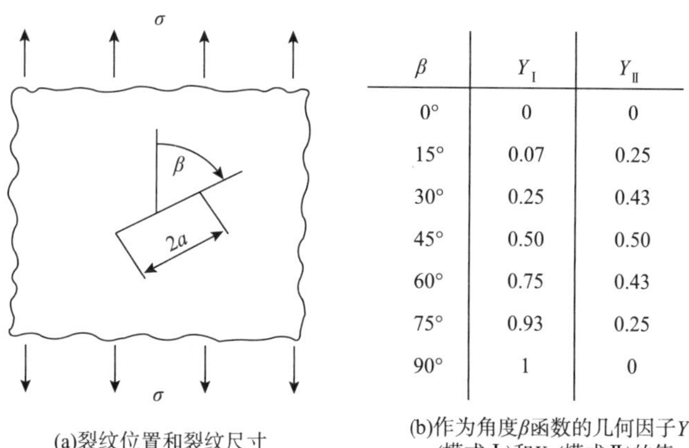

β	Y_{I}	Y_{II}
0°	0	0
15°	0.07	0.25
30°	0.25	0.43
45°	0.50	0.50
60°	0.75	0.43
75°	0.93	0.25
90°	1	0

(a)裂纹位置和裂纹尺寸　(b)作为角度 β 函数的几何因子 Y_{I}(模式Ⅰ)和 Y_{II}(模式Ⅱ)的值

图 3.9　无限延伸板中的倾斜内部裂纹

3.4.2.6　拉伸构件的半椭圆表面裂纹

对于表面裂纹，应力强度因子(及其几何因子)取决于裂纹几何形状和构件几何形状。如果表面裂纹的方向垂直于拉伸载荷，如图 3.10(a)所示，则存在模式Ⅰ载荷。沿着裂纹前沿的应力强度因子 K_{I} 不是恒定的，也就是说，它是随着角度 θ 而改变的。此外，最大值 $K_{\mathrm{I}} = K_{max}$ 高度依赖于裂纹的 a/c 比和构件的 a/d 比。对于图 3.10(b)中使用的实心点，位置 A 处的几何因子 Y_{I}(表面裂纹的最深点)处于其最大值；对于空心点，最大值出现在位置 B 处(在构件的表面)。在图 3.10(b)中，$a/c = 0$ 表示边缘裂纹(见 3.4.2.4 节)，

$a/c=1$表示半圆形表面裂纹。

可以看出，贯穿裂纹比半椭圆或半圆形表面裂纹更危险。但是，在技术实践中，研究表面裂纹是非常重要的，因为构件和结构中的裂纹经常呈现表面裂纹形状（见第2章）。

其他构件承载或构件几何的 Y_{I} 值在文献[6，15，16]和其他资料中可查到。

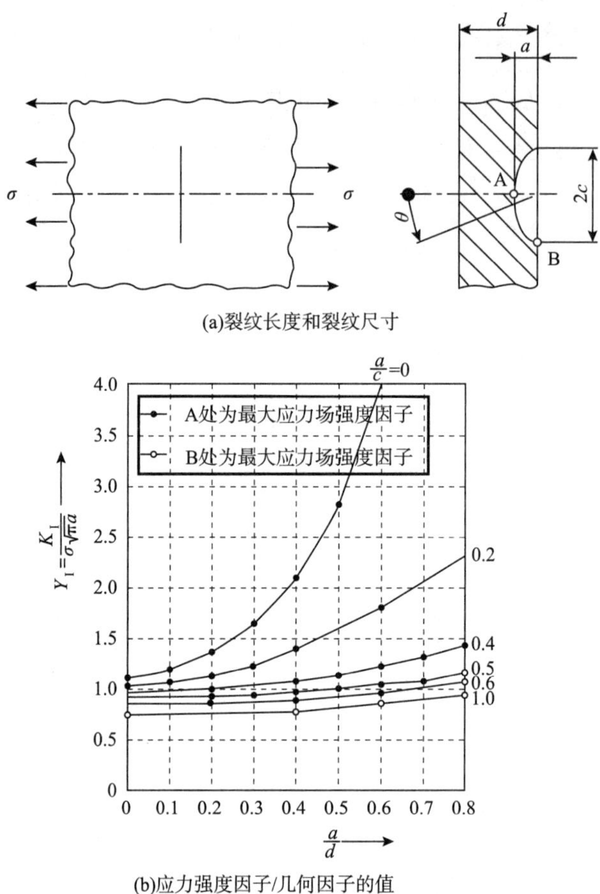

图3.10　拉伸加载板中的半椭圆表面裂纹

3.4.2.7　构件中的半圆形边缘裂纹

通常，边缘裂纹始于构件边缘、缺口或孔的某个角，如图2.23(d)所示。对于拉伸载荷构件中的半圆形边缘裂纹，该裂纹的尺寸比构件的尺寸小得多，如图3.11所示。应力强度因子用以下关系式计算：

$$K_{\mathrm{I}}=\sigma\cdot\sqrt{\pi\cdot a}\cdot 0.76 \tag{3.25}$$

因此，几何因子 $Y_{\mathrm{I}}=0.76$ 适用于此。

其他裂纹和构件几何形状以及其他载荷的应力强度因子可参考文献[6，15，16]以及其他资料。

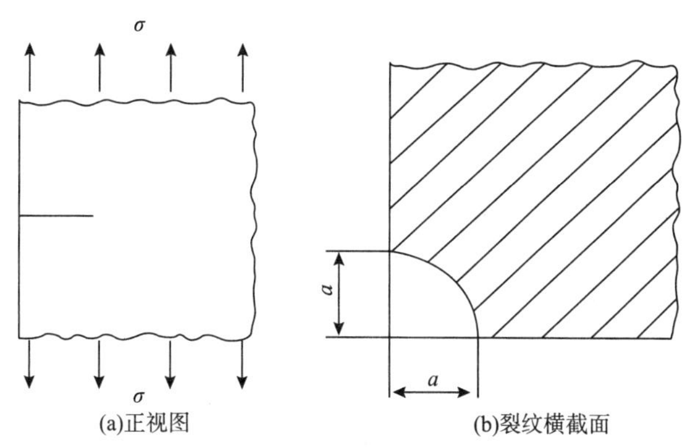

(a)正视图　　(b)裂纹横截面

图 3.11　具有半圆形边缘裂纹的构件

例 3.2

在大型铸件中发现了几处缺陷，它们可以理想化为裂纹(见右图)。在这个铸件区域，垂直于裂纹面的拉应力占主导地位。

①　φ15　10　②　③　4　40

求出：

(a)几何因子；

(b)所有现存裂纹的应力强度因子。

已知：裂纹尺寸，$\sigma = 50\text{N/mm}^2$

解：

(a)几何因子

裂纹情况①(圆形裂纹)：$Y_\text{I} = 2/\pi = 0.637$

裂纹情况②(边缘裂纹)：$Y_\text{I} = 0.76$

裂纹情况③(表面裂纹)：$a = 4\text{mm}$，$c = 20\text{mm}$，$a/c = 0.2$，$a/d = 0$，$Y_\text{I} \approx 1.05$

(b)应力强度因子

裂纹情况①：

$$K_\text{I} = \sigma \cdot \sqrt{\pi \cdot a} \cdot Y_\text{I} = 50\text{N/mm}^2 \cdot \sqrt{\pi \cdot 7.5\text{mm}} \cdot 0.637$$
$$= 154.6\text{N/mm}^{3/2} = 4.9\text{MPa} \cdot \text{m}^{1/2}$$

裂纹情况②：

$$K_\text{I} = \sigma \cdot \sqrt{\pi \cdot a} \cdot Y_\text{I} = 50\text{N/mm}^2 \cdot \sqrt{\pi \cdot 10\text{mm}} \cdot 0.76 = 213.0\text{N/mm}^{3/2} = 6.7\text{MPa} \cdot \text{m}^{1/2}$$

裂纹情况③：

$$K_\text{I} = \sigma \cdot \sqrt{\pi \cdot a} \cdot Y_\text{I} = 50\text{N/mm}^2 \cdot \sqrt{\pi \cdot 4\text{mm}} \cdot 1.05 = 186.1\text{N/mm}^{3/2} = 5.9\text{MPa} \cdot \text{m}^{1/2}$$

3.4.2.8　缺口裂纹问题

在技术实践中，孔中萌生裂纹是一种非常常见的现象，在飞机结构中，铆钉的连接尤其如此。

图 3. 12(a)呈现了拉伸加载板中出现这样一个缺口裂纹问题的例子。在拉伸加载板上，一个圆孔裂纹从垂直于拉应力的方向开始扩展。对于这个裂纹问题，应力强度因子 K_{I} 通过下式来确定：

$$K_{\mathrm{I}}=\sigma\cdot\sqrt{\pi\cdot a}\cdot Y_{\mathrm{I}} \tag{3.26}$$

对于这种情况，Y_{I} 因子可以从图 3. 12(b)中得出。

文献[6，15，17]中给出了其他缺口裂纹问题中的应力强度因子或几何因子。

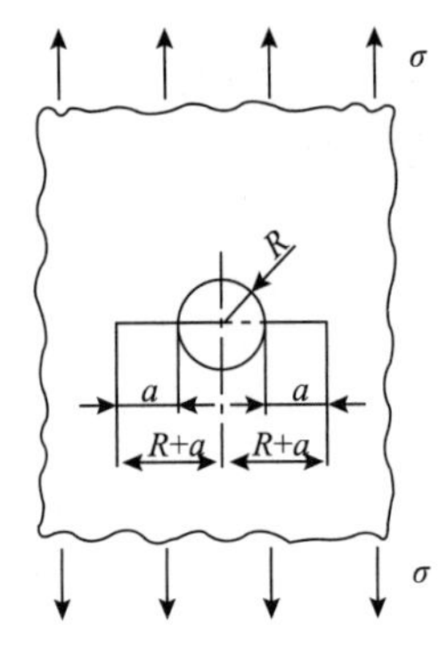

(a)缺口裂纹问题中的缺口和裂纹几何形状

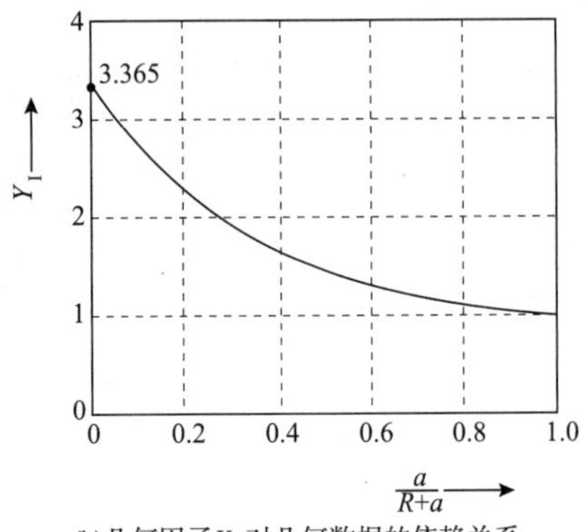

(b)几何因子 Y_{I} 对几何数据的依赖关系

图 3. 12 孔中出现的裂纹

例 3. 3

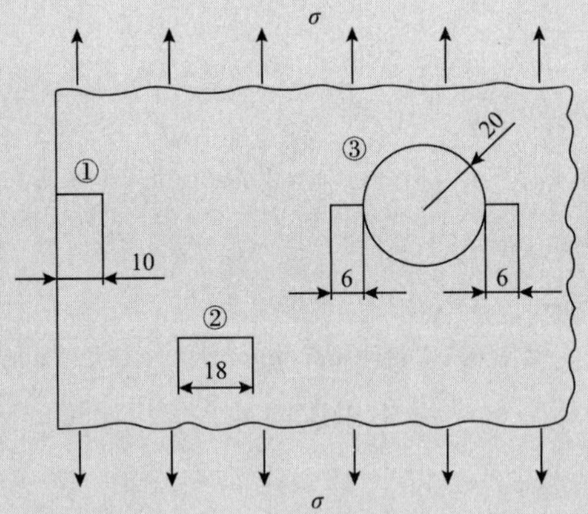

在拉伸载荷下的大型板状构件中，存在三种裂纹(①~③)。确定所有裂纹情况下的 Y_{I} 因子和应力强度因子 K_{I}。

已知：$\sigma=120\mathrm{N/mm^2}$，缺口和裂纹尺寸。

解：

裂纹情况①：$a=10\mathrm{mm}$，$Y_{\mathrm{I}}=1.12$

$$K_{\mathrm{I}}=\sigma\cdot\sqrt{\pi\cdot a}\cdot Y_{\mathrm{I}}=120\mathrm{N/mm^2}\cdot\sqrt{\pi\cdot 10\mathrm{mm}}\cdot 1.12=753.3\mathrm{N/mm^2}$$

$=23.8\mathrm{MPa}\cdot\mathrm{m}^{1/2}$

裂纹情况②：$a=9\mathrm{mm}$，$Y_{\mathrm{I}}=1.00$

$$K_{\mathrm{I}}=\sigma\cdot\sqrt{\pi\cdot a}\cdot Y_{\mathrm{I}}=120\mathrm{N/mm^2}\cdot\sqrt{\pi\cdot 9\mathrm{mm}}\cdot 1.00=638.1\mathrm{N/mm^2}$$
$$=20.2\mathrm{MPa}\cdot\mathrm{m}^{1/2}$$

裂纹情况③：$a=6\mathrm{mm}$，$R=20\mathrm{mm}$，$\frac{a}{R+a}=\frac{6}{20+6}=0.23$，$Y_{\mathrm{I}}\approx 2.2$

$$K_{\mathrm{I}}=\sigma\cdot\sqrt{\pi\cdot a}\cdot Y_{\mathrm{I}}=120\mathrm{N/mm^2}\cdot\sqrt{\pi\cdot 6\mathrm{mm}}\cdot 2.2=1146.2\mathrm{N/mm^2}$$
$$=36.2\mathrm{MPa}\cdot\mathrm{m}^{1/2}$$

裂纹情况③中的应力强度因子最大。

3.4.2.9 模式Ⅰ应力强度因子的插值公式

应力强度因子 K_{I} 或几何因子 Y_{I} 通常可以从图表或表格中获得，参见文献[15～17]例子。对于某些裂纹情况，应力强度因子的依赖关系也可以用公式来描述，参见文献[6，15～17]。

对于许多裂纹情况，模式Ⅰ加载的几何因子(无量纲应力强度因子) Y_{I} 可以使用关系如下关系式计算[18,19]：

$$Y_{\mathrm{I}}=\frac{K_{\mathrm{I}}}{\sigma\cdot\sqrt{\pi\cdot a}}=\frac{1}{1-\frac{a}{d}}\cdot\sqrt{\frac{A+B\cdot\frac{a}{d-a}}{1+C\cdot\frac{a}{d-a}+D\cdot\left(\frac{a}{d-a}\right)^2}} \tag{3.27}$$

式中，尺寸比 $a/(d-a)$ 可以用 $(a/d)/[1-(a/d)]$ 替代。对于特定的裂纹类型，常数 A、B、C 和 D 从图 3.13 中获取。读者如果需要进一步了解裂纹类型，还可参考文献[18]。

3.4.2.10 模式Ⅱ和模式Ⅲ应力强度因子的插值公式

对于模式Ⅱ和模式Ⅲ裂纹问题，其几何因子也可以用简单的插值公式来描述[15～17]。参考式(3.27)，以下公式适用于模式Ⅱ：

$$Y_{\mathrm{II}}=\frac{K_{\mathrm{II}}}{\tau\cdot\sqrt{\pi\cdot a}}=\frac{1}{1-\frac{a}{d}}\cdot\sqrt{\frac{A+B\cdot\frac{a}{d-a}}{1+C\cdot\frac{a}{d-a}+D\cdot\left(\frac{a}{d-a}\right)^2}} \tag{3.28}$$

对模式Ⅲ：

$$Y_{\mathrm{III}}=\frac{K_{\mathrm{III}}}{\tau_z\cdot\sqrt{\pi\cdot a}}=\frac{1}{1-\frac{a}{d}}\cdot\sqrt{\frac{A+B\cdot\frac{a}{d-a}}{1+C\cdot\frac{a}{d-a}+D\cdot\left(\frac{a}{d-a}\right)^2}} \tag{3.29}$$

对于模式Ⅱ的裂纹情况，几何常数 A、B、C 和 D 以及参考应力 τ 可以在文献[18，

19]中查到。

对于模式Ⅲ裂纹问题，式(3.29)中的常数可以从图3.14或文献[18，19]中查到。这里，τ_z是非平面剪切应力。

3.4.3　应力强度因子的叠加，等效应力强度因子

在许多实际的裂纹中，载荷或构件几何形状经常会导致裂纹区域出现重叠的加载情况。在不同的情况下，可以叠加相应的基本应力强度因子，或者必须根据某些标准或假设找到等效的应力强度因子(见图3.13、图3.14)。

	裂纹类型		常数	应力	有效范围和精度
1	二维拉伸杆的内部裂纹	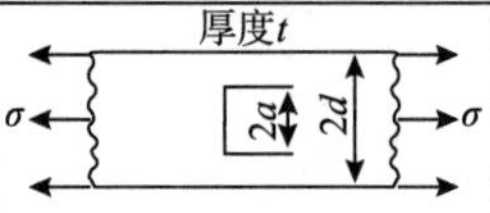 厚度t	A=1.00 B=0.45 C=2.46 D=0.65	σ	$0\leqslant\frac{a}{d}\leqslant0.9$ 1%
2	二维拉伸杆的外部裂纹	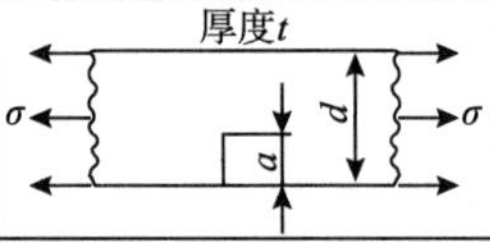 厚度t	A=1.26 B=82.7 C=76.7 D=−36.2	σ	$0\leqslant\frac{a}{d}\leqslant0.5$ 1%
3	二维弯曲杆的外部裂纹	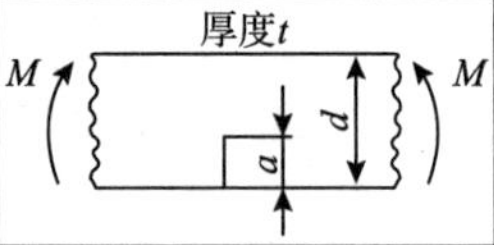 厚度t	A=1.26 B=2.04 C=6.33 D=−1.37	$\sigma=\frac{6M}{d^2\cdot t}$	$0\leqslant\frac{a}{d}\leqslant0.6$ 1%
4	旋转对称拉杆中的圆形内部裂纹	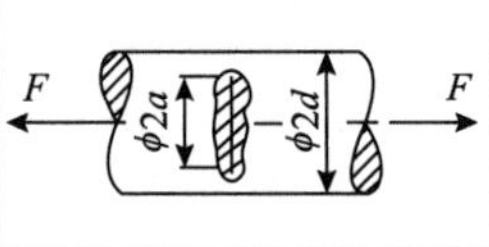	A=0.41 B=−0.04 C=1.83 D=−2.66	$\sigma=\frac{F}{\pi\cdot(d^2-a^2)}$	$0\leqslant\frac{a}{d}\leqslant0.8$ 1%
5	旋转对称拉伸杆中的圆形外部裂纹	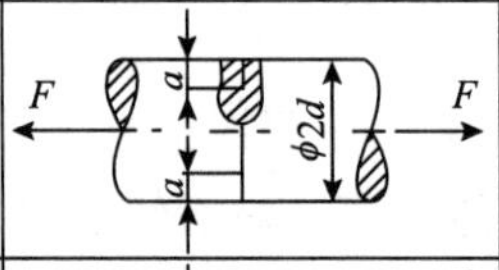	A=1.26 B=−0.24 C=5.35 D=11.6	$\sigma=\frac{F}{\pi\cdot(d-a)^2}$	$0\leqslant\frac{a}{d}\leqslant0.7$ 1%
6	旋转对称弯曲杆中的圆形外部裂纹	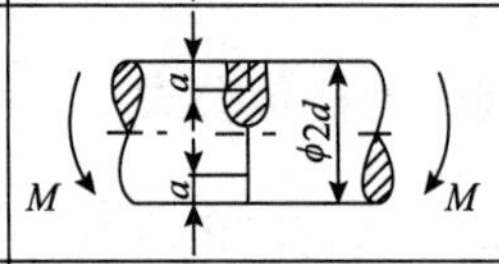	A=1.26 B=−0.25 C=6.21 D=21.1	$\sigma=\frac{4M}{\pi\cdot(d-a)^2}$	$0\leqslant\frac{a}{d}\leqslant0.7$ 2%
7	拉伸杆中的半椭圆表面裂纹	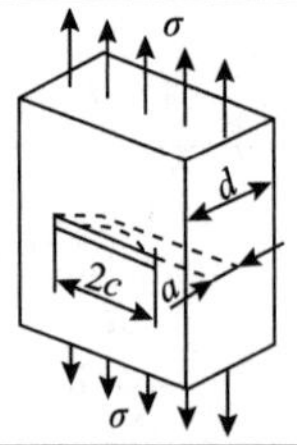	a/c=0.4 A=0.94 B=−0.34 C=1.51 D=−0.65 a/c=1.0 A=0.47 B=0.00 C=2.00 D=1.00	σ	$0\leqslant\frac{a}{d}\leqslant0.7$ 2%

图3.13　模式Ⅰ裂纹问题：几何因子Y_{I}插值公式中的几何常量A、B、C和D以及参考应力σ及其有效范围

	裂纹类型		常数	应力	有效范围和精度
1	非平面剪切应力下的构件内部裂纹	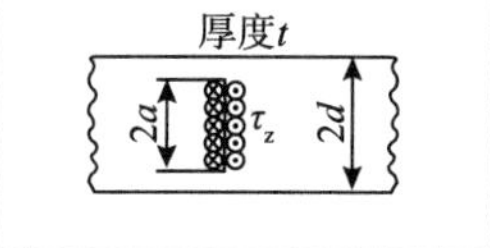 厚度t; $2a$; τ_z; $2d$	A=1.00 B=0.46 C=2.45 D=1.13	τ_z	$0\leqslant \frac{a}{d} \leqslant 0.9$ 1%
2	非平面剪切应力下的构件外部裂纹	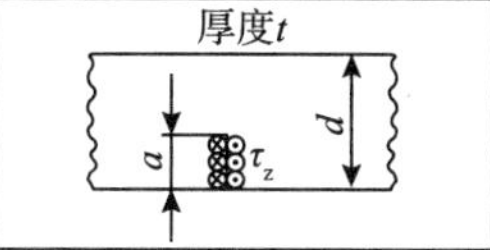 厚度t; a; τ_z; d	A=1.00 B=0.46 C=2.45 D=1.13	τ_z	$0\leqslant \frac{a}{d} \leqslant 0.9$ 1%
3	扭转载荷下轴内的圆形内部裂纹	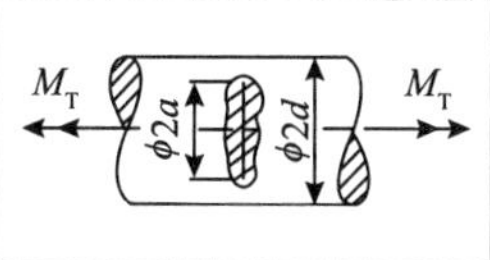 M_T; $\phi 2a$; $\phi 2d$; M_T	A=0.18 B=−0.02 C=1.61 D=1.32	$\tau_z=\frac{2M_T\cdot a}{\pi\cdot(d^4-a^4)}$	$0\leqslant \frac{a}{d} \leqslant 0.7$ 1%
4	扭转载荷下轴内的圆形外部裂纹	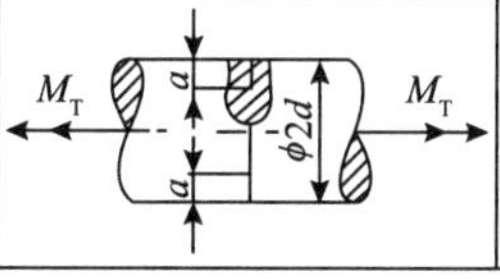 M_T; a; $\phi 2d$; a; M_T	A=1.00 B=−0.20 C=5.53 D=16.2	$\tau_z=\frac{2M_T}{\pi\cdot(d-a)^3}$	$0\leqslant \frac{a}{d} \leqslant 0.7$ 1%

图3.14 模式Ⅲ裂纹问题：几何结构，几何因子 $Y_{\text{Ⅲ}}$ 插值公式中的几何常量 A、B、C 和 D 及参考应力 τ_z

3.4.3.1 应力强度因子的叠加

如果裂纹和构件的几何形状相同，则在纯模式Ⅰ、纯模式Ⅱ和纯模式Ⅲ的加载情况下，应力强度因子会叠加。例如，一个边缘裂纹试样加载拉力 F，同时加载弯矩 M，其应力强度因子为 $K_{\text{I,total}}$（如图3.15所示），是由拉伸载荷分量产生的应力强度因子 $K_{\text{I,F}}$ 和力矩载荷分量产生的应力强度因子 $K_{\text{I,M}}$ 构成的：

$$K_{\text{I,total}} = K_{\text{I,F}} + K_{\text{I,M}} \tag{3.30}$$

对于图3.15(a)所示的叠加情况，$K_{\text{I,total}}$ 是根据3.4.2.9节的插值公式来计算的，使用下列关系式：

$$K_{\text{I,total}} = \frac{F}{d\cdot t}\cdot\sqrt{\pi\cdot a}\cdot Y_{\text{I,F}} + \frac{6M}{d^2\cdot t}\sqrt{\pi\cdot a}\cdot Y_{\text{I,M}} \tag{3.31}$$

$$Y_{\text{I,F}} = \frac{1}{1-\frac{a}{d}}\cdot\sqrt{\frac{1.26+82.7\cdot\frac{a}{d-a}}{1+76.7\cdot\frac{a}{d-a}-36.2\cdot\left(\frac{a}{d-a}\right)^2}} \tag{3.32a}$$

$$Y_{\text{I,M}} = \frac{1}{1-\frac{a}{d}}\cdot\sqrt{\frac{1.26+2.04\cdot\frac{a}{d-a}}{1+6.33\cdot\frac{a}{d-a}-1.37\cdot\left(\frac{a}{d-a}\right)^2}} \tag{3.32b}$$

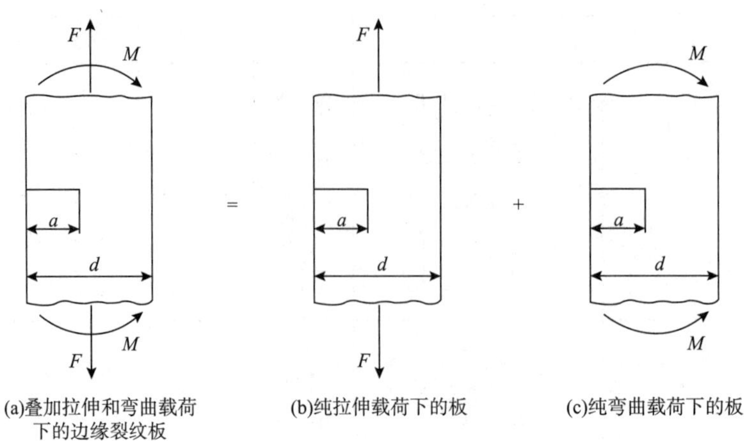

图 3.15　应力强度因子的叠加

尽管在某些情况下应力强度因子能够叠加，但作为控制变量的几何因子不能被相加，或者仅作为加权和。式(3.31)清楚地表明了这一点。

然而，不同的裂纹载荷类型的应力强度因子也是不允许相加的。在这种情况下，等效应力强度因子必须按照强度假设进行计算，参见 1.3 节。

3.4.3.2　平面混合模式载荷下的等效应力强度因子

当一个构件同时承受法向载荷和剪切载荷(如图 3.16 所示)，或者裂纹与加载方向成一定角度(如图 3.9 所示)，就会存在平面混合模式载荷(模式Ⅰ和模式Ⅱ叠加)的状态。在这些情况下，裂纹的加载情况用 K_{I} 和 K_{II} 因子来表征。

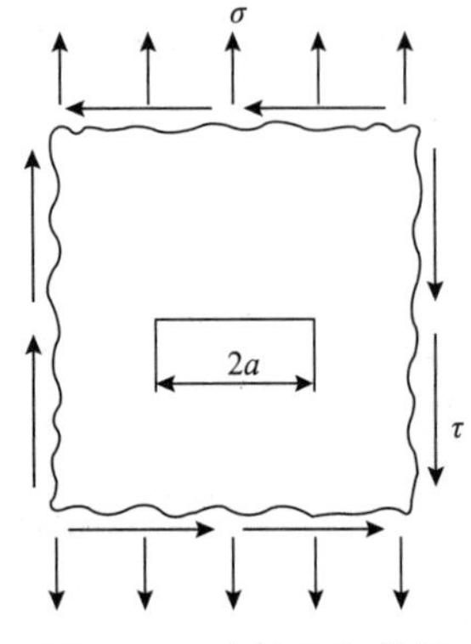

图 3.16　在法向和剪切载荷叠加下的裂纹构件

对于混合模式加载，在计算强度过程中，等效的量必须被确定作为裂纹承载，类似于等效应力(参见文献[7，12，20])。用下列关系式计算等效应力强度因子在实践中已经经过尝试和测试，参见文献[7，12]：

$$K_{\mathrm{V}}=\frac{K_{\mathrm{I}}}{2}+\frac{1}{2}\cdot\sqrt{K_{\mathrm{I}}^{2}+5.336\cdot K_{\mathrm{II}}^{2}} \tag{3.33}$$

对于内部存在裂纹的构件，在受到法向和剪切载荷下(如图 3.16 所示)，我们得到法向载荷下的 $K_{\mathrm{I}}=\sigma\cdot\sqrt{\pi\cdot a}$ 和剪切载荷下 $K_{\mathrm{II}}=\tau\cdot\sqrt{\pi\cdot a}$(见 3.4.21 节)的等效应力强度因子为：

$$K_{\mathrm{V}}=\left(\frac{\sigma}{2}+\frac{1}{2}\cdot\sqrt{\sigma^{2}+5.336\tau^{2}}\right)\cdot\sqrt{\pi\cdot a} \tag{3.34}$$

或者

$$K_{\mathrm{V}}=\sigma\cdot\sqrt{\pi\cdot a}\cdot\left[\frac{1}{2}+\frac{1}{2}\cdot\sqrt{1+5.336\left(\frac{\tau}{\sigma}\right)^{2}}\right] \tag{3.35}$$

很明显，根据法向应力假设理论[见式(1.14)]，式(3.34)中括号内的表达式近似和

等效应力 σ_V一致。另外，式(3.35)中的括号内的表达式可以解释为几何因子和加载因子 Y_V(无量纲等效应力强度因子)。

3.4.3.3 空间混合模态加载的等效应力强度因子

在空间混合模式加载的情况下，裂纹处的应力状态通过应力强度因子 K_{I}，K_{II}和 K_{III}同时来表征。在这种情况下，也应该将等效应力强度因子 K_V确定为结果变量。这可以通过下列关系式来得到：

$$K_V = \frac{K_{\mathrm{I}}}{2} + \frac{1}{2}\sqrt{K_{\mathrm{I}}^2 + 5.336K_{\mathrm{II}}^2 + 4K_{\mathrm{III}}^2} \tag{3.36}$$

文献[22，23]中也能找到类似的方法。

例 3.4

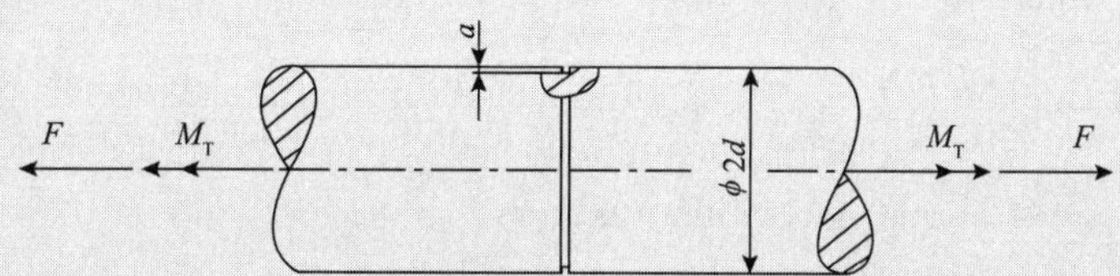

具有周向划痕的轴(直径 $2d$)，即深度为 a 的周向裂纹，由张力 F 和扭矩 M_T同时加载。

计算等效应力强度因子 K_V。

(a)深度 $a = 0.6$mm 的裂纹；

(b)深度 $a = 3$mm 的裂纹。

已知：$F = 300$kN，$M_T = 3000$N·m，$a = 0.6$mm 或 3mm，$d = 30$mm

解：

在裂纹处，拉伸载荷导致模式Ⅰ载荷，扭矩载荷导致模式Ⅲ载荷。由式(3.36)，就可得到等效应力强度因子：

$$K_V = \frac{K_{\mathrm{I}}}{2} + \frac{1}{2}\sqrt{K_{\mathrm{I}}^2 + 4K_{\mathrm{III}}^2}$$

K_{I}可以按照3.4.2.9节计算，见图3.13(裂纹情况5)

$$K_{\mathrm{I}} = \frac{F}{\pi \cdot (d-a)^2} \cdot \sqrt{\pi \cdot a} \cdot \frac{1}{1-\frac{a}{d}} \cdot \sqrt{\frac{1.26 - 0.24 \cdot \frac{a}{d-a}}{1 + 5.35 \cdot \frac{a}{d-a} + 11.6 \cdot \left(\frac{a}{d-a}\right)^2}}$$

K_{III}可以通过3.4.2.10节确定，图3.14(裂纹情况4)

$$K_{\mathrm{III}} = \frac{2M_T}{\pi \cdot (d-a)^3} \cdot \sqrt{\pi \cdot a} \cdot \frac{1}{1-\frac{a}{d}} \cdot \sqrt{\frac{1.00 - 0.20 \cdot \frac{a}{d-a}}{1 + 5.35 \cdot \frac{a}{d-a} + 16.2 \cdot \left(\frac{a}{d-a}\right)^2}}$$

(a)当 $a=0.6\text{mm}$ 时，计算等效应力强度因子 K_V：

已知：$a=0.6\text{mm}$，$a/d=0.02$ 或 $a/(d-a)=0.0204$

$$K_\text{I}(a=0.6\text{mm})=\frac{300000\text{N}\cdot\sqrt{\pi\cdot0.6\text{mm}}}{\pi\cdot(30-0.6)^2\text{mm}^2}\cdot\frac{1}{1-0.02}\cdot\sqrt{\frac{1.26-0.24\cdot0.0204}{1+5.35\cdot0.0204+11.6\cdot0.0204^2}}$$

$$K_\text{I}(a=0.6\text{mm})=109.5\text{N/mm}^{3/2}=3.5\text{MPa}\cdot\text{m}^{1/2}$$

$$K_\text{III}(a=0.6\text{mm})=\frac{2\cdot3000000\text{N}\cdot\text{mm}}{\pi\cdot(30-0.6)^3\text{mm}^3}\cdot\frac{\sqrt{\pi\cdot0.6\text{mm}}}{1-0.02}\cdot\sqrt{\frac{1-0.20\cdot0.0204}{1+5.35\cdot0.0204+16.2\cdot0.0204^2}}$$

$$K_\text{III}(a=0.6\text{mm})=99.3\text{N/mm}^{3/2}=3.1\text{MPa}\cdot\text{m}^{1/2}$$

$$K_V(a=0.6\text{mm})=\frac{3.5\text{MPa}\cdot\text{m}^{1/2}}{2}+\frac{1}{2}\cdot\sqrt{3.5^2(\text{MPa}\cdot\text{m}^{1/2})^2+4\cdot3.1^2(\text{MPa}\cdot\text{m}^{1/2})^2}$$

$$K_V(a=0.6\text{mm})=6.7\text{MPa}\cdot\text{m}^{1/2}$$

(b)当 $a=3\text{mm}$ 时，计算等效应力强度因子 K_V：

已知：$a=3\text{mm}$，$a/d=0.1$ 或 $a/(d-a)=0.111$

$$K_\text{I}(a=3\text{mm})=\frac{300000\text{N}}{\pi\cdot(30-3)^2\text{mm}^2}\cdot\sqrt{\pi\cdot3\text{mm}}\cdot\frac{1}{1-0.1}\cdot\sqrt{\frac{1.26-0.24\cdot0.111}{1+5.35\cdot0.111+11.6\cdot0.111^2}}$$

$$K_\text{I}(a=3\text{mm})=376.4\text{N/mm}^{3/2}=11.9\text{MPa}\cdot\text{m}^{1/2}$$

$$K_\text{III}(a=3\text{mm})=\frac{2\cdot3000000\text{N}\cdot\text{mm}}{\pi\cdot(30-3)^3\text{mm}^3}\cdot\frac{\sqrt{\pi\cdot3\text{mm}}}{1-0.1}\cdot\sqrt{\frac{1-0.20\cdot0.111}{1+5.35\cdot0.111+16.2\cdot0.111^2}}$$

$$K_\text{III}(a=3\text{mm})=244.3\text{N/mm}^{3/2}=7.7\text{MPa}\cdot\text{m}^{1/2}$$

$$K_V(a=3\text{mm})=\frac{11.9\text{MPa}\cdot\text{m}^{1/2}}{2}+\frac{1}{2}\cdot\sqrt{11.9^2(\text{MPa}\cdot\text{m}^{1/2})^2+4\cdot7.7^2(\text{MPa}\cdot\text{m}^{1/2})^2}$$

$$K_V(a=3\text{mm})=15.7\text{MPa}\cdot\text{m}^{1/2}$$

3.5 裂尖局部的塑性

如3.2.2节和3.2.3节所述，裂纹尖端的应力场方程说明，一个奇异的应力分布主导着裂纹尖端的应力场。然而，因为材料的屈服极限是一个天然的分界线，因此裂尖就会发生塑性变形，即裂尖会形成一个塑性变形区。这个区域就是通常所说的塑性区。

3.5.1 估算塑性区域

为了估算裂尖塑性区，在弹性应力场中，作为角度 φ 的函数，位置 $r_{(\varphi)}$ 需要被确定(参见图3.5中的极坐标 r 和 φ)。一旦该处的等效弹性应力 σ_v 达到材料的屈服点(屈服应力 σ_F)，如图3.17所示，则塑性区形成。等效弹性应力 σ_v 由切应力假设或形变应变能假设(参见章节1.3.1或第1章引用的参考文献[2～4])和3.2.2节中的近场公式确定。对于模式Ⅰ加载，平面应力状态(ESZ)沿 x 轴($\varphi=0$)的长度用下式计算：

$$a_{\mathrm{pl,ESZ}} = \frac{1}{2\pi} \cdot \left(\frac{K_{\mathrm{I}}}{\sigma_{\mathrm{F}}}\right)^2 \tag{3.37}$$

平面应变状态(EVZ)的长度用下式计算。

$$a_{\mathrm{pl,EVZ}} = \frac{(1-2v)^2}{2\pi} \cdot \left(\frac{K_{\mathrm{I}}}{\sigma_{\mathrm{F}}}\right)^2 \tag{3.38}$$

由于弹性理想塑性应力分布的应力重新分布(出于平衡原因，弹性计算的应力图必须向右移动，直到区域①和②的尺寸相等，如图3.17所示)，在平面应力状态(ESZ)下的模式Ⅰ载荷产生塑性区尺寸可用下式计算：

$$\omega_{\mathrm{ESZ}} = \frac{1}{\pi} \cdot \left(\frac{K_{\mathrm{I}}}{\sigma_{\mathrm{F}}}\right)^2 \tag{3.39}$$

在平面应变状态(EVZ)下的模式Ⅰ载荷产生塑性区尺寸可用下式计算[2]：

$$\omega_{\mathrm{EVZ}} = \frac{(1-2v)^2}{\pi} \cdot \left(\frac{K_{\mathrm{I}}}{\sigma_{\mathrm{F}}}\right)^2 \tag{3.40}$$

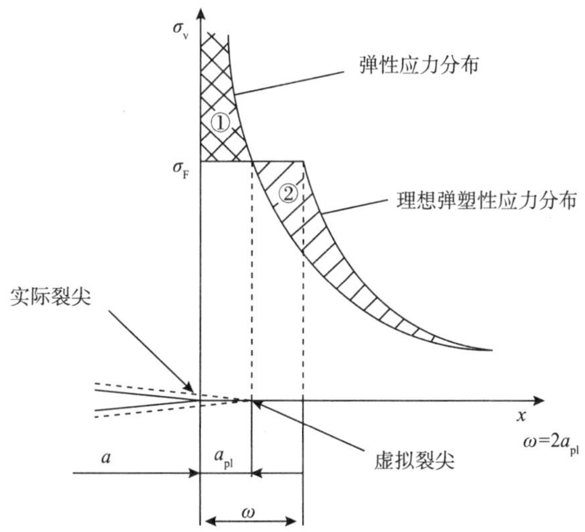

图3.17　裂尖前沿弹性和理想弹塑性应力分布及塑性区ω的尺寸

σ_{V}—根据切应力假设确定的等效应力；σ_{F}—材料的屈服应力；

a—裂纹长度；ω—塑性区的尺寸；a_{pl}—塑性裂纹长度修正值

在这些公式中，K_{I}是实际裂纹的弹性应力强度因子(参见3.4节)，σ_{F}是屈服应力，v是材料的泊松比。

当金属的泊松比$v=0.3$时，上述平面应变状态将形成一个塑性区。该塑性区尺寸小于平面应力状态的塑性区尺寸与式(6.25)中的因子的乘积。

图3.18显示了厚壁构件裂纹塑性区的形成。构件表面上的塑性区(此处平面应力状态占优势)明显比构件内部(平面应变状态)更明显。

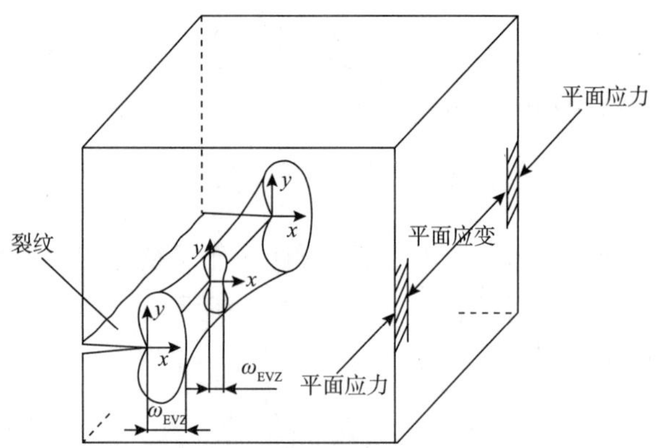

图 3.18 在厚壁构件上小尺寸塑性区的形成，在构件表面的大范围塑性区（平面应力状态），在构件内部明显更小的塑性区（平面应变状态）

模式 I 载荷的"狗骨模型"：ω_{ESZ}—构件表面，在平面应力状态(ESZ)下，在 x 方向上的塑性区的尺寸；ω_{EVZ}—构件内部，在平面应变状态(EVZ)下，在 x 方向上的塑性区的尺寸。

除此之外，这对构件的失效也很重要。在由韧性材料制成的板状构件的表面，断裂会导致非常明显的剪切唇缘(见 2.3 节例子)。

文献中有很多模型用于估算塑性区的尺寸(参见文献[1，2，24])。最著名的模型之一是 Dugdale 模型[1,2]，参见6.3.3 节。根据这个模型，给定平面应力状态的塑性区域的大小为：

$$\omega_{\text{Dugd.}} = \frac{\pi}{8} \cdot \left(\frac{K_{\text{I}}}{\sigma_{\text{F}}}\right)^2 \tag{3.41}$$

$\omega_{\text{Dugd}} = 0.39(K_{\text{I}}/\sigma_{\text{F}})^2$ 的值与由式(3.39)给出的估算值仅有略微的不同，其值为 $\omega_{\text{ESZ}} = 0.32(K_{\text{I}}/\sigma_{\text{F}})^2$。

通常使用 R_e 或 $R_{p0.2}$ 作为屈服应力 σ_F。在材料硬化的情况下，σ_F 可以近似于 $R_{p0.2}$ 和 R_m 的平均值。

例 3.5

对于屈服强度为 $R_{p0.2}$ 和最大许用应力强度为 $K_{\text{I,max}}$ 的两种建筑材料，确定一个平坦的薄壁板(ESZ)和一个厚壁板(EVZ)的塑性区的尺寸，其中裂纹的应力场强度因子分别为 $K_{\text{I}} = 0.1K_{\text{I,max}}$，$K_{\text{I}} = 0.5K_{\text{I,max}}$ 和 $K_{\text{I}} = K_{\text{I,max}}$。

已知：

建筑材料 1：$R_{p0.2} = 900\text{MPa}$，$v = 0.3$，$K_{\text{I,max}} = 100\text{MPa} \cdot \text{m}^{1/2}$

建筑材料 2：$R_{p0.2} = 500\text{MPa}$，$v = 0.34$，$K_{\text{I,max}} = 30\text{MPa} \cdot \text{m}^{1/2}$

解：

(a)建筑材料 1：

根据式(3.39)和式(3.40)

当 $K_{\text{I}} = 0.1K_{\text{I,max}} = 10\text{MPa} \cdot \text{m}^{1/2}$，$v = 0.3$，$\sigma_F = R_{p0.2} = 900\text{MPa}$ 可以得到：

$$\omega_{\mathrm{ESZ}} = \frac{1}{\pi}\left(\frac{K_{\mathrm{I}}}{\sigma_{\mathrm{F}}}\right)^2 = \frac{1}{\pi}\cdot\left(\frac{10\mathrm{MPa}\cdot\mathrm{m}^{1/2}}{900\mathrm{MPa}}\right)^2 = 0.039\mathrm{mm}$$

$$\omega_{\mathrm{EVZ}} = \frac{(1-2v)^2}{\pi}\cdot\left(\frac{K_{\mathrm{I}}}{\sigma_{\mathrm{F}}}\right)^2 = \frac{(1-2\cdot 0.3)^2}{\pi}\cdot\left(\frac{10\mathrm{MPa}\cdot\mathrm{m}^{1/2}}{900\mathrm{MPa}}\right)^2 = 0.006\mathrm{mm}$$

当 $K_{\mathrm{I}} = 0.5K_{\mathrm{I,max}} = 50\mathrm{MPa}\cdot\mathrm{m}^{1/2}$：

$$\omega_{\mathrm{ESZ}} = \frac{1}{\pi}\cdot\left(\frac{50\mathrm{MPa}\cdot\mathrm{m}^{1/2}}{900\mathrm{MPa}}\right)^2 = 0.98\mathrm{mm}$$

$$\omega_{\mathrm{EVZ}} = \frac{(1-2\cdot 0.3)^2}{\pi}\cdot\left(\frac{50\mathrm{MPa}\cdot\mathrm{m}^{1/2}}{900\mathrm{MPa}}\right)^2 = 0.16\mathrm{mm}$$

当 $K_{\mathrm{I}} = K_{\mathrm{I,max}} = 100\mathrm{MPa}\cdot\mathrm{m}^{1/2}$：

$$\omega_{\mathrm{ESZ}} = \frac{1}{\pi}\cdot\left(\frac{100\mathrm{MPa}\cdot\mathrm{m}^{1/2}}{900\mathrm{MPa}}\right)^2 = 3.93\mathrm{mm}$$

$$\omega_{\mathrm{EVZ}} = \frac{(1-2\cdot 0.3)^2}{\pi}\cdot\left(\frac{100\mathrm{MPa}\cdot\mathrm{m}^{1/2}}{900\mathrm{MPa}}\right)^2 = 0.63\mathrm{mm}$$

(b)建筑材料2：

当 $K_{\mathrm{I}} = 0.1K_{\mathrm{I,max}} = 3\mathrm{MPa}\cdot\mathrm{m}^{1/2}$，$v = 0.34$，$\sigma_{\mathrm{F}} = R_{\mathrm{p0.2}} = 500\mathrm{MPa}$ 可以得到：

$$\omega_{\mathrm{ESZ}} = \frac{1}{\pi}\cdot\left(\frac{3\mathrm{MPa}\cdot\mathrm{m}^{1/2}}{500\mathrm{MPa}}\right)^2 = 0.036\mathrm{mm}$$

$$\omega_{\mathrm{EVZ}} = \frac{(1-2\cdot 0.34)^2}{\pi}\cdot\left(\frac{3\mathrm{MPa}\cdot\mathrm{m}^{1/2}}{500\mathrm{MPa}}\right)^2 = 0.001\mathrm{mm}$$

当 $K_{\mathrm{I}} = 0.5K_{\mathrm{I,max}} = 15\mathrm{MPa}\cdot\mathrm{m}^{1/2}$：

$$\omega_{\mathrm{ESZ}} = \frac{1}{\pi}\cdot\left(\frac{15\mathrm{MPa}\cdot\mathrm{m}^{1/2}}{500\mathrm{MPa}}\right)^2 = 0.29\mathrm{mm}$$

$$\omega_{\mathrm{EVZ}} = \frac{(1-2\cdot 0.34)^2}{\pi}\cdot\left(\frac{15\mathrm{MPa}\cdot\mathrm{m}^{1/2}}{500\mathrm{MPa}}\right)^2 = 0.03\mathrm{mm}$$

当 $K_{\mathrm{I}} = K_{\mathrm{I,max}} = 30\mathrm{MPa}\cdot\mathrm{m}^{1/2}$ 已经屈服：

$$\omega_{\mathrm{ESZ}} = \frac{1}{\pi}\cdot\left(\frac{30\mathrm{MPa}\cdot\mathrm{m}^{1/2}}{500\mathrm{MPa}}\right)^2 = 1.15\mathrm{mm}$$

$$\omega_{\mathrm{EVZ}} = \frac{(1-2\cdot 0.34)^2}{\pi}\cdot\left(\frac{30\mathrm{MPa}\cdot\mathrm{m}^{1/2}}{500\mathrm{MPa}}\right)^2 = 0.12\mathrm{mm}$$

3.5.2 裂纹长度修正

为了在计算应力强度因子时考虑塑性区域，Irwin(欧文)[8]提出了裂纹长度修正 $\Delta a = a_{\mathrm{pl}}$[参见图3.17和式(3.37)或式(3.38)]。通过该修正，可以扩展实际裂纹长度。用“虚拟裂纹长度”$a_{fict} = a + a_{pl}$，则可以计算应力强度因子[1~3]。

$$K_{I,fict} = \sigma \cdot \sqrt{\pi \cdot a_{fict}} \cdot Y_I(a_{fict}) \tag{3.42}$$

3.5.3 塑性区在疲劳裂纹扩展中的意义

裂纹塑性区的形成在疲劳裂纹扩展中也起着决定性的作用(见6.2节和6.3节)。如果不考虑由塑性区和由此引起的裂纹区应力重新分布，那么在变幅载荷下，许多研究疲劳裂纹扩展的方法是不足够的(见6.3节)。

3.6 能量释放率和J积分

3.2节描述了裂纹处的应力分布。裂纹载荷用应力强度因子K_I、K_{II}和K_{III}来表征，见3.4节。

除了用应力强度因子来描述裂纹载荷外，裂纹前沿情况还可以用能量释放率或裂尖周围与路径无关的积分值来表示。

3.6.1 能量释放率

Griffith首先考虑到了能量[1,25]。基于此，Irwin[1,8]定义了能量释放率G，也称为裂纹扩展力。裂纹扩展长度da所释放出的弹性能dU既用于产生裂纹张开产生新的表面而消耗能量，也用于裂纹张开产生可能的变形所需要的能量。产生的新的表面能和变形所消耗的能量dU就称为能量释放率。

因此G可用以下式表达：

$$G = -\frac{dU}{da} \tag{3.43}$$

式(3.43)对于单位厚度为1的板是有效的，即对于平面裂纹问题是有效的，即裂纹在现有裂纹方向上扩展。对于空间裂纹问题[见图2.23(b)~图2.23(d)]，裂纹扩以裂纹面积dA的方式进行扩展。然后可以用下列关系式计算能量释放率：

$$G = -\frac{dU}{dA} \tag{3.44}$$

能量释放率G和应力强度因子K_I、K_{II}和K_{III}之间存在固定关系[1~3,8,10]。

以下适用于平面应力状态下的模式Ⅰ加载：

$$G = G_I = \frac{K_I^2}{E} \tag{3.45}$$

对于平面应变状态下模式Ⅰ加载：

$$G = G_I = \frac{1 - v^2}{E} \cdot K_I^2 \tag{3.46}$$

在纯模式Ⅱ下，可以得到：

$$G = G_{\mathrm{II}} = \frac{1-v^2}{E} \cdot K_{\mathrm{II}}^2 \tag{3.47}$$

在纯模式Ⅲ加载下，可以得到：

$$G = G_{\mathrm{III}} = \frac{1+v}{E} \cdot K_{\mathrm{III}}^2 \tag{3.48}$$

对于裂纹前沿出现三种加载模式的情况，能量释放速率可以使用以下公式计算：

$$G = G_{\mathrm{I}} + G_{\mathrm{II}} + G_{\mathrm{III}} = \frac{1-v^2}{E} \cdot \left(K_{\mathrm{I}}^2 + K_{\mathrm{II}}^2 + \frac{K_{\mathrm{III}}^2}{1-v}\right) \tag{3.49}$$

3.6.2 J 积分

Rice(赖斯)[1,26]引入了“J 积分”，是在裂尖周围具有封闭路径的线积分：

$$J = \int_{\mathrm{C}} \left(\bar{U}\mathrm{d}y - \vec{\sigma}\,\frac{\partial \vec{u}}{\partial x}\mathrm{d}s\right) \tag{3.50}$$

式中，$\bar{U} = \int_0^{\tau_{ij}} \sigma_{ij}\mathrm{d}\varepsilon_{ij}$ 为弹性能量密度($\bar{U}$ 为每体积单位能量，σ_{ij} 为应力张量，ε_{ij} 为应变张量)；$\vec{\sigma}$ 为应力矢量；$\vec{u}$ 为积分路径 C 上的位移矢量；ds 为路径坐标，如图 3.19 所示。

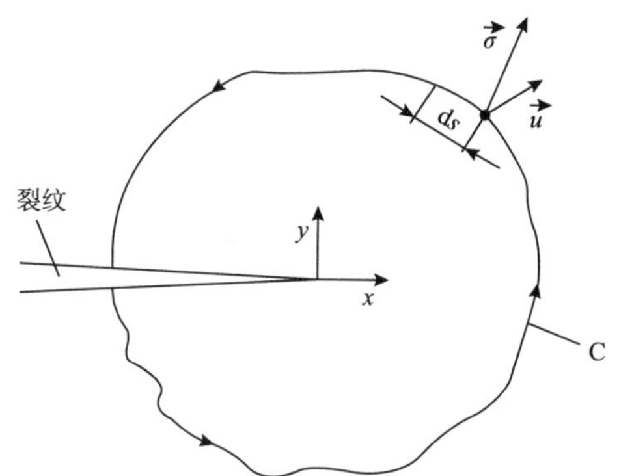

图 3.19 J 积分可视化的积分路径和积分量

C—积分路径；$\vec{\sigma}$—应力矢量；$\vec{u}$—位移矢量；ds—路径坐标

Rice 已经表明 J 独立于积分路径，可以穿过弹性或塑性变形的区域。

对于裂纹处的小塑性区域，存在关系式：

$$J = \frac{K_{\mathrm{I}}^2}{E} = G \tag{3.51}$$

对于平面应力状态，存在关系式：

$$J = \frac{1-v^2}{E} \cdot K_{\mathrm{I}}^2 = G \tag{3.52}$$

3.7 确定应力强度因子和其他断裂力学量

基本裂纹问题的应力强度因子已经汇编在各种出版物中(见文献[1, 6, 15 ~ 17]中的例子和3.4节)。通过这些公式、表格和图表，可以确定许多实际问题中的应力强度因子以及裂纹的危险性。

但是，由于并非所有的加载情况以及所有的裂纹和构件几何形状都包含在内，因此有时需要确定当前裂纹情况下的应力强度因子。

应力强度因子可以通过以下方法来确定：

(1)弹性理论方法。

(2)数值方法。

(3)实验方法[1,5,9,17,19,27~32]。

所选取的方法中可能起作用的因素包括：

(1)裂纹附近的应力场。

(2)裂纹附近的位移场。

(3)能量释放率。

(4)裂纹闭合积分。

(5)J积分[1,17,26~32]。

3.7.1 根据裂纹附近的应力场确定应力强度因子

在这种方法中，将实际应力场(使用有限元方法确定)与第3.2.2节和3.2.3节中的近场解进行比较。对于纯模式Ⅰ加载，沿着 x 轴的 σ_y 的近场解确定方法如下：

$$\sigma_{y}=\frac{K_{\mathrm{I}}}{\sqrt{2\pi\cdot x}} \tag{3.53}$$

如果在 x 轴上的应力值 $\sigma_{y,\mathrm{FEM}}(x)$ 能够确定，例如：利用有限元法，考虑到近场公式的有效性，对于小 x 值通过极限转换为 $x\to0$，可以得到裂尖应力场有效的应力强度因子如下：

$$K_{\mathrm{I}}=\lim_{x\to0}\sqrt{2\pi\cdot x}\cdot\sigma_{y,\mathrm{FEM}} \tag{3.54}$$

确定裂纹附近应力场的应力强度因子的步骤见图3.20。

根据式(3.54)，极限值是用 $x\to0$ 来推导的。但是，只能使用一定范围的值，因为对于 $x\to0$，当使用标准单元时，用有限元计算的应力很不准确，并且近场公式对于 x 值较大的情况失去了有效性。

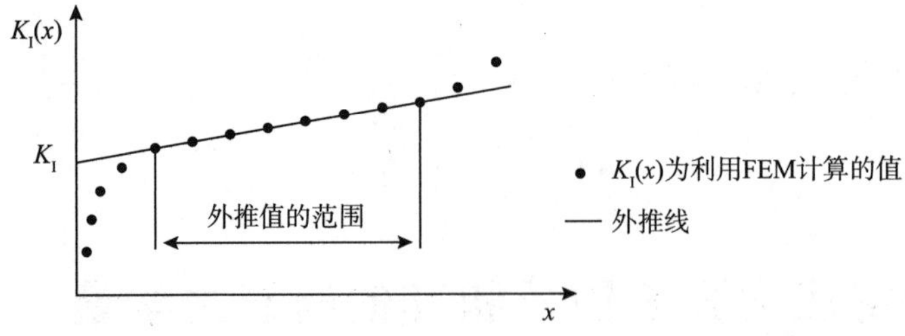

图3.20 确定模式Ⅰ裂纹载荷下裂纹附近应力场的应力强度因子时的基本步骤

3.7.2 根据裂纹附近的位移场确定应力强度因子

这种方法的出发点是裂纹附近的位移场，参见3.3节。最大的位移出现在裂纹表面（裂纹边界），即 $\varphi = \pm 180°$。对于模式Ⅰ加载，y 方向上的位移 v 根据式(3.11)获得如下：

$$v = \frac{(\kappa+1)\cdot(1+v)}{E}\cdot\sqrt{\frac{r}{2\pi}}\cdot K_{\mathrm{I}} \tag{3.55}$$

$2v$ 对应于裂纹张开尺寸，如果确定了沿着裂纹边界的位移 V_{FEM}（例如使用有限元方法），则应力强度因子 K_{I} 用如下关系式计算：

$$K_{\mathrm{I}} = \lim_{r\to 0}\frac{E}{(\kappa+1)\cdot(1+v)}\cdot\sqrt{\frac{2\pi}{r}}\cdot v_{\mathrm{FEM}} \tag{3.56}$$

此方法也适用 $r\to 0$ 的 K_{I} 值的外推法。

实践经验表明，从位移场确定应力强度因子通常比在应力场确定的 K_{I} 更准确。

3.7.3 用J积分确定断裂力学量

除了其他方法外，也可以使用有限元法，在裂尖周围的积分路径上确定J积分的值，参见3.6.2节。使用有限元法，应选择积分路径，使其围绕裂尖生长，但既不要太靠近裂尖（由于裂尖的FEM结果不准确），也不要相距太远。

在线弹性应力和位移计算或裂尖小尺寸屈服的情况下，根据3.6.2节，J积分的值与能量释放率 G 是相同的。对于纯模式Ⅰ加载时，应力强度因子 K_{I} 也可以由J积分的值来确定。对于平面应力状态，根据式(3.51)：

$$K_{\mathrm{I}} = \sqrt{E\cdot J} \tag{3.57}$$

平面应变状态，根据式(3.52)：

$$K_{\mathrm{I}} = \sqrt{\frac{E}{1-v^2}\cdot J} \tag{3.58}$$

3.7.4 用裂纹闭合积分确定断裂力学量

根据Irwin的研究[8]，裂纹扩展过程中释放的弹性能涵盖了裂纹扩展 da 所需的能量。假定裂纹扩展过程为弹性应变，则裂纹扩展能量也等于理论上裂纹闭合所需的功。

如果代替应力 $\sigma_y(x)$，假定压缩力 $\mathrm{d}F_y = -\sigma_y(x)\mathrm{d}x$ 作用于裂纹表面，则闭合已经开裂的裂纹 dx 所需要的功 dW 可以使用应力 $\sigma_y(x)$ 和裂纹位移 $v(x)$ 来计算，如图3.21所示。对于厚度 $t=1$ 的板材，dW 可以达到：

$$\mathrm{d}W = 2\cdot\frac{1}{2}\cdot\mathrm{d}F_y\cdot v(x) = -\sigma_y(x)\cdot v(x)\cdot\mathrm{d}x \tag{3.59}$$

对于闭合裂纹长度 da 所需的功计算如下：

$$W = -\int_0^{\mathrm{d}a}\sigma_y(x)\cdot v(x)\,\mathrm{d}x \tag{3.60}$$

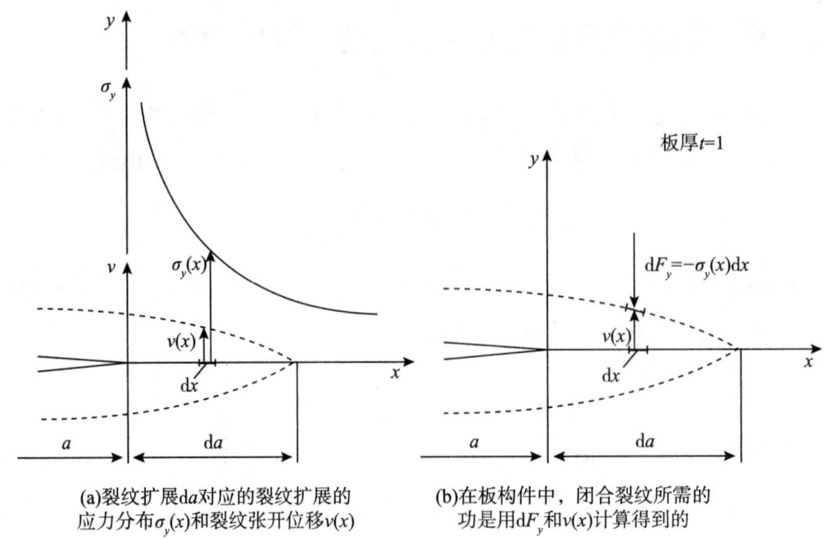

图 3.21　模式Ⅰ载荷的裂纹闭合积分的定义

在 $W=U$ 的情况下，根据式(3.43)，模式Ⅰ的能量释放率计算如下：

$$G_{\mathrm{I}} = -\frac{\mathrm{d}U}{\mathrm{d}a} = -\frac{\mathrm{d}W}{\mathrm{d}a} = \frac{1}{\mathrm{d}a}\int_0^{\mathrm{d}a}\sigma_y(x)\cdot v(x)\,\mathrm{d}x \tag{3.61}$$

根据式(3.45)，平面应力状态下应力强度因子为：

$$K_{\mathrm{I}} = \sqrt{E\cdot G_{\mathrm{I}}} \tag{3.62}$$

平面应变状态应力强度因子用式(3.46)计算得出：

$$K_{\mathrm{I}} = \sqrt{\frac{E}{1-v^2}\cdot G_{\mathrm{I}}} \tag{3.63}$$

以下公式适用于纯模式Ⅱ加载：

$$G_{\mathrm{II}} = \frac{1}{\mathrm{d}a}\int_0^{\mathrm{d}a}\tau_{xy}(x)\cdot u(x)\,\mathrm{d}x = \frac{1-v^2}{E}\cdot K_{\mathrm{II}}^2 \tag{3.64}$$

对于纯模式Ⅲ加载：

$$G_{\mathrm{III}} = \frac{1}{\mathrm{d}a}\int_0^{\mathrm{d}a}\tau_{xz}(x)\cdot w(x)\,\mathrm{d}x = \frac{1+v^2}{E}\cdot K_{\mathrm{III}}^2 \tag{3.65}$$

通过直接考虑节点力和节点位移[28~32]，可以计算裂纹闭合功 W(例如，使用有限元法)。

改进的虚拟裂纹闭合积分方法(MVCCI，参见文献[30~32])非常适用于确定裂纹前沿任何混合模态载荷下的能量释放率和应力强度因子。

利用 FEM，能够确定节点力 F_i 和在坐标方向 x、y 和 z 上的节点位移 u_{i-1}。通过它们，可以确定能量释放率 G_{I}、G_{II} 和 G_{III}。根据图 3.22 中的关系，则可用下列公式进行计算：

$$G_{\mathrm{I}}(a,\ \Delta t_k)_k = \frac{1}{\Delta t_k\cdot\Delta a}\cdot W_k^y \tag{3.66}$$

$$W_k^y = \frac{1}{2}\left[F_{i,k}^y(a)\cdot\Delta u_{i-1,k}^y(a)\right] \tag{3.67}$$

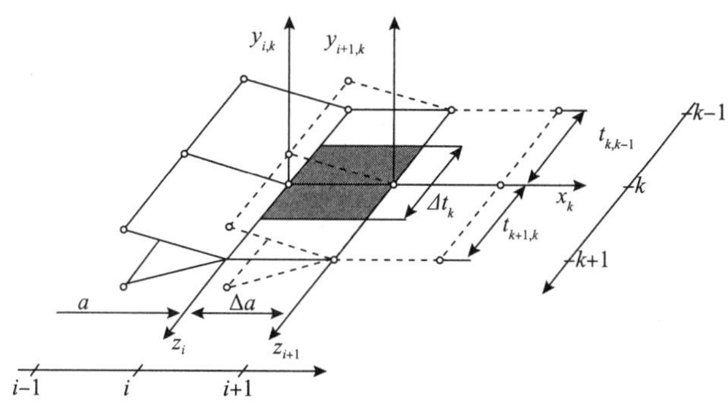

图 3.22 使用 MVCCI 方法确定能量释放率 G_{I}、G_{II} 和 G_{III} 的有限单元结构、节点分配和坐标

$$G_{\mathrm{II}}(a,\ \Delta t_k)_k = \frac{1}{\Delta t_k \cdot \Delta a} \cdot W_k^x \tag{3.68}$$

$$W_k^x = \frac{1}{2}\left[F_{i,k}^x(a) \cdot \Delta u_{i-1,k}^x(a)\right] \tag{3.69}$$

$$G_{\mathrm{III}}(a,\ \Delta t_k)_k = \frac{1}{\Delta t_k \cdot \Delta a} \cdot W_k^z \tag{3.70}$$

$$W_k^z = \frac{1}{2}\left[F_{i,k}^z(a) \cdot \Delta u_{i-1,k}^z(a)\right] \tag{3.71}$$

然后利用式(3.62)~式(3.65)确定应力强度因子 K_{I}、K_{II} 和 K_{III}。

3.8 预测不稳定裂纹扩展的概念

从断裂力学的特征量(应力强度因子 K_{I}、K_{II}、K_{III}，能量释放率 G 或 G_{I}、G_{II}、G_{III}、J 积分的值)出发，可以研究出一些方法来预估裂纹的危险性。如果将断裂力学量的值与相关的材料参数进行比较，则可以获得断裂标准，即能够预测不稳定裂纹扩展，即突然断裂。根据上面讨论的断裂力学量，我们可以区分如下量：

(1)K 概念。

(2)能量释放准则。

(3)J 准则。

3.8.1 模式Ⅰ的 K 概念

应力强度因子(见 3.4 节)对描述裂纹中的应力场和位移场具有决定性意义(3.2 和 3.3 节)。它们是裂纹危险性的量度，在线弹性断裂力学中起着至关重要的作用。线性弹性断裂力学假设——除了裂尖的小塑性变形(见 3.5 节)——构件和结构中均为线性弹性材料行为。

对于在裂尖的模式Ⅰ加载，断裂准则如下：

$$K_{\mathrm{I}} = K_{\mathrm{IC}} \tag{3.72}$$

也就是说，如果应力强度因子 K_{I} 达到依赖于材料临界值 K_{IC}，则出现临界状态(不稳定裂纹扩展）。几乎与所有材料参数一样，断裂韧度 K_{IC} 也取决于温度和加载速率。5.1 节讨论了如何确定 K_{IC} 值，表 5.3 提供了某些材料的断裂韧度值。

如果 I 型裂纹变得不稳定，它将以很高速度沿原裂纹的方向扩展，见图 3.23(a)。

3.8.2 模式Ⅱ、模式Ⅲ和混合模式载荷的 K 概念

在模式Ⅰ，模式Ⅱ，模式Ⅲ以及平面或空间混合模式加载的情况下，适用的加载量是 K_{II} 或 K_{III} 因子或等效应力强度因子 K_V（参见 3.4.1.1 节，3.4.3.2 节和 3.4.3.3 节）。

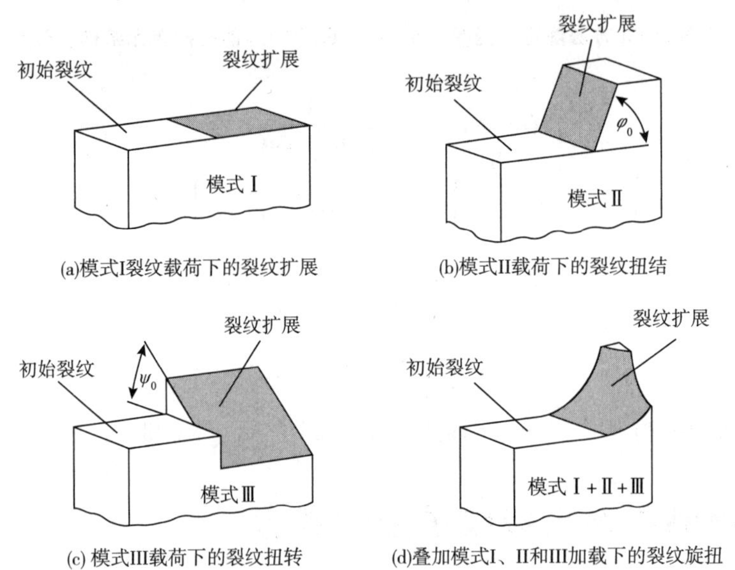

图 3.23 不同载荷下的裂纹扩展

3.8.2.1 模式Ⅱ的 K 概念

类似于模式Ⅰ加载，以下适用于纯模式Ⅱ：

$$K_{\text{II}} = K_{\text{IIC}} \tag{3.73}$$

也就是说，如果应力强度因子 K_{II} 达到临界值 K_{IIC}，则出现不稳定的裂纹扩展。这可以使用合适的测试样品和设备通过实验来确定（见［7，33，34］例子和章节 5.4.1）。然而，它也可以基于断裂假说根据断裂韧性 K_{IC} 来计算（见第 3.8.2.3 节例子）。据此：

$$K_{\text{IIC}} = 0.87K_{\text{IC}} \tag{3.74}$$

如果发生不稳定的裂纹扩展，裂纹会向新的方向发展。然后裂纹以 $\varphi_0 \approx \pm 70$ 的角度扭结，见图 3.23(b) 和 5.22。

3.8.2.2 模式Ⅲ的 K 概念

在裂纹模式Ⅲ加载的情况下，有效断裂准则为：

$$K_{\text{III}} = K_{\text{IIIC}} \tag{3.75}$$

如果应力强度因子 K_{III}(见 3.4.1 节和 3.4.2.10 节)达到断裂韧度 $K_{\text{III C}}$，则裂纹扩展变得不稳定，并且通常会出现构件断裂。由于确定 $K_{\text{III C}}$ 值比较复杂，所以 $K_{\text{III C}}$ 也可以基于断裂假设根据断裂韧性 K_{IC} 来确定。根据式(3.82)：

$$K_{\text{III C}} = K_{\text{I C}} \tag{3.76}$$

在模式Ⅲ加载情况下，当裂纹扩展变得不稳定时，裂纹路径会发生变化，然后，裂纹表面发生倾斜，例如相对于初始裂纹倾斜 $\psi_0 = 45°$，参见图 3.23(c)。

3.8.2.3 平面混合模式的 K 概念

给定平面混合模式载荷，等效应力强度因子 K_{V}[见式(3.33)]，与断裂韧性 K_{IC} 进行比较(见文献[7，12，13] 例子)。因此，存在以下断裂准则：

$$K_{\text{V}} = \frac{K_{\text{I}}}{2} + \frac{1}{2}\sqrt{K_{\text{I}}^2 + 5.336K_{\text{II}}^2} = K_{\text{I C}} \tag{3.77}$$

裂纹扭结的角度为 φ_0，大小取决于 K_{II} 和 K_{I}。这可以使用以下关系来确定：

$$\varphi_0 = \pm\left[140°\frac{|K_{\text{II}}|}{|K_{\text{I}}| + |K_{\text{II}}|} - 70°\left(\frac{|K_{\text{II}}|}{|K_{\text{I}}| + |K_{\text{II}}|}\right)^2\right] \tag{3.78}$$

对 $K_{\text{I}} \geqslant 0$[12]

在纯模式Ⅰ加载下，($K_{\text{I}} \neq 0$，$K_{\text{II}} = 0$)

$$K_{\text{V}} = K_{\text{I}} = K_{\text{I C}}$$

可以得到

$$\varphi_0 = 0°$$

对于纯模式Ⅱ加载，($K_{\text{I}} = 0$，$K_{\text{II}} \neq 0$)：

$$K_{\text{V}} = 1.155K_{\text{II}} = K_{\text{I C}}$$

这样：

$$K_{\text{II}} = K_{\text{II C}} = 0.87K_{\text{I C}}$$

图 3.24 显示了由裂纹混合模式载荷引起的不稳定裂纹扩展中可能出现的各种扭结角的例子。

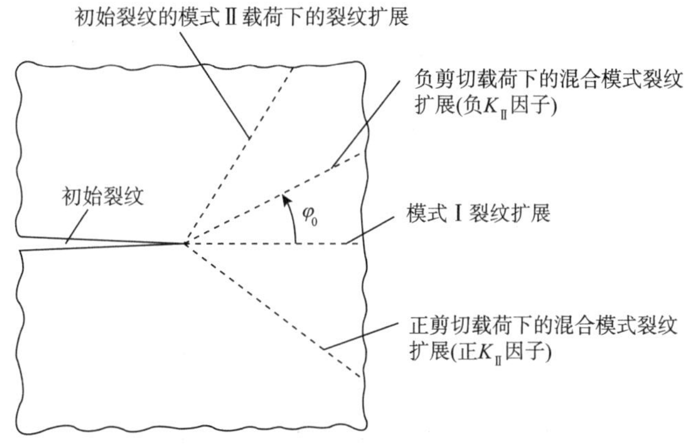

图 3.24 平面混合模式加载导致的裂纹扩展

3.8.2.4 空间混合模式的 K 概念

应用于混合模式加载的 K 概念认为，如果式(3.36)的等效应力强度因子 K_V 达到断裂韧度 K_{IC}，则会出现不稳定的裂纹扩展。可用下式计算[12,13,21~23]：

$$K_V = \frac{K_I}{2} + \frac{1}{2}\sqrt{K_I^2 + 5.336K_{II}^2 + 4K_{III}^2} = K_{IC} \tag{3.79}$$

裂纹扭结程度通过角度 φ_0 来表示，取决于的 K_{II} 的大小；裂纹的扭转程度通过角度 ψ_0 来表示，取决于 K_{III} 的大小[12,21,23]。当 $K_I \geqslant 0$，它们可用下式进行计算：

$$\varphi_0 = \pm\left[140°\frac{|K_{II}|}{|K_I| + |K_{II}| + |K_{III}|} - 70°\left(\frac{|K_{II}|}{|K_I| + |K_{II}| + |K_{III}|}\right)^2\right] \tag{3.80}$$

$$\psi_0 = \pm\left[78°\frac{|K_{III}|}{|K_I| + |K_{II}| + |K_{III}|} - 33°\left(\frac{|K_{III}|}{|K_I| + |K_{II}| + |K_{III}|}\right)^2\right] \tag{3.81}$$

因此，以下内容适用于纯模式Ⅲ加载($K_I = K_{II} = 0$，$K_{III} \neq 0$)

$$K_V = K_{III} = K_{IC} \tag{3.82}$$

并且

$$\varphi_0 = 0 \text{ and } \psi_0 = 45°$$

空间混合模式加载的关系可以通过 $K_I - K_{II} - K_{III}$ 图解来明确(见图 3.25)。

纯模式Ⅰ加载由 K_I 轴表示。当 $K_I = K_{IC}$ 时，不稳定的裂纹扩展开始出现。K_{II} 轴代表纯模式Ⅱ加载，如果 $K_{II} = K_{IIC}$，则裂纹变得不稳定。在模式Ⅲ加载的情况下，不稳定标准是 $K_{III} = K_{IIIC}$。

如果构件裂纹处出现空间混合模式载荷，如果以 K_I、K_{II} 和 K_{III} 为特征的裂纹载荷达到图 3.25 所示的断裂边界，将出现不稳定的裂纹扩展。这个断裂边界对应于式(3.79)。

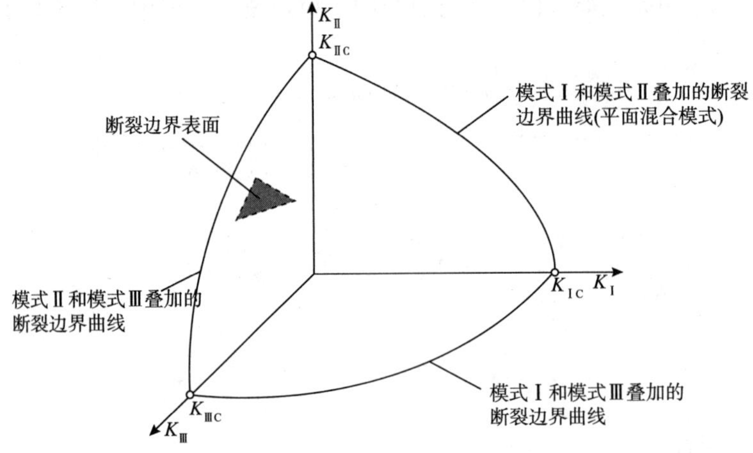

图 3.25 描述 $K_I - K_{II} - K_{III}$ 空间中空间混合模式加载的 K 概念

例 3.6

在拉伸加载的玻璃板中，存在长度为 $2a$ 的裂纹。裂纹与拉应力的方向成 β 角。

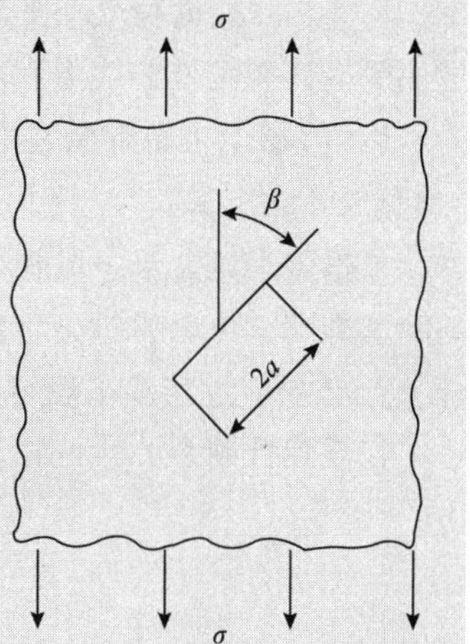

确定裂纹传播不稳定的应力 σ。

已知：$a = 4\text{mm}$，$\beta = 45°$，$K_{IC} = 2\text{MPa}\sqrt{\text{m}}$。

解：

目前的裂纹属于一个平面混合模式问题

$$K_{I} = \sigma \cdot \sqrt{\pi \cdot a} \cdot \sin^2\beta$$

$$K_{II} = \sigma \cdot \sqrt{\pi \cdot a} \cdot \sin\beta \cdot \cos\beta$$

使用式(3.79)中的断裂标准：

$$K_{V} = \sigma \cdot \sqrt{\pi \cdot a} \cdot \left[\frac{\sin^2\beta}{2} + \frac{1}{2}\sqrt{\sin^4\beta + 5.336 \cdot \sin^2\beta \cdot \cos^2\beta}\right] = K_{IC}$$

代入数值可得到：

$$\sigma = \frac{K_{IC}}{\sqrt{\pi \cdot a} \cdot \left[\frac{\sin^2\beta}{2} + \frac{1}{2}\sqrt{\sin^4\beta + 5.336 \cdot \sin^2\beta \cdot \cos^2\beta}\right]}$$

$$= \frac{63.2\text{N/mm}^{3/2}}{\sqrt{\pi \cdot 4\text{mm}} \cdot \left[\frac{\sin^2 45°}{2} + \frac{1}{2}\sqrt{\sin^4 45° + 5.336 \cdot \sin^2 45° \cdot \cos^2 45°}\right]}$$

$$= 20.3\text{N/mm}^2 = 20.3\text{MPa}$$

3.8.3 能量释放率准则

除了 K 概念之外，能量释放率的准则在断裂力学中是特别重要的。

根据这个准则，当能量释放率 G_I 达到临界值 G_{IC} 时，在模式 I 加载条件下，发生不稳定裂纹的扩展(通常是构件断裂)。因此断裂准则为：

$$G_I = G_{IC} \tag{3.83}$$

例如，可以确定 G_{IC} 与断裂韧性 K_{IC} 的关系：

$$G_{IC} = \frac{1 - v^2}{E} \cdot K_{IC}^2 \tag{3.84}$$

3.8.4 J 准则

K 概念和能量释放准则仅适用于线弹性断裂力学的情况。也就是说，它们只能应用于以下情况，即只有与裂纹长度或残余横截面的尺寸相比，在裂纹塑性区的尺寸较小的情况下，K 概念和能量释放准则才能使用。如果存在大范围的塑性流动，则应力强度因子不再适用于描述裂尖处的应力和应变状态。

J 积分概念是一种断裂准则，可用于广泛的弹塑性材料行为。它基于 RICE 的线积分(参见 3.6.2 节)。

根据该准则，当 J 取临界值(材料边界值)J_{IC}时，裂纹扩展变得不稳定。因此，模式 I 的断裂准则 J 可以通过分析法或数值法来计算，例如，使用有限元法(另见 3.7.3 节)。另外，J_{IC}必须通过实验来确定，参见文献[2，3]。

在线弹性断裂力学的情况下，也可以利用如下公式使用断裂韧度 K_{IC}来确定 J_{IC}：

$$J_{IC} = \frac{1 - v^2}{E} \cdot K_{IC}^2 \tag{3.85}$$

3.9 断裂韧性

当应力强度因子 K_I 达到材料临界值，即断裂韧性 K_{IC}(见 3.8.1 节)时，在模式 I 裂纹载荷下的不稳定的裂纹开始扩展(通常包括构件或结构的断裂)。因此，如果需要估算裂纹的危险性，则必须知道应力强度因子 K_I(见 3.4 节)，而且还应了解断裂韧性 K_{IC}。后者如 5.1 节所述，通过特殊的断裂力学来测试样本，通常采用 CT 样本来确定。

与几乎所有的材料参数一样，断裂韧性依赖于温度，参见图 5.18 例子，表 5.3 提供了各种材料的 K_{IC}值的例子。

在纯模式Ⅱ加载下，如果没有相关的材料值，可以估算 K_{IIC}的值(见 3.8.2.1 节)；对于纯模式Ⅲ加载，可以假定 $K_{IIIC} = K_{IC}$(见 3.8.2.2 节)。

对于混合模式加载，如果等效强度因子 K_V达到断裂韧性 K_{IC}，则裂纹扩展也会失稳。

3.10 使用断裂力学方法评估带裂纹的构件

根据 3.1 ~3.9 节所示的结果，使用断裂力学评估具有缺陷和裂纹的构件和结构，可以确定临界载荷或临界裂纹尺寸。在此尺寸下，裂纹变得不稳定，整个构件都会面临不可挽回的损坏可能(见第 2 章中的损伤情况例子)。也可以使用不易破裂的材料，即具有较高的断裂力学材料参数的材料。最后，同样重要的是，可以确定安全因子来防止不稳定的裂纹扩展。类似于经典的强度校核(见 1.3.3 节的例子)，可以进行断裂力学分析(有时称为断裂力学的强度校核，参见文献[6，12] 中的例子)。即使在有裂纹的构件的情况下，强度的典型校核也是不可或缺的。断裂 - 力学分析作为一种补充，或者更准确地说，是评估裂纹风险的第二个准则，对于有裂纹的构件来说是必不可少的(另见 3.11 节)。

3.10.1 断裂 - 力学校核操作步骤

断裂 - 力学分析是从具有裂纹的构件开始的，然后根据构件的加载和裂纹/构件的几

何形状来确定特征量，以评估裂纹。

在线弹性断裂力学的情况下（与裂纹或构件尺寸相比，裂纹处的塑性区较小），通常使用应力强度因子（例如 K_{I}）或等效应力强度因子 K_{V} 作为特征断裂力学量（见 3.4 节）。通常使用特殊的断裂力学检测试样确定断裂 - 力学材料参数。在线弹性断裂力学中，通常采用断裂韧度 K_{IC} 作为材料参数（见 3.9 节和 5.1 节）。当描述裂纹的特征量（例如 K_{I}）等于断裂 - 力学材料参数（例如断裂韧度 K_{IC}）时，裂纹处于临界失稳状态，即获得了断裂准则，另见 3.8 节。

由此可以确定临界载荷或临界裂纹尺寸，在该点开始出现不稳定的裂纹扩展（见 3.10.2 节）。

然而，如果对一个已经检测到裂纹的构件或一个裂纹可能已经萌生或扩展的构件进行断裂 - 力学分析，则必须有一个相关的安全措施以防止不稳定的裂纹扩展。在这种情况下，裂纹加载特征量（例如 K_{I} 或 K_{V}）就需要与允许的断裂力学参数（例如 $K_{\mathrm{I,zul}}$）进行比较。然后，根据断裂 - 力学材料参数（例如 K_{IC}）和安全因子（例如 S_{R}）计算允许的断裂 - 力学值，以防止不稳定裂纹扩展。然后通过断裂 - 力学分析，确定允许的载荷、允许的裂纹尺寸、所需材料和防止脆性断裂或裂纹失稳断裂的安全装置。图 3.26 对断裂 - 力学分析操作步骤进行了概括。

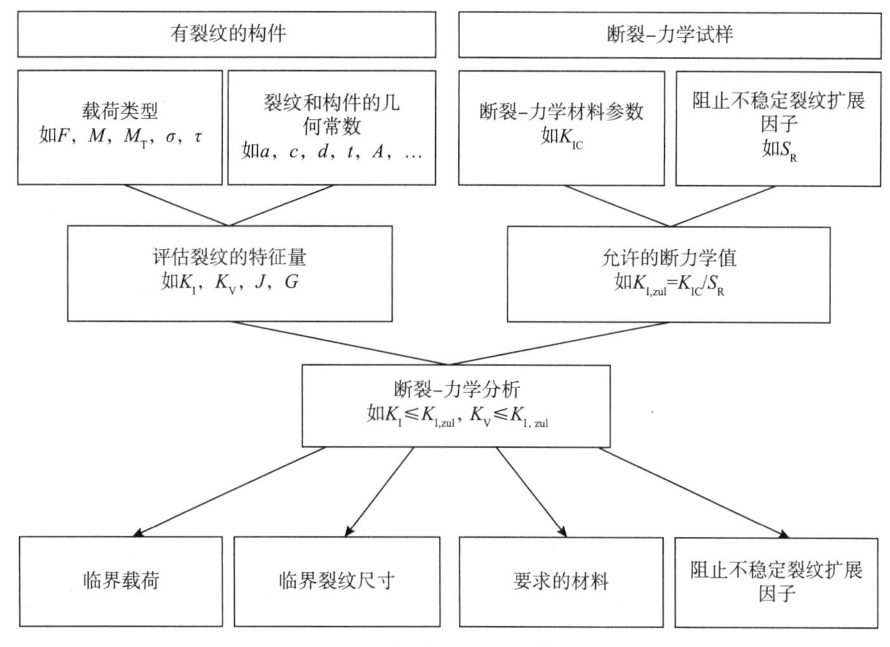

图 3.26 进行断裂 - 力学分析的操作流程

3.10.2 对模式 I 裂纹问题应用断裂准则和断裂力学分析

对于模式 I 加载，当裂纹尖端的应力强度 K_{I} 达到断裂韧性 K_{IC} 时，裂纹开始不稳定扩展。因此，用式(3.72)、式(3.14)和以下公式：

$$K_{\mathrm{I}} = \sigma \cdot \sqrt{\pi \cdot a} \cdot Y_{\mathrm{I}} = K_{\mathrm{IC}} \tag{3.86}$$

对于一定的裂纹长度 a，得到了如下的临界应力：

$$\sigma_{\mathrm{C}} = \frac{K_{\mathrm{IC}}}{\sqrt{\pi \cdot a} \cdot Y_{\mathrm{I}}} \tag{3.87}$$

对于当前的应力 σ，临界裂纹长度由式(3.86)得到，

$$a_{\mathrm{C}} = \frac{K_{\mathrm{IC}}}{\sqrt{\pi \cdot \sigma \cdot Y_{\mathrm{I}}}} \tag{3.88}$$

在临界裂纹长度处，裂纹扩展变得不稳定。式(3.86)、式(3.87)和式(3.88)中描述的关系可以用图形来说明，见图 3.27。

因此，对于某个裂纹长度 a，可以确定一个临界应力 σ_{C}，在这个临界应力 σ_{C}下，裂纹开始不稳定地扩展，如图 3.27(a)所示。小裂纹长度允许高临界构件应力。另外，如果裂纹长度较大，则在相对较低的构件载荷水平下，就会存在不稳定的裂纹扩展和构件断裂。

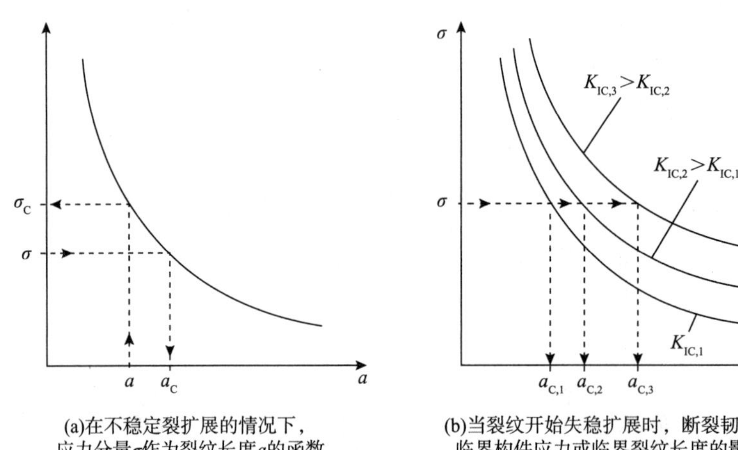

(a)在不稳定裂纹扩展的情况下，应力分量σ作为裂纹长度a的函数

(b)当裂纹开始失稳扩展时，断裂韧性对临界构件应力或临界裂纹长度的影响

图 3.27　构件载荷与临界裂纹长度或当前裂纹长度和构件载荷之间的关系

如果构件应力 σ 已知，则可以由图 3.27(a)中得到裂纹扩展失稳时的临界裂纹长度 a_{C}。

此外，临界裂纹长度 a_{C}和临界应力 σ_{C}对断裂韧性 K_{IC}有特殊的依赖性，如图 3.27(b)所示。脆性材料具有较低的断裂韧性，因此对于不稳定开裂具有较高的失效风险；而具有相对较高的 K_{IC}值的韧性材料，同样具有较高的失效风险。即使 Y_{I}值很高[见式(3.86)]，裂纹扩展也是趋于不稳定的。如果进行断裂－力学分析，则模式 I 必须为满足以下条件(另见图 3.26)：

$$K_{\mathrm{I}} \leqslant K_{\mathrm{I,zul}} \tag{3.89}$$

或

$$K_{\mathrm{I}} \leqslant \frac{K_{\mathrm{IC}}}{S_{\mathrm{R}}} \tag{3.90}$$

因此，通过式(3.90)，也可以确定抗不稳定裂纹扩展所需要的最小材料参数和安全因子。

例 3.7

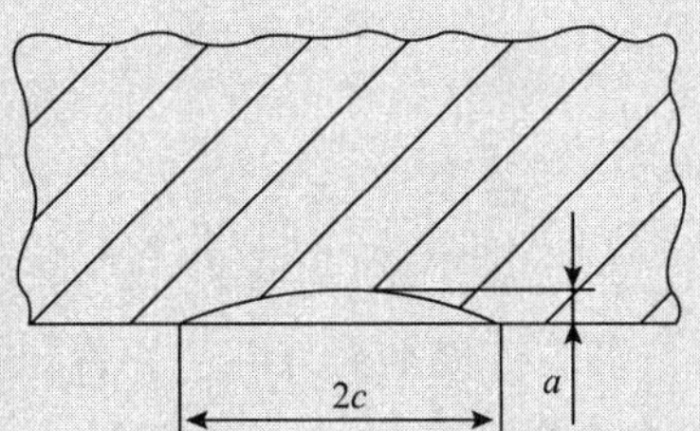

在大型铸件中，存在深度 a 和宽度 $2c$ 的表面缺陷。拉应力 σ 垂直于缺陷。文献中提供了该铸件的断裂韧性 K_{IC}。确定该铸件的不稳定裂纹扩展的安全性。

已知： $a=10\text{mm}$，$c=25\text{mm}$，$\sigma=80\text{MPa}$，$K_{\mathrm{IC}}=25\text{MPa}\cdot\text{m}^{1/2}$

解：

$$K_{\mathrm{I}}=\sigma\cdot\sqrt{\pi\cdot a}\cdot Y_{\mathrm{I}}=\frac{K_{\mathrm{IC}}}{S_{\mathrm{R}}}$$

当 $a/c=0.4$ 和 $a/d=0$，根据图 3.10 或式(3.27)可以确定 $Y_{\mathrm{I}}=0.97$

因此：

$$S_{\mathrm{R}}=\frac{K_{\mathrm{IC}}}{K_{\mathrm{I}}}=\frac{K_{\mathrm{IC}}}{\sigma\cdot\sqrt{\pi\cdot a}\cdot Y_{\mathrm{I}}}=\frac{25\text{MPa}\cdot\text{m}^{1/2}}{80\text{MPa}\ \sqrt{\pi\cdot 10\text{mm}}\cdot 0.97}=1.8$$

3.10.3 将断裂准则和断裂力学分析应用于模式Ⅱ、模式Ⅲ和混合模式问题

在模式Ⅱ加载的情况下，当裂纹处的应力强度 K_{II} 达到断裂韧性 K_{IIC} 时，裂纹扩展开始失稳。因此，基于式(3.73)和式(3.15)，获得如下公式：

$$K_{\mathrm{II}}=\tau\cdot\sqrt{\pi\cdot a}\cdot Y_{\mathrm{II}}=K_{\mathrm{IIC}} \tag{3.91}$$

对于一定的裂纹长度 a，临界切应力如下：

$$\tau_{\mathrm{C}}=\frac{K_{\mathrm{IIC}}}{\sqrt{\pi\cdot a}\cdot Y_{\mathrm{II}}} \tag{3.92}$$

对于当前的剪切应力 τ，裂纹扩展失稳的临界裂纹长度 a_{C} 如下：

$$a_{\mathrm{C}}=\frac{K_{\mathrm{IIC}}^{2}}{\pi\cdot\tau^{2}\cdot Y_{\mathrm{II}}^{2}} \tag{3.93}$$

参考初始裂纹，不稳定的裂纹将以与初始裂纹成 $\varphi_0=\pm 70°$ 的角度进行扩展(见图 3.23)。

对于模式Ⅲ加载，当裂纹处的应力强度 K_{III} 达到断裂韧度 K_{IIIC} 时，裂纹扩展变得不稳定。因此，基于式(3.75)和式(3.16)，获得以下公式：

$$K_{\mathrm{III}}=\tau_{z}\cdot\sqrt{\pi\cdot a}\cdot Y_{\mathrm{III}}=K_{\mathrm{IIIC}} \tag{3.94}$$

因此：

$$\tau_{z,C} = \frac{K_{\text{Ⅲ}C}}{\sqrt{\pi \cdot a} \cdot Y_{\text{Ⅲ}}} \tag{3.95}$$

或

$$a_C = \frac{K_{\text{Ⅲ}C}^2}{\pi \cdot \tau_z^2 \cdot Y_{\text{Ⅲ}}^2} \tag{3.96}$$

在不稳定裂纹扩展过程中，裂纹扩展平面以与初始裂纹成 $\psi_0 = \pm 45°$的方向扭转。

然而如果它是一个混合模式，那么式(3.79)的断裂准则可适用。根据式(3.78)，在不稳定裂纹扩展过程中，裂纹以 φ_0 角度进行扭结。在空间混合模式加载状态下，式(3.81)的断裂准则可用于预测不稳定裂纹扩展，然后可以用式(3.80)和式(3.81)来描述裂纹扩展的角度 φ_0 和 ψ_0(另见图3.23)。

如果进行断裂－力学分析，则以下公式适用于模式Ⅱ：

$$K_{\text{Ⅱ}} \leqslant \frac{K_{\text{Ⅱ}C}}{S_R} = \frac{0.87K_{\text{Ⅰ}C}}{S_R} \tag{3.97}$$

对模式Ⅲ：

$$K_{\text{Ⅲ}} \leqslant \frac{K_{\text{Ⅲ}C}}{S_R} = \frac{K_{\text{Ⅰ}C}}{S_R} \tag{3.98}$$

对混合模式：

$$K_V \leqslant \frac{K_{\text{Ⅰ}C}}{S_R} \tag{3.99}$$

3.11 结合强度计算和断裂力学

要设计可靠坚固和抗断裂的构件和结构，必须同时考虑强度计算(见1.3节)和断裂力学(见3.8节)的准则。图3.28说明了这两种方法的组合。

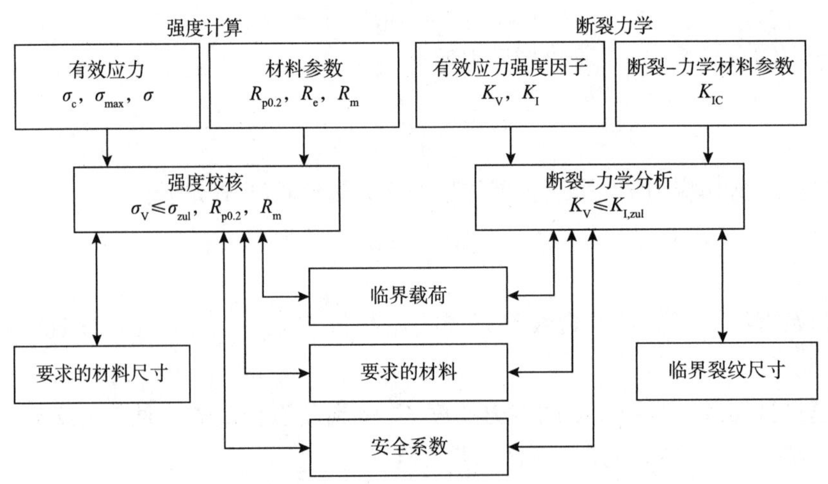

图3.28 静态构件加载下的强度计算和断裂力学综合分析

强度计算预测了用来避免强度失效所需的构件尺寸、许用载荷、所需材料和现有安全系数。断裂力学还提供了有关允许或临界构件承载能力，以及现存的安全因子，以防止裂纹失稳扩展和断裂。另外，断裂力学也会告诉我们关于临界裂纹的尺寸。

如果需要对构件进行可靠的评估，则必须采用强度准则和断裂力学准则(见图3.28)。

例3.8

对于重量优化的拉伸带设计，有两种材料可供选择：34CrNiMo6钢和7075－T651铝合金。

由于制造问题，必须考虑到小裂纹的存在。有一种测量装置，用它可以可靠地发现长度达 $2a=3\text{mm}$ 的裂纹。

考虑强度标准和断裂力学观点，确定重量优化的材料。

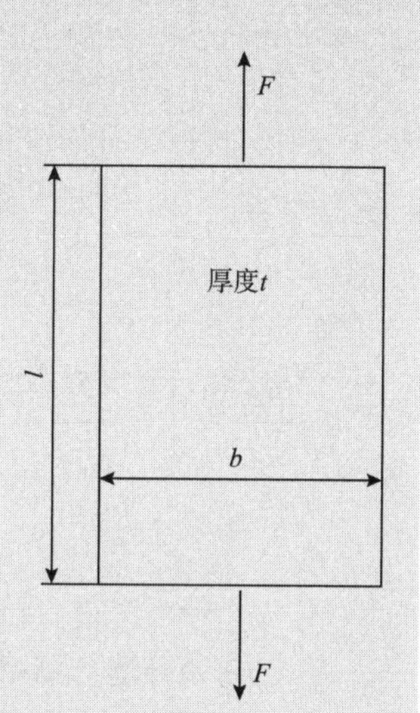

已知：

$$F=500\text{kN},\ b=200\text{mm},\ l=500\text{mm}$$

防止断裂/不稳定裂纹扩展的安全性 $S_B=S_R=2$

$R_{m,Steel}=1200\text{MPa}$，$K_{IC,Steel}=2500\text{N/mm}^{3/2}$，$\rho_{Steel}=7.8\text{kg/dm}^3$，

$R_{m,Al}=540\text{MPa}$，$K_{IC,Al}=860\text{N/mm}^{3/2}$，$\rho_{Al}=2.8\text{kg/dm}^3$

解：

(a)强度计算

$$\sigma\leqslant\sigma_{zul}\quad\Rightarrow\quad\sigma=\frac{F}{b\cdot t}=\frac{R_m}{S_B}$$

拉伸带的厚度：

$$t=\frac{F\cdot S_B}{b\cdot R_m}$$

拉伸带的重量：

$$G=\rho\cdot V=\rho\cdot b\cdot l\cdot t=\rho\cdot b\cdot l\cdot\frac{F\cdot S_B}{b\cdot R_m}$$

钢材拉伸带的厚度和重量：

$$t_{Steel}=\frac{500\text{kN}\cdot 2}{200\text{mm}\cdot 1200\text{N/mm}^2}=4.17\text{mm}$$

$$G_{Steel}=7.8\text{kg/dm}^3\cdot 200\text{mm}\cdot 500\text{mm}\cdot 4.17\text{mm}=3.25\text{kg}$$

铝合金拉伸带的厚度和重量：

$$t_{Al}=\frac{500\text{kN}\cdot 2}{200\text{mm}\cdot 540\text{N/mm}^2}=9.26\text{mm}$$

$$G_{Al}=2.8\text{kg/dm}^3\cdot 200\text{mm}\cdot 500\text{mm}\cdot 9.26\text{mm}=2.6\text{kg}$$

(b)断裂力学：

$$K_I\leqslant\frac{K_{IC}}{S_R}$$

$$K_{\mathrm{I}}=\sigma\cdot\sqrt{\pi\cdot a}\cdot Y_{\mathrm{I}}=\frac{K_{\mathrm{IC}}}{S_{\mathrm{R}}}\quad \sigma=\frac{F}{b\cdot t}\quad Y_{\mathrm{I}}=1$$

拉伸带的厚度：

$$\frac{F}{b\cdot t}\cdot\sqrt{\pi\cdot a}=\frac{K_{\mathrm{IC}}}{S_{\mathrm{R}}}\quad\Rightarrow\quad t=\frac{F\cdot S_{\mathrm{R}}}{b\cdot K_{\mathrm{IC}}}\cdot\sqrt{\pi\cdot a}$$

拉伸带的重量：

$$G=\rho\cdot V=\rho\cdot b\cdot l\cdot t=\rho\cdot l\cdot\frac{F\cdot S_{\mathrm{R}}}{K_{\mathrm{IC}}}\cdot\sqrt{\pi\cdot a}$$

钢材拉伸带的厚度和重量：

$$t_{\mathrm{Steel}}=\frac{500\mathrm{kN}\cdot 2}{200\mathrm{mm}\cdot 2500\mathrm{N/mm}^{3/2}}\cdot\sqrt{\pi\cdot 1.5\mathrm{mm}}=4.34\mathrm{mm}$$

$$G_{\mathrm{Steel}}=7.8\mathrm{kg/dm}^3\cdot 200\mathrm{mm}\cdot 500\mathrm{mm}\cdot 4.34\mathrm{mm}=3.38\mathrm{kg}$$

铝合金拉伸带的厚度和重量：

$$t_{\mathrm{Al}}=\frac{500\mathrm{kN}\cdot 2}{200\mathrm{mm}\cdot 860\mathrm{N/mm}^{3/2}}\cdot\sqrt{\pi\cdot 1.5\mathrm{mm}}=12.63\mathrm{mm}$$

$$G_{\mathrm{Al}}=2.8\mathrm{kg/dm}^3\cdot 200\mathrm{mm}\cdot 500\mathrm{mm}\cdot 12.63\mathrm{mm}=3.53\mathrm{kg}$$

(c)结论

(1)强度计算的结果表明，由铝合金制成的拉伸带的重量为2.6kg，比钢拉伸带重量轻了20%，钢拉伸带重量为3.25kg。

(2)断裂-力学对于重量的考虑至关重要。据此，钢铁重3.38kg，铝重3.53kg。

(3)因此，钢铁是用于拉伸带的重量优化的材料。所以，钢铁的设计重量为3.38kg。钢铁结构设计比铝设计轻4.3%。

(4)如果拉伸带的设计仅根据强度准则，则对于裂纹的失稳扩展(脆性断裂)而言，不具有足够的安全性。

参考文献

[1]Hahn, H. G.: Bruchmechanik. Teubner – Verlag, Stuttgart (1976).

[2]Schwalbe, K. H.: Bruchmechanik metallischer Werkstoffe. Hanser – Verlag, München (1980).

[3]Blumenauer, H., Pusch, G.: Technische Bruchmechanik. Wiley, Weinheim (1993).

[4] Richard, H. A.: Grundlagen und Anwendungen der Bruchmechanik. Technische Mechanik 11, 69 – 80 (1990).

[5]Gross, D.: Bruchmechanik. Springer, Berlin (1996).

[6]FKM – Richtlinie: Bruchmechanischer Festigkeitsnachweis für Maschinenbauteile. VDMA – Verlag, Frankfurt, 2006.

[7]Richard, H. A.: Bruchvorhersagen bei überlagerter Normal – und Schubbeanspruchung von Rissen, VDI Forschungsheft 631. VDI – Verlag, Düsseldorf (1985).

[8]Irwin, G. R.: Fracture. In: Flügge, S. (ed.) Handbuch der Physik, Bd. 6, pp. 551 – 590. Springer, Berlin

(1958).

[9] Hahn, H. G.: Spannungsverteilung an Rissen in festen Körpern. VDI – Forschungsheft. 542, Düsseldorf (1970).

[10] Broek, D.: Elementary engineering fracture mechanics. Maritus Nijhoff Publ, The Hague (1984).

[11] Heckel, K.: Einführung in die technische Anwendung der Bruchmechanik. Hanser – Verlag, München (1991).

[12] Richard, H. A.: Bruchmechanischer Festigkeitsnachweis bei Bauteilen mit Rissen unter Mixed – Mode – Beanspruchung. Materialprüfung 45, 513 – 518 (2003).

[13] Richard, H. A., Buchholz, F. – G., Kullmer, G., Schöllmann, M.: 2D – und 3D – mixed mode fracture criteria. In: Buchholz, F. – G., Richard, H. A., Aliabadi, M. H. (eds.) Advances in Fracture and Damage Mechanics, pp. 251 – 260. Trans Tech Publications, Zürich (2003).

[14] Richard, H. A., Sander, M.: Technische Mechanik. Festigkeitslehre. Vieweg + Teubner, Wiesbaden (2011).

[15] Theilig, H., Nickel, J.: Spannungsintensitätsfaktoren. VEB Fachbuchverlag, Leipzig (1987).

[16] Murakami, Y. (Hrsg.): Stress Intensity Factors Handbook, vol. 1, 2. Pergamon Books Ltd., Oxford (1987).

[17] Tada, H., Paris, P. C., Irwin, G. R.: The Stress Analysis of Cracks Handbook. Hellertown (1973).

[18] Richard, H. A.: Interpolationsformel für Spannungsintensitätsfaktoren. VDI – Z. 121, 1138 – 1143 (1979).

[19] Richard, H. A.: Ermittlung von Spannungsintensitätsfaktoren aus spannungsoptisch bestimmten Kerbspannungen. Dissertation, Universität Kaiserslautern (1979).

[20] Erdogan, F., Sih, G. C.: On the crack extension in plates under plane loading and transverse shear. J. Basic Eng. 85, 519 – 525 (1963).

[21] Richard, H. A., Fulland, M., Sander, M.: Theoretical crack path prediction. Fatigue Fract. Eng. Mater. Struct. 28, 3 – 12 (2005).

[22] Schöllmann, M., Richard, H. A., Kullmer, G., Fulland, M.: A new criterion for the prediction of crack development in multiaxially loaded structures. Int. J. Fract. 117, 129 – 141 (2002).

[23] Richard, H. A., Schöllmann, M., Buchholz, F. – G., Fulland, M.: Comparison of 3D fracture criteria. In: DVM – Bericht 235: Fortschritte der Bruch – und Schädigungsmechanik. Deutscher Verband für Materialforschung und – prüfung, pp. 327 – 340. Berlin (2003).

[24] Sander, M.: Einflfluss variabler Belastung auf das Ermüdungsrisswachstum in Bauteilen und Strukturen. Fortschrittsberichte VDI, Reihe 18, Nr. 287. VDI – Verlag, Düsseldorf (2003).

[25] Griffifith, A. A.: The phenomena of rupture and flflow in solids. Phil. Roy. Soc. London A221, 163 – 198 (1921).

[26] Rice, J. R.: A path independent integral and the approximate analysis of strain concentration by notches and cracks. J. Appl. Mech. 35, 379 – 386 (1968).

[27] Rossmanith, H. P.: Finite Elemente in der Bruchmechanik. Springer, Wien (1982).

[28] Kuna, M.: Finite Element – Analyse von Rissproblemen bei linear – elastischem Materialverhalten. In: DVM – Weiterbildungsseminar: Anwendung numerischer Methoden in der Bruchmechanik, pp. 1 – 27. Dresden (2007).

[29] Richard, H. A., Fulland, M., Sander, M.: FEM – Techniken zur Simulation der Ermüdungsrissausbreitung. In: DVM – Weiterbildungsseminar: Anwendung numerischer Methoden in der Bruchmechanik, pp. 63 – 87. Dresden (2007).

[30] Fulland, M., Richard, H. A.: Application of the FE – method to the simulation of fatigue crack growth in real structures. Steel Res. 74, 584 – 590 (2003).

[31] Buchholz, F. – G.: Einflflüsse von Elementtyp und Netztopologie auf die Finite Element Berechnung eines modifizierten Rissschließungsintegrals. In: Ikoss GmbH (Hrsg.), Stuttgart, pp. 77 – 101. (1982).

[32] Buchholz, F. – G.: Virtuelle Rissschließungsintegral – Methoden: 30 Jahre Weiterentwicklung und Anwendungen in der Bruchmechanik. In: DVM – Bericht 240. Zuverlässigkeit von Bauteilen durch bruchmechanische Bewertung: Regelwerke, Anwendungen und Trends. Deutscher Verband für Materialforschung und Prüfung, pp. 163 – 174. Berlin (2008).

[33] Richard, H. A.: A new compact shear specimen. Int. J. Fracture 17, R105 – R107 (1981).

[34] Richard, H. A., Tenhaeff, D., Hahn, H. G.: Critical survey of mode Ⅱ fracture specimens. In: International Conference and Exposition on Fatigue, Corrosion Cracking, Fracture Mechanics and Failure Analysis. Salt Lake City (1985).

第4章　恒幅循环载荷下的疲劳裂纹扩展

当构件承受时变载荷作用时，这些载荷的大小(例如力 F、力矩 M、引入到构件中的应力 σ)会随着时间的变化而变化。这样，构件可以受到恒幅载荷的作用，也可以受到变幅值载荷的作用或冲击载荷作用，如1.1节所示。随时间反复改变的加载方式会导致构件在一定条件下发生疲劳裂纹扩展。另外，冲击载荷也会导致构件突然断裂。

如果某个构件受到恒幅循环加载[循环载荷，如图1.2(b)所示；交变载荷，如图1.2(c)所示，或一般周期性载荷，如图1.3所示]，构件中的裂纹可以连续扩展。疲劳裂纹扩展一般发生在载荷远远低于静态断裂力学材料参数(如 K_C 或 K_{IC})条件下。每个载荷周期的裂纹扩展量由裂纹扩展速率 da/dN 定义，其中 da 表示裂纹长度变化，dN 表示载荷循环次数的变化。下面将更详细地描述这种基本的裂纹扩展类型，其裂纹扩展速率和载荷变化之间具有紧密联系。相比恒幅载荷，变幅载荷下构件的裂纹扩展(见图1.4)，导致了显著不同的裂纹扩展行为。在载荷幅值变化的情况下，载荷变化和加载顺序都会严重影响疲劳裂纹扩展。这些裂纹扩展过程具有重要实际意义，会在第6章讲解。

关于疲劳裂纹扩展的更多信息，也可以在文献[1～4]中找到。

4.1　构件载荷与循环应力强度的关系

在受到恒幅时变载荷的构件中，裂尖附近出现随时间变化的应力场。这个应力场可以用时变应力强度来表征，如图4.1所示。循环应力强度对疲劳载荷下的裂纹扩展具有决定性的作用。

4.1.1　Ⅰ型加载模式下的时变应力场

对于纯模式Ⅰ的时变加载，可以根据式(3.3)得到如下的时变应力场：

$$\sigma_{ij}(t)=\frac{K_{\mathrm{I}}(t)}{\sqrt{2\pi\cdot r}}\cdot f_{ij}^{\mathrm{I}}(\varphi) \tag{4.1}$$

式中，i，$j=x$，y；无量纲函数 $f_{ij}^{\mathrm{I}}(\varphi)$，除负载发生突变外，即使在时变载荷下也不受时间的影响。

参照式(3.4)，在循环载荷 $\sigma(t)$ 作用下，在纯模式Ⅰ载荷下，采用了下面的应力场方程[见图4.1(a)、图4.1(b)]：

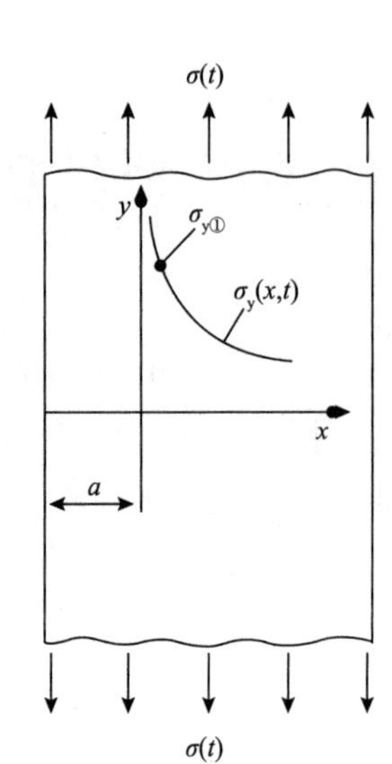

(a)在时变负载σ(t)下长度为a的边缘裂纹构件，在裂纹附近产生应力$\sigma_y(x,t)$

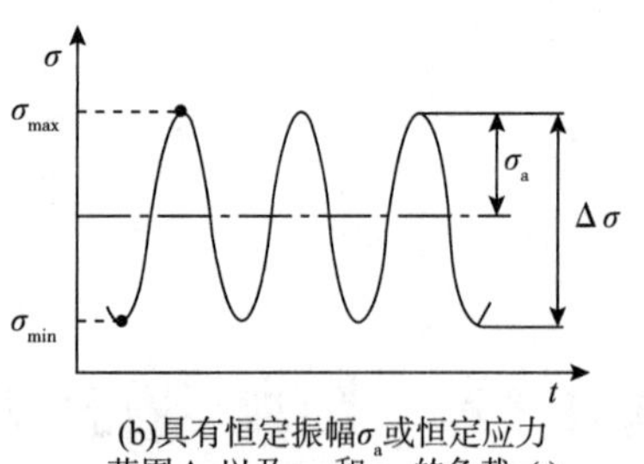

(b)具有恒定振幅σ_a或恒定应力范围Δσ以及σ_{max}和σ_{min}的负载σ(t)

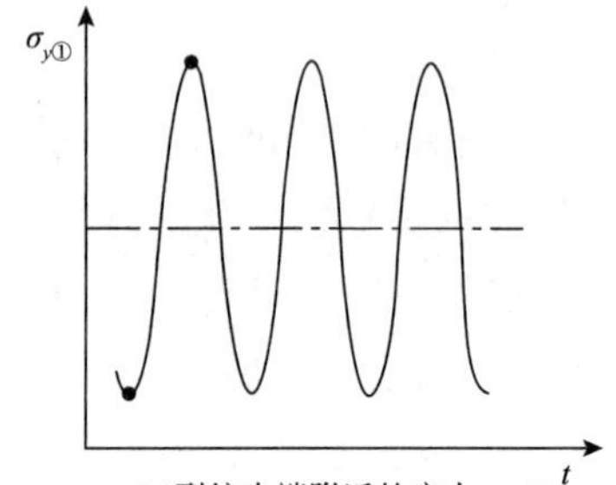

(c)裂纹尖端附近的应力$\sigma_{y①}(t)$

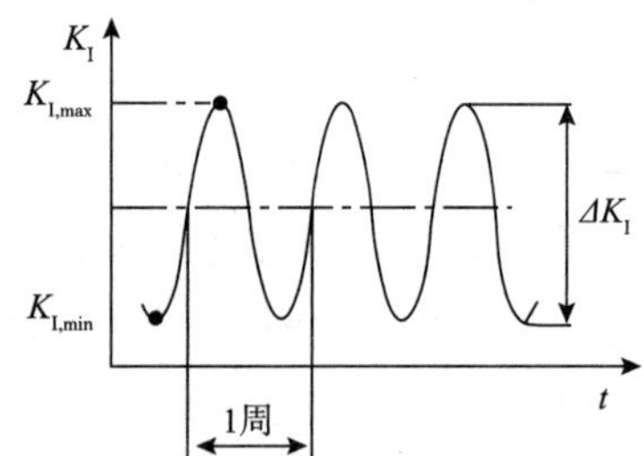

(d)具有恒定循环应力强度ΔK_I以及最大应力强度因子$K_{I,max}$和最小应力强度因子$K_{I,min}$的应力强度因子$K_I(t)$

图 4.1 构件载荷与循环应力强度因子之间的关系

$$\sigma_x(t)=\frac{K_I(t)}{\sqrt{2\pi\cdot r}}\cdot\cos\frac{\varphi}{2}\left[1-\sin\frac{\varphi}{2}\cdot\sin\frac{3\varphi}{2}\right] \tag{4.2}$$

$$\sigma_y(t)=\frac{K_I(t)}{\sqrt{2\pi\cdot r}}\cdot\cos\frac{\varphi}{2}\left[1+\sin\frac{\varphi}{2}\cdot\sin\frac{3\varphi}{2}\right]$$

$$\tau_{xy}(t)=\frac{K_I(t)}{\sqrt{2\pi\cdot r}}\cdot\sin\frac{\varphi}{2}\cdot\cos\frac{\varphi}{2}\cdot\cos\frac{3\varphi}{2}$$

图 4.1(c)显示了裂纹尖端附近的一个点的局部循环应力 $\sigma_y(t)$ 的一个例子。在式(4.2)中，$K_I(t)$表示时变应力强度因子，见图 4.1(d)。

4.1.2 模式Ⅰ的循环应力强度因子

按照 3.4.1.1 节和式(3.14)，时变应力强度因子 $K_I(t)$可以按照下式计算：

$$K_I(t)=\sigma(t)\cdot\sqrt{\pi\cdot a}\cdot Y_I \tag{4.3}$$

式中，σ(t)为引入构件的时变应力[见如图 4.1(a)、图 4.1(b)中的例子]；a 为当前

裂纹长度；Y_I 为几何函数，对应于静态载荷的几何因子，见3.4.2节。

$K_I(t)$的最大值和最小值由以下公式来获得：

$$K_{I,max} = \sigma_{max} \cdot \sqrt{\pi \cdot a} \cdot Y_I \tag{4.4}$$

和

$$K_{I,min} = \sigma_{min} \cdot \sqrt{\pi \cdot a} \cdot Y_I \tag{4.5}$$

式中，σ_{max}，σ_{min}分别为引入到构件中应力$\sigma(t)$的最大值和最小值，见图4.1(a)、图4.1(b)、图4.1(d)。

假定循环载荷的幅值为常数，如图4.1(b)所示，则循环应力强度因子可按下式计算：

$$\Delta K_I = K_{I,max} - K_{I,min} = (\sigma_{max} - \sigma_{min}) \cdot \sqrt{\pi \cdot a} \cdot Y_I \tag{4.6}$$

如果

$$\Delta\sigma = \sigma_{max} - \sigma_{min} = 2\sigma_a \tag{4.7}$$

作为具有应力幅值σ_a的应力范围被引进，如图4.1b所示，则对于模式Ⅰ载荷，循环应力强度因子

$$\Delta K_I = \Delta\sigma \cdot \sqrt{\pi \cdot a} \cdot Y_I \tag{4.8}$$

能够作为用于构件和结构中疲劳裂纹扩展的基本载荷参数而被获得。

4.1.3　*R*比率

除了循环应力强度因子ΔK_I之外，疲劳裂纹扩展还受负载R比率的影响(见1.1节)。如果构件上的负载在同相变化，则式(4.9)中R比率的算法也可应用于式(1.2)、式(4.4)、式(4.5)中所涉及的R比率。

$$R = \frac{\sigma_{min}}{\sigma_{max}} = \frac{K_{I,min}}{K_{I,max}} \tag{4.9}$$

循环应力强度因子也可以用R比率描述如下：

$$\Delta K_I = K_{I,max} - K_{I,min} = (1 - R) \cdot K_{I,max} \tag{4.10}$$

4.1.4　裂纹扩展过程

在裂纹扩展过程中，随着载荷循环次数增加，裂纹会扩展变长。随着裂纹长度增加，最大应力强度因子$K_{I,max}$、最小应力强度因子$K_{I,min}$和循环应力强度因子ΔK_I也在恒定的载荷振幅和恒定的平均应力下增加，如图4.2所示。在疲劳载荷条件下，如果最大应力强度因子$K_{I,max}$达到临界值K_I或者K_{IC}，则裂纹扩展变得不稳定，见5.1.3节。

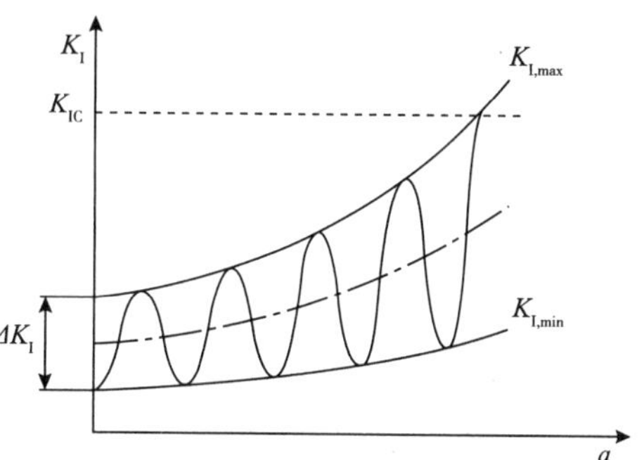

图4.2　随着裂纹长度的增加，$K_{I,max}$、$K_{I,min}$和ΔK_I的变化

4.1.5 Ⅱ型加载模式、Ⅲ型加载模式和混合加载模式下的时变应力场

二维剪切载荷、反平面剪切载荷或常规构件载荷的施加，在裂尖区域就会产生Ⅱ型、Ⅲ型、二维和三维混合模式的载荷。如果构件载荷呈周期性变化，则会在裂纹尖端区域出现时变应力场。

在混合模式加载情况下，应力场 $\sigma_{ij}(t)$ 可以按照式(3.3)描述如下：

$$\sigma_{ij}(t)=\frac{1}{\sqrt{2\pi\cdot r}}[K_{\mathrm{I}}(t)\cdot f_{ij}^{\mathrm{I}}(\varphi)+K_{\mathrm{II}}(t)\cdot f_{ij}^{\mathrm{II}}(\varphi)] \tag{4.11}$$

当存在三维混合加载模式时，应力场 $\sigma_{ij}(t)$ 可以按照式(3.8)描述如下：

$$\sigma_{ij}(t)=\frac{1}{\sqrt{2\pi\cdot r}}[K_{\mathrm{I}}(t)\cdot f_{ij}^{\mathrm{I}}(\varphi)+K_{\mathrm{II}}(t)\cdot f_{ij}^{\mathrm{II}}(\varphi)+K_{\mathrm{III}}(t)\cdot f_{ij}^{\mathrm{III}}(\varphi)] \tag{4.12}$$

在式(4.11)和式(4.12)中，时变应力强度因子 $K_{\mathrm{I}}(t)$、$K_{\mathrm{II}}(t)$ 和 $K_{\mathrm{III}}(t)$ 是由时变构件载荷引起的。

4.1.6 模式Ⅱ的循环应力强度因子

如图4.3(a)所示，给定一个具有剪切应力 $\tau(t)$ 的时变剪切载荷；如图4.3(b)所示，给定一个恒剪切应力范围 $\Delta\tau$，则循环应力强度因子 ΔK_{II} 可以用如下公式计算：

$$\Delta K_{\mathrm{II}}=\Delta\tau\cdot\sqrt{\pi\cdot a}\cdot Y_{\mathrm{II}} \tag{4.13}$$

参见图4.3(c)和式(3.15)。

这里的 Y_{II} 代表示纯模式Ⅱ的几何因子(见3.4.2.10节)。

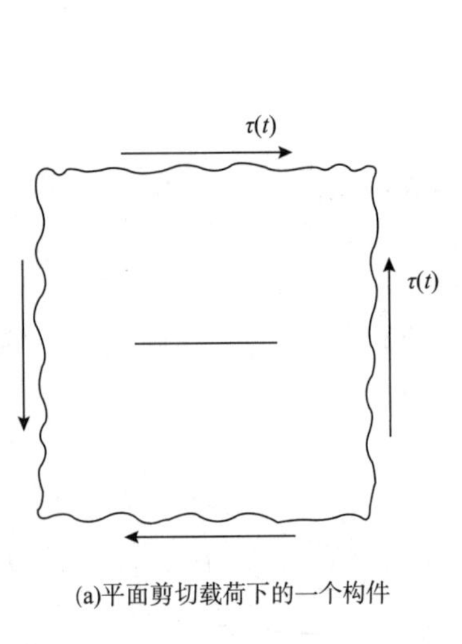

(a)平面剪切载荷下的一个构件

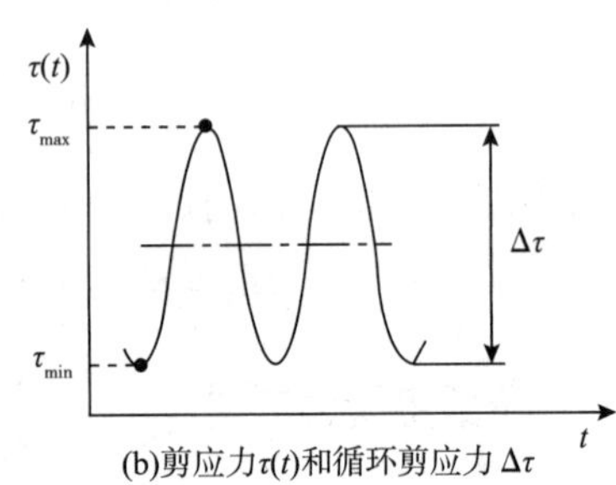

(b)剪应力τ(t)和循环剪应力Δτ

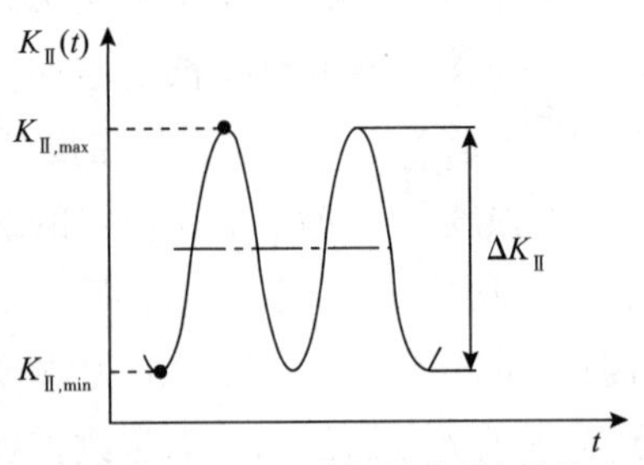

(c)应力强度因子 $K_{\mathrm{II}}(t)$ 和循环应力强度因子 ΔK_{II}

图4.3 模式Ⅱ载荷下循环剪应力与循环应力强度因子之间的关系

4.1.7 模式Ⅲ的循环应力强度因子

如果一个构件被具有恒定剪切应力范围 $\Delta\tau_z$ 的时变剪切应力 $\tau_z(t)$ 加载，那么对于某些特定的裂纹和特定的几何形状的构件，将在裂纹尖端产生时变应力场。这可用循环应力强度因子进行表征：

$$\Delta K_{\mathrm{III}} = \Delta\tau_z \cdot \sqrt{\pi \cdot a} \cdot Y_{\mathrm{III}} \tag{4.14}$$

（另见 3.4.1.1 节）。

在式(4.14)中，Y_{III} 为纯模式Ⅲ的几何因子，它可以通过其他方式来确定，比如使用式(3.29)。

4.1.8 二维混合模式下加载

在二维混合模式加载的条件下，裂纹的循环应力场区域可以利用应力强度因子 $K_{\mathrm{I}}(t)$ 和 $K_{\mathrm{II}}(t)$ 进行表征，见公式(4.11)。然后可以确定循环应力强度因子 ΔK_{I} 和 ΔK_{II}，例如之后可以使用式(4.8)和式(4.13)进行确定。在同相模式Ⅰ和模式Ⅱ加载的情况下，利用式(3.33)[5]，循环等效应力强度因子 ΔK_{V} 计算如下：

$$\Delta K_{\mathrm{V}} = \frac{\Delta K_{\mathrm{I}}}{2} + \frac{1}{2} \cdot \sqrt{\Delta K_{\mathrm{I}}^2 + 5.336 \cdot \Delta K_{\mathrm{II}}^2} \tag{4.15}$$

根据 ΔK_{V}，可以计算裂纹是否在现有载荷下扩展（见 4.4 节）。

对于内部具有倾斜裂纹的拉杆，如图 4.4 所示，我们获得了循环等效应力强度因子 ΔK_{V} 和循环载荷 $\Delta\sigma$ 之间的关系，如下所示：

$$\Delta K_{\mathrm{V}} = \Delta\sigma \cdot \sqrt{\pi \cdot a} \cdot \left[\frac{Y_{\mathrm{I}}}{2} + \frac{1}{2} \cdot \sqrt{Y_{\mathrm{I}}^2 + 5.336 \cdot \Delta Y_{\mathrm{II}}^2}\right] \tag{4.16}$$

式中，Y_{I}，Y_{II} 分别从式(3.23)和式(3.24)中获得。

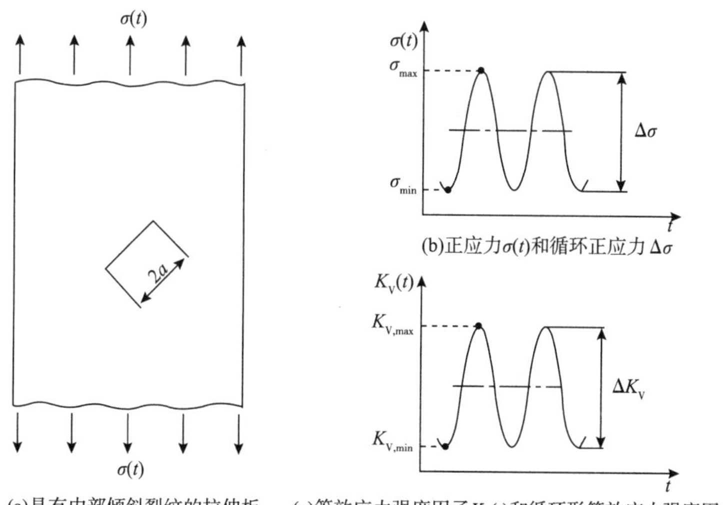

(a)具有内部倾斜裂纹的拉伸板　(b)正应力 $\sigma(t)$ 和循环正应力 $\Delta\sigma$　(c)等效应力强度因子 $K_{\mathrm{V}}(t)$ 和循环形等效应力强度因子 ΔK_{V}

图 4.4 二维混合模式加载下循环正应力与循环等效应力强度因子的关系

4.1.9 三维混合模式加载

如果裂纹处有三维混合模式载荷[见3.2.3节和4.2.3节，特别是式(4.12)]，则循环等效应力强度因子可以通过以下关系式来进行计算[5,6]

$$\Delta K_{\mathrm{V}}=\frac{\Delta K_{\mathrm{I}}}{2}+\frac{1}{2}\cdot\sqrt{\Delta K_{\mathrm{I}}^{2}+5.336\cdot\Delta K_{\mathrm{II}}^{2}+4\cdot\Delta K_{\mathrm{III}}^{2}} \tag{4.17}$$

4.2 裂纹扩展速率与循环应力强度因子的关系

在一定条件下，疲劳裂纹会随着循环加载次数的增加而扩展。如果初始裂纹受到纯模式Ⅰ加载，则裂纹将沿初始裂纹方向扩展[见图3.23(a)]。根据实际情况对一定时间间隔内的平均裂纹扩展速率 $\Delta a/\Delta N$ 进行如下定义：载荷循环次数每变化 ΔN，则对应的裂纹长度变化 Δa。对于 $\Delta N\to 0$ 的情况裂纹扩展速率可以通过裂纹长度与载荷循环曲线[$a-N$ 曲线，见图4.5(a)]的斜率 $\mathrm{d}a/\mathrm{d}N$ 来得到。

恒幅载荷下发生的裂纹扩展，裂纹扩展速率会随着加载周期的增加而加快。此外，载荷水平对 $a-N$ 曲线也有影响，因此会对裂纹扩展速率产生影响。在较高的构件载荷下($\sigma_3>\sigma_2>\sigma_1$)，裂纹扩展速率更大，且在更短的裂纹长度下裂纹发生失稳[见图4.5(b)]。

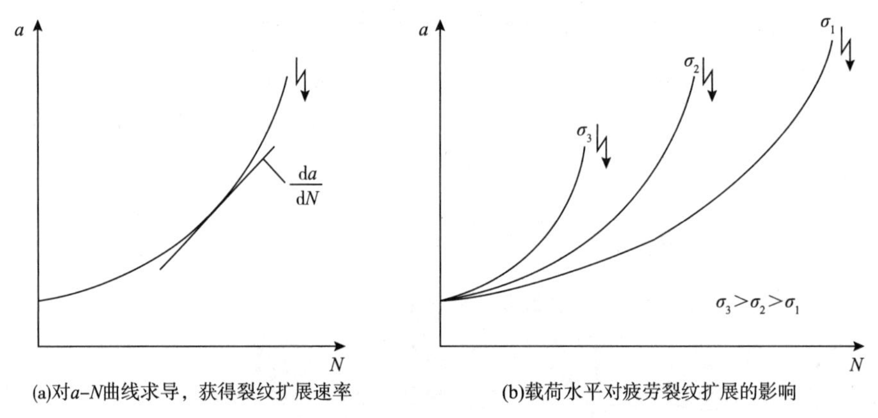

图4.5 疲劳裂纹扩展中裂纹长度与载荷循环次数的关系

a—裂纹长度；N—载荷循环周期数；$\mathrm{d}a/\mathrm{d}N$—裂纹扩展速率；σ_1，σ_2，σ_3—变化的载荷水平(构件应力)。

除此以外，裂纹扩展速率还取决于材料，因此它必须通过实验来获取。如果通过实验发现，在双对数坐标中，裂纹扩展速率 $\mathrm{d}a/\mathrm{d}N$ 是循环应力强度因子 ΔK_{I} 的函数，则通常可获得如图4.6所示的特征曲线。

4.2.1 模式Ⅰ的疲劳裂纹扩展极限

裂纹增长曲线 $\mathrm{d}a/\mathrm{d}N=f(\Delta K_{\mathrm{I}})$ 渐近地逼近两个极限。

其中一个极限值是应力强度门槛值 $\Delta K_{\mathrm{I,th}}$。如果循环应力强度 ΔK_{I} 低于门槛值，那么疲劳裂纹的扩展不能用传统的断裂力学观点解释。

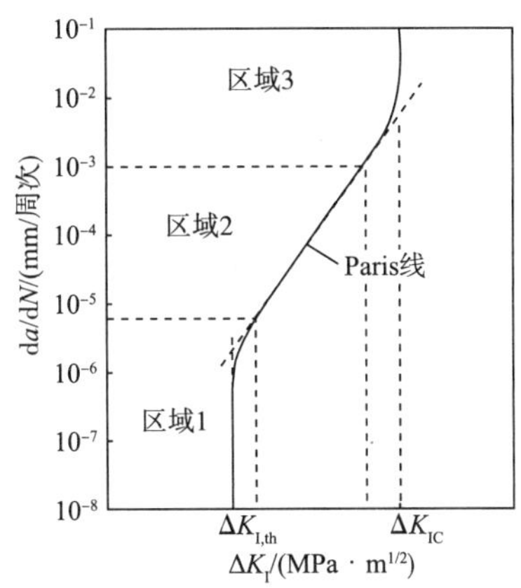

图 4.6　通过 $da/dN-\Delta K_I$ 曲线描述的裂纹扩展速率与循环应力强度因子之间的关系[4]

第二个极限值是表示裂纹的载荷 ΔK_{IC}，超过这个载荷，裂纹变得不稳定且易扩展。极限条件是 $K_{I,max}=K_{IC}$ 或者遵循式(4.10)。

$$\Delta K_{IC}=(1-R)\cdot K_{IC} \tag{4.18}$$

在纯模式Ⅰ加载的情况下，通常不需要给循环应力强度因子增加下标用于索引。为了能够区分模式Ⅱ、模式Ⅲ和混合模式加载，本书使用了诸如 ΔK_I、$K_{I,max}$、$\Delta K_{I,th}$ 指定变量替代 ΔK、K_{max}、ΔK_{th}。但是，如果没有用下标指示，应该认为是模式Ⅰ加载。

4.2.2　影响裂纹扩展曲线的因素

裂纹扩展曲线受许多因素影响，诸如 R 比率、材料、微观结构、温度或环境。这些因素对低(区域1)、平均(区域2)或高(区域3)裂纹扩展速率区域的影响因应力强度而异。

图 4.7 是 R 比率对裂纹扩展曲线影响的示意图。通常，裂纹扩展速率 da/dN 随着 R 比率的增加而增加，它的影响在低和高裂纹扩展速率区域内尤为明显。

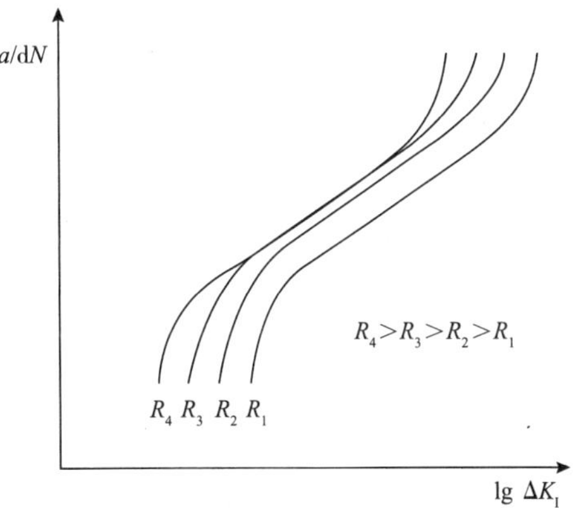

图 4.7　R 比率对裂纹扩展曲线的影响

R 变化会导致对数坐标系中 S 曲线的分散偏离(见图 4.6)，可以看到双 S 形曲线，特别是在铝合金的情况下尤为明显。图 4.8 以 EN AW－7075－T651 铝合金在两种 R 比率的裂纹扩展曲线为例说明了这种效应。

裂纹扩展速率和疲劳裂纹扩展门槛值与其他材料参数(例如拉伸强度或屈服强度)之间的关系至今尚未证实。对于不同的金属合金，它们的循环应力强度因子 ΔK 和弹性模量之间的关系是存在的。但是，这只是近似有效的，不能一概而论[2]。另外，近似方程的形式是：

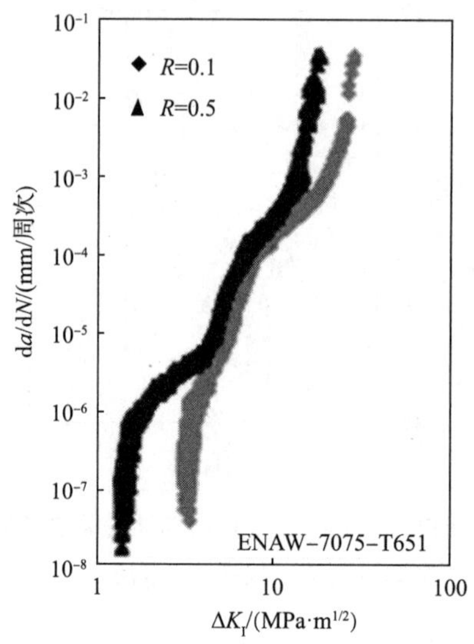

图 4.8 *R* 比率对 EN AW-7075-T651 铝合金的裂纹扩展曲线的影响[4]

$$\frac{da}{dN}=A\cdot 10^{-B}\cdot \Delta K_I^C \tag{4.19}$$

式(4.19)作为某些材料组的裂纹扩展速率分散值的上限已经被确定。然而，在特定情况下，可能会出现与广义函数有显著偏差的情况。

应该指出，化学成分类似的材料不一定具有相同的断裂-力学性能。例如，热处理、制造方法或主要成型方向也可能对裂纹扩展速率造成影响[1]。

此外，还应该注意的是，裂纹扩展速率曲线，尤其是其中的区域 I，对于所谓的“长裂纹”是有效的(见第 8 章)。

裂纹扩展曲线对应的裂纹路径受到各种机制的影响。其中一种机制是由 Elber[7] 首先发现的，称为裂纹闭合。

4.2.3 疲劳裂纹扩展过程中的裂纹闭合行为

Elber 表明，在恒幅循环拉伸载荷下，疲劳裂纹在达到最小载荷之前就会随着载荷的减小而闭合；当再次增加载荷时，裂纹在达到一定的载荷水平之前都保持闭合。因此，裂纹闭合效应说明，在裂纹扩展过程中，并不是整个载荷都是有效的，只有有效的循环应力强度才能使得裂纹扩展：

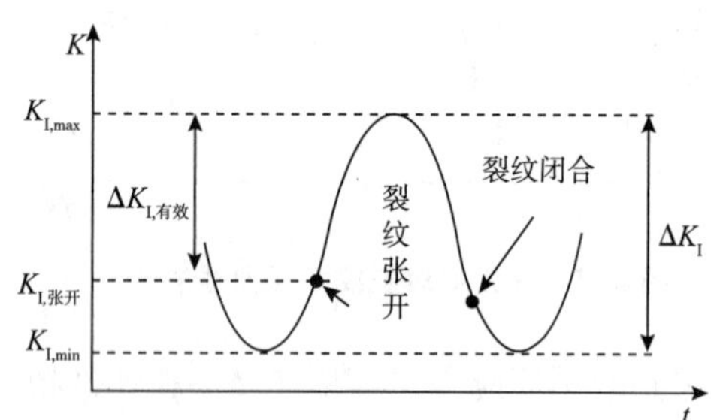

图 4.9 裂纹闭合对有效应力强度的影响

$$\Delta K_{I,有效}=\Delta K_{I,max}-K_{I,张开} \tag{4.20}$$

裂纹开启应力强度因子 $K_{I,张开}$ 对应于裂纹完全开启的载荷(见图 4.9)。

通常使裂纹发生开裂的载荷并不完全对应于使裂纹发生闭合的负载。加载曲线和卸载曲

线形成了一个滞后回路。但是，出于实际需要，假设这两个值都是一致的。

导致裂纹发生闭合的原因各不相同，它们基本上可以归类为：

(1)塑性诱导的裂纹闭合。

(2)粗糙度诱导的裂纹闭合。

(3)氧化物诱导的裂纹闭合。

(4)流体诱导的裂纹闭合。

4.2.3.1　塑性诱导的裂纹闭合

塑性诱导裂纹闭合是裂纹闭合中最重要的机制，由裂纹表面产生塑性变形的材料所引起(见3.5节)。塑性变形区域是通过在疲劳裂纹扩展过程中塑性区的连续形变来形成的。如图4.10所示，这些区域必然被裂纹穿过，裂纹表面因此被塑化了的材料覆盖，导致两个裂纹面不再重合。

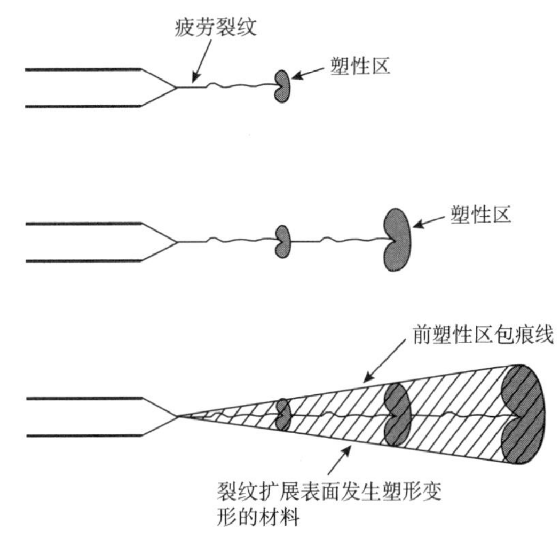

图4.10　疲劳裂纹扩展过程中塑性引起的裂纹闭合[31]

4.2.3.2　粗糙度诱导的裂纹闭合

在接近临界值范围内，粗糙度诱导的裂纹闭合机制尤为重要。由于裂纹表面形状粗糙，尤其在短裂纹扩展过程中会发生过早接触(见第8章)。这种机制的特征是，显微组织中的裂纹偏转，断裂表面的粗糙化[见图4.11(a)]，以及发生在混合模式或模式Ⅱ加载下导致的裂纹偏离最初扩展路径。

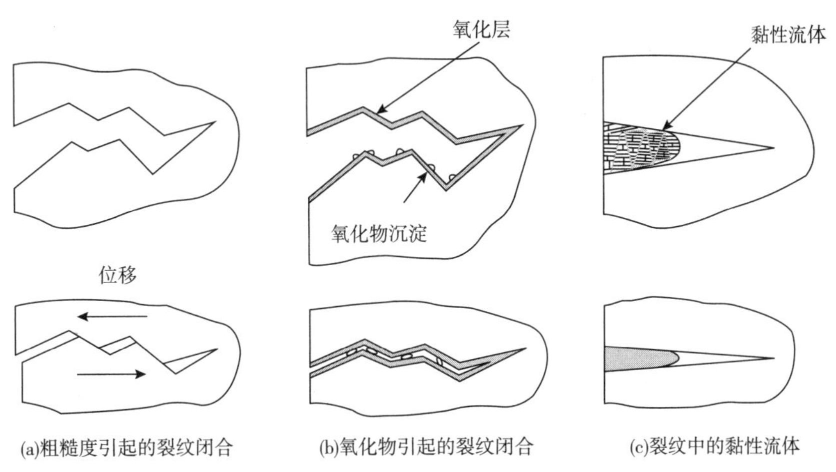

(a)粗糙度引起的裂纹闭合　(b)氧化物引起的裂纹闭合　(c)裂纹中的黏性流体

图4.11　其他裂纹闭合机制[32]

4.2.3.3 氧化物诱导的裂纹闭合

氧化物诱导的裂纹闭合是由裂纹表面之间的微小氧化物沉淀引起的，这些裂纹面形似楔形，如图 4.11(b)所示。随着应力强度的降低，氧化层厚度与裂纹开口尺寸之比接近 1。结果显示，摩擦机理会导致氧化层影响裂纹闭合，特别是在临界值附近，这个结果尤为明显。这种类型的裂纹闭合是通过环境中的氧化介质、低 R 比率、粗糙表面、低屈服点和表面之间的接触来共同促成的[8]。

4.2.3.4 流体诱导裂纹闭合

如果黏性液体渗透到裂纹间隙中，则液体被认为具有部分的裂纹承载功能，导致裂纹张开载荷 $K_{\mathrm{I,张开}}$ 增加和 $\Delta K_{\mathrm{I,有效}}$ 减小，如图 4.11(c)所示。

4.2.3.5 确定裂纹张开应力强度因子

可以使用经验公式来计算裂纹张开应力强度因子：

$$\Delta K_{\mathrm{I,有效}} = (A + B \cdot R) \cdot \Delta K_{\mathrm{I}} \tag{4.21}$$

式中，表达式 $A + B \cdot R$ 指的是裂纹张开函数。对于 2024 – T3 铝合金，Elber 提出了以下函数关系：

$$\Delta K_{\mathrm{I,有效}} = (0.5 + 0.4 \cdot R) \cdot \Delta K_{\mathrm{I}} \tag{4.22}$$

因为，一方面，当存在负的 R 比率时，Elber 给出的函数会导致 $K_{\mathrm{I,张开}}$ 增加；另一方面，函数对材料具有依赖性，这种类型的许多函数已经开发完成。文献[9]对这方面提供了一个概述。

Newman 发现 $K_{\mathrm{I,张开}}$，并存在以下裂纹张开函数：

$$\gamma = \frac{K_{\mathrm{I,张开}}}{K_{\mathrm{I,max}}} = \begin{cases} \max(R,\ A_0 + A_1 \cdot R + A_2 \cdot R^2 + A_3 \cdot R^3) & R \geqslant 0 \\ A_0 + A_1 \cdot R & -2 \leqslant R < 0 \end{cases} \tag{4.23}$$

其中，系数 $A_0 \sim A_3$ 的计算方法如下：

$$A_0 = (0.825 - 0.34 \cdot \alpha + 0.05 \cdot \alpha^2) \cdot \left[\cos\left(\frac{\pi}{2} \cdot \frac{\sigma_{\max}}{\sigma_{\mathrm{F}}}\right)\right]^{1/\alpha}$$

$$A_1 = (0.415 - 0.071 \cdot \alpha) \cdot \frac{\sigma_{\max}}{\sigma_{\mathrm{F}}}$$

$$A_2 = 1 - A_0 - A_1 - A_3$$

$$A_3 = 2A_0 + A_1 - 1$$

因子 α 是变化的，平面应力状态时为 1，平面应变变状态时为 3。对于大部分材料，最大应力 $\sigma_{\max}$ 与屈服应力 σ_{F} 之比被设定为常数值 0.3[10]。

为了确定裂纹闭合行为，分析解析、实验方法[11~13]、数值模拟方法(如有限元分析)都可采用(见 7.3 节和文献[14~17])。

如果将实验发现的裂纹扩展速率绘制在有效周期应力强度 $\Delta K_{\mathrm{I,有效}}$ 上，有一些特殊材

料的裂纹扩展速率不随 R 比率的变化而变化，裂纹扩展曲线重叠成 $da/dN-\Delta K_{\mathrm{I,eff}}$ 曲线。

4.2.4　临界值和临界值行为

裂纹扩展曲线对 R 比率依赖性也反映在疲劳裂纹扩展临界值 $\Delta K_{\mathrm{I,th}}$ 上。随着 R 比率增加，临界值减小。疲劳裂纹扩展的临界值 $\Delta K_{\mathrm{th,0}}$ 是在 R 比率为零时确定的。该临界值行为通常用图4.12的 $\Delta K_{\mathrm{I,th}}-R$ 图表示，其中绘制了某些 R 比率对应的临界值。许多模型就是用来描述这种关系的。

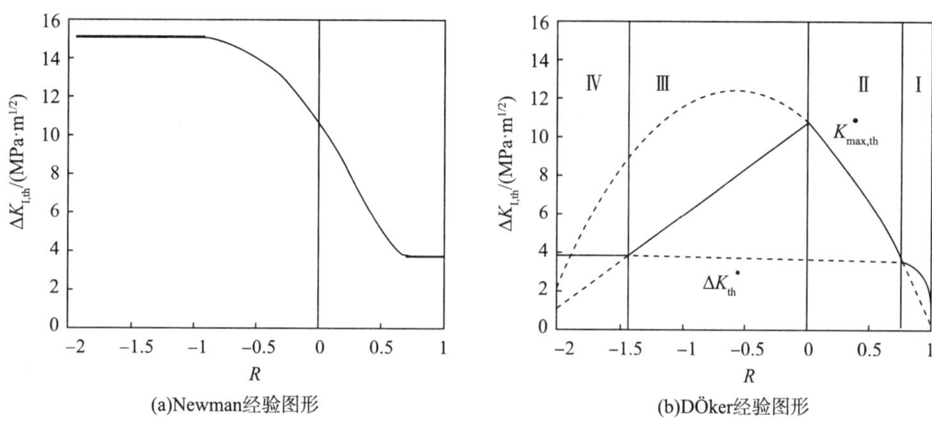

(a)Newman经验图形　(b)DÖker经验图形

图4.12　临界值 $\Delta K_{\mathrm{I,th}}$ 对R比率的依赖性

4.2.4.1　基于裂纹闭合的临界值行为

裂纹闭合是临界值依赖于 R，基于这一事实，裂纹模型被建立。

例如，NASA(美国宇航局)提出下经验函数时就考虑到了裂纹闭合[10]：

$$\Delta K_{\mathrm{I,th}}=\frac{\Delta K_{\mathrm{th,0}}\cdot\sqrt{\dfrac{a}{a+a_0}}}{\left[\dfrac{1-\gamma}{(1-A_0)\cdot(1-R)}\right]^{(1+C_{\mathrm{th}}\cdot R)}}\tag{4.24}$$

在短裂纹扩展范围内[4]，考虑到裂纹长度对裂纹扩展临界值的影响，引入了参量 a_0。它对应于一个固有裂纹长度，美国宇航局设定其为0.0381mm。参数 C_{th} 是一个经验常数，其中，C_{th}^{+} 对应正 R 比率，C_{th}^{-} 对应负 R 比率。裂纹张开函数应该与式(4.22)一致。对于正的 R 比率，超过 $R_{\mathrm{cl}}(=0.6\cdots0.7)$；对于负的 R 比率，超过 R_{p}，则可以认为临界值为常数，因为受到上述条件的制约，不会产生裂纹闭合。

例4.1

利用Newman经验函数计算 R 比率 $=0.3$ 的门槛值 $\Delta K_{\mathrm{I,th}}$。

已知： $\Delta K_{\mathrm{th,0}}=10\mathrm{MPa}\cdot\mathrm{m}^{1/2}$，$C_{\mathrm{th}}^{+}=2$，$\alpha=1.9$。

解：

根据 Newman 公式，确定裂纹张开函数的系数 $A_0 \sim A_3$

$$A_0 = (0.825 - 0.34 \cdot \alpha + 0.05 \cdot \alpha^2) \cdot \left[\cos\left(\frac{\pi}{2} \cdot \frac{\sigma_{max}}{\sigma_F}\right)\right]^{1/\alpha}$$

$$= (0.825 - 0.34 \cdot 1.9 + 0.05 \cdot 1.9^2) \cdot \left[\cos\left(\frac{\pi}{2} \cdot 0.3\right)\right]^{1/1.9} = 0.33831$$

$$A_1 = (0.415 - 0.071 \cdot \alpha) \cdot \frac{\sigma_{max}}{\sigma_F} = (0.415 - 0.071 \cdot 1.9) \cdot 0.3 = 0.08403$$

$$A_3 = 2A_0 + A_1 - 1 = -0.23934$$

$$A_2 = 1 - A_0 - A_1 - A_3 = 0.81610$$

根据 Newman 公式裂纹张开函数

$$\gamma = \frac{K_{I,张开}}{K_{I,max}} = \max(R,\ A_0 + A_1 \cdot R + A_2 \cdot R^2 + A_3 \cdot R^3)$$

$$= \max(0.3;\ 0.33831 + 0.08403 \cdot 0.3 + 0.81610 \cdot 0.3^2 - 0.23934 \cdot 0.3^3)$$

$$= 0.43059$$

当 $R = 0.3$ 时，临界值计算如下：

$$\Delta K_{I,th} = \frac{\Delta K_{th,0} \cdot \sqrt{\dfrac{a}{a + a_0}}}{\left[\dfrac{1 - \gamma}{(1 - A_0) \cdot (1 - R)}\right]^{(1 + C_{th} \cdot R)}} = \frac{10\text{MPa} \cdot \text{m}^{1/2} \cdot 1}{\left[\dfrac{1 - 0.43059}{(1 - 0.33831) \cdot (1 - 0.3)}\right]^{(1 + 2 \cdot 0.3)}} = 7.19\text{MPa} \cdot \text{m}^{1/2}$$

4.2.4.2　临界值行为的双准则方法

Döker 的方法[18]以及 Vasudevan 和 Sadananda[19]的方法都认为，除了循环临界值 $\Delta K_{I,th}$ 之外，还要考虑最大应力强度因 $K_{I,max,th}$。因此，Döker 提出了一个图表，图中 $\Delta K_{I,th}$ 位于 $K_{I,max,th}$ 之上，如图 4.13 所示。在这种方法中，只有当以下条件同时满足时，裂纹才能够扩展：

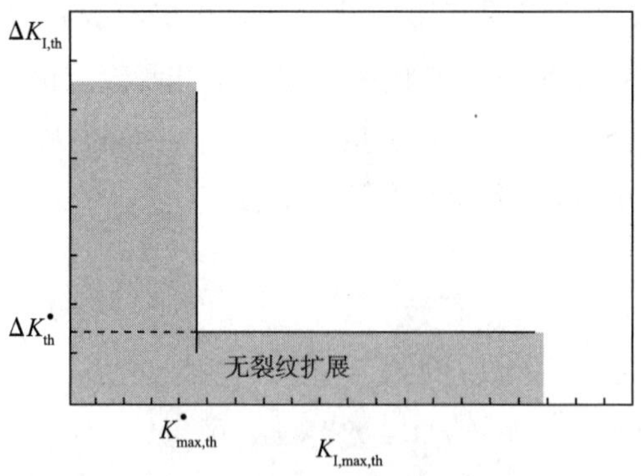

图 4.13　作为 $K_{I,max,th}$ 的函数的临界值示意图

$$\Delta K_{\mathrm{I}} > \Delta K_{\mathrm{th}}^{*} \tag{4.25}$$

和

$$K_{\mathrm{I,max}} > K_{\mathrm{max,th}'}^{*} \tag{4.26}$$

式中，$\Delta K_{\mathrm{th}}^{*}$ 和 $K_{\mathrm{max,th}}^{*}$ 适合作为本质的临界值，去理解诸如弹性模量、微观结构、温度或环境条件的影响。

下面分别描述两个临界值

$$\Delta K_{\mathrm{I,th}} = \Delta K_{\mathrm{th}}^{*} + \alpha \cdot K_{\mathrm{I,max}} \quad (\alpha \leqslant 0) \tag{4.27}$$

和

$$K_{\mathrm{I,max,th}} = K_{\mathrm{max,th}}^{*} + \beta \cdot R \quad (\beta \geqslant 0) \tag{4.28}$$

临界值 $\Delta K_{\mathrm{I,th}}$ 作为四个区域的 R 比率的函数，它的功能描述，如图 4.12(b)所示。对于区域 I(高 R 比率)和区域 IV(R 比率为负)，可利用下式计算：

$$\Delta K_{\mathrm{I,th}} = \frac{1-R}{1-R-\alpha} \cdot \Delta K_{\mathrm{th}}^{*} \tag{4.29}$$

该函数在 $R=1$ 处与 R 轴相交并渐近于 $\Delta K_{\mathrm{th}}^{*}$。

以下公式适用于区域Ⅱ(低 R 比率)：

$$\Delta K_{\mathrm{I,th}} = (\Delta K_{\mathrm{max,th}}^{*} + \beta \cdot R) \cdot (1-R) \tag{4.30}$$

式(4.30)描述了一条抛物线，它也与 R 轴相交于 $R=1$ 处，和 $\Delta K_{\mathrm{I,th}}$ 轴相交 $K_{\mathrm{max,th}}^{*}$ 处。

因此，根据 ASTME 647 标准，如果 R 比率为负，则只考虑正载荷，以下公式适用于区域Ⅲ：

$$\Delta K_{\mathrm{I,th}} = \Delta K_{\mathrm{max,th}}^{*} + \beta \cdot R \tag{4.31}$$

这意味着，对负 R 比率来说，$\Delta K_{\mathrm{I,th}}$ 会随着 R 线性减小，并连接区域 IV 和区域 I 中的曲线[见图 4.12(b)]。

例 4.2

一个构件中呈现三种裂纹模式：边缘裂纹(Crack 1)、$a/c=0.4$ 的表面裂纹(Crack 2)、贯穿裂纹(Crack 3)。该构件在垂直于横截面的方向上加载循环应力为 $\Delta\sigma$，R 比率为 0.1。与构件的尺寸($a_i/d \to 0$)相比，裂纹深度可以认为是非常小的。

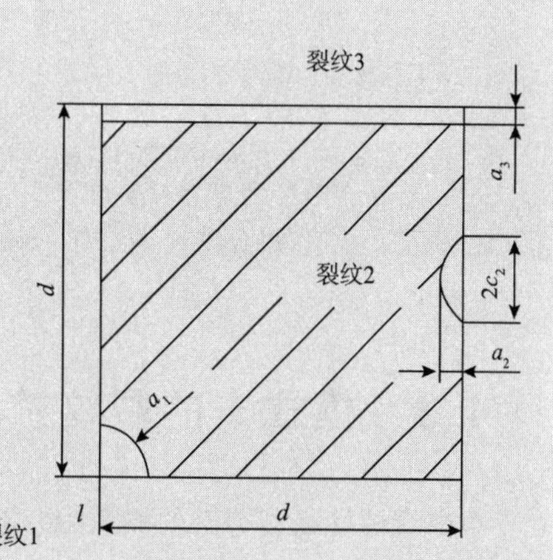

对于每个裂纹情况，确定刚超过疲劳裂纹扩展临界值对应的裂纹尺寸(裂纹深度)，以进行钢铁、铝合金构件的制造。

已知：

$\Delta K_{\mathrm{I,th,steel}}(R=0.1) = 10\mathrm{MPa} \cdot \mathrm{m}^{1/2}$，$\Delta K_{\mathrm{I,th,Al}}(R=0.1) = 3\mathrm{MPa} \cdot \mathrm{m}^{1/2}$，

$\Delta\sigma = 150\mathrm{MPa} = 150\mathrm{N/mm}^2$

解：

(1)钢构件

一般关系采用下式：

$\Delta K_I = \Delta\sigma \cdot \sqrt{\pi \cdot a} \cdot Y_I$

①Crack 1(边缘裂纹)

角裂纹的几何函数认为，裂纹尺寸比构件的尺寸小得多时(见3.4.2.7节)：$Y_{I,1}=0.76$

$\Delta K_{\mathrm{I,th,钢}} = \Delta\sigma \cdot \sqrt{\pi \cdot a_{1,\mathrm{th,钢}}} \cdot Y_{\mathrm{I},1}$

$$\Rightarrow a_{1,\mathrm{th,钢}} = \frac{1}{\pi} \cdot \left(\frac{\Delta K_{\mathrm{I,th,钢}}}{\Delta\sigma \cdot Y_{\mathrm{I},1}}\right)^2 = \frac{1}{\pi} \cdot \left(\frac{10 \cdot \sqrt{1000}\mathrm{N/mm^{3/2}}}{150\mathrm{N/mm^2} \cdot 0.76}\right)^2 = 2.45\mathrm{mm}$$

②Crack 2(表面裂纹)

计算$Y_{I,2}$，利用式(3.27)和图3.13，其中$a/d \approx 0$和$a/c=0.4$，计算得：$Y_{I,2}=0.97$

$$a_{2,\mathrm{th,钢}} = \frac{1}{\pi} \cdot \left(\frac{\Delta K_{\mathrm{I,th,钢}}}{\Delta\sigma \cdot Y_{\mathrm{I},2}}\right)^2 = \frac{1}{\pi} \cdot \left(\frac{10 \cdot \sqrt{1000}\mathrm{N/mm^{3/2}}}{150\mathrm{N/mm^2} \cdot 0.97}\right)^2 = 1.50\mathrm{mm}$$

③Crack 3(贯穿裂纹)

$Y_{\mathrm{I},3}=1.12$[见3.4.2.4节或者式(3.27)和图3.13]

$$a_{3,\mathrm{th,钢}} = \frac{1}{\pi} \cdot \left(\frac{\Delta K_{\mathrm{I,th,钢}}}{\Delta\sigma \cdot Y_{\mathrm{I},3}}\right)^2 = \frac{1}{\pi} \cdot \left(\frac{10 \cdot \sqrt{1000}\mathrm{N/mm^{3/2}}}{150\mathrm{N/mm^2} \cdot 1.12}\right)^2 = 1.13\mathrm{mm}$$

(2)铝合金构件

①Crack 1(边缘裂纹)

$$a_{1,\mathrm{th,铝}} = \frac{1}{\pi} \cdot \left(\frac{\Delta K_{\mathrm{I,th,铝}}}{\Delta\sigma \cdot Y_{\mathrm{I},1}}\right)^2 = \frac{1}{\pi} \cdot \left(\frac{3 \cdot \sqrt{1000}\mathrm{N/mm^{3/2}}}{150\mathrm{N/mm^2} \cdot 0.76}\right)^2 = 0.22\mathrm{mm}$$

②Crack 2(表面裂纹)

$$a_{2,\mathrm{th,铝}} = \frac{1}{\pi} \cdot \left(\frac{\Delta K_{\mathrm{I,th,铝}}}{\Delta\sigma \cdot Y_{\mathrm{I},2}}\right)^2 = \frac{1}{\pi} \cdot \left(\frac{3 \cdot \sqrt{1000}\mathrm{N/mm^{3/2}}}{150\mathrm{N/mm^2} \cdot 0.97}\right)^2 = 0.14\mathrm{mm}$$

③Crack 3(贯穿裂纹)

$$a_{3,\mathrm{th,铝}} = \frac{1}{\pi} \cdot \left(\frac{\Delta K_{\mathrm{I,th,铝}}}{\Delta\sigma \cdot Y_{\mathrm{I},3}}\right)^2 = \frac{1}{\pi} \cdot \left(\frac{3 \cdot \sqrt{1000}\mathrm{N/mm^{3/2}}}{150\mathrm{N/mm^2} \cdot 1.12}\right)^2 = 0.10\mathrm{mm}$$

注意：对于铝合金来说，0.1mm深的表面划痕足以引发疲劳裂纹扩展。

4.3 模式Ⅰ的裂纹扩展概念

根据线弹性断裂力学的概念(裂纹远大于塑性区的裂纹)，在循环模式Ⅰ载荷下，可能发生疲劳裂纹扩展的条件：

$$\Delta K_{\mathrm{I,th}} < \Delta K_{\mathrm{I}} < \Delta K_{\mathrm{IC}} \tag{4.32}$$

并根据双准则方法(见4.2.4.2节)：

$$K_{\mathrm{I,max}} > K^{*}_{\mathrm{max,th}} \cdot \quad (4.33)$$

也就是说，如果循环应力强度 ΔK_{I}（见 4.1.2）大于疲劳裂纹扩展临界值 $\Delta K_{\mathrm{I,th}}$（见 4.2.4 节），并且 $K_{\mathrm{I,max}}$ 也大于固有临界值 $K^{*}_{\mathrm{max,th}}$，疲劳裂纹将扩展；如果最大应力强度因子 $K_{\mathrm{I,max}}$ 达到断裂韧度 K_{IC} 或者循环应力强度因子 ΔK 达到临界循环应力强度因子 $\Delta K_{\mathrm{IC}} = (1-R) \cdot K_{\mathrm{IC}}$，疲劳裂纹扩展将会失稳。

如果模式 I 裂纹在裂纹扩展过程中仍然存在，则裂纹沿原始方向延伸，即直接向前扩展[见图 3.23(a)]。

为了对剩余寿命进行数值评估，通常有必要以 $\mathrm{d}a/\mathrm{d}N = f(\Delta K, R)$ 的形式来描述裂纹扩展曲线。至今，已经有很多模式 I 的裂纹扩展概念产生。

4.3.1　Paris 法则

Paris 法则是最早产生的裂纹扩展概念之一，它描述了裂纹扩展曲线的中间区域 2（见图 4.6）[20]。它指出：

$$\frac{\mathrm{d}a}{\mathrm{d}N} = C_{\mathrm{P}} \cdot \Delta K_{\mathrm{I}}^{m_{\mathrm{P}}} \quad (4.34)$$

式中，系数 C_{P} 和指数 m_{p} 都是材料相关量；因子 C_{P} 受 R 比率的影响。

由于该法不能描述临界值范围，它只适用于把剩余寿命预测到有限的范围内，因此它通常对剩余寿命的估计过于保守。

4.3.2　Erdogan / Ratwani 法则

与 Paris 法则不同，Erdogan / Ratwani[21] 的方法同时考虑了疲劳裂纹扩展的临界值和断裂韧性 K_{IC}，即描述了整个裂纹扩展曲线的路径。Erdogan / Ratwani 法则指出：

$$\frac{\mathrm{d}a}{\mathrm{d}N} = \frac{C_{\mathrm{E}} \cdot (\Delta K_{\mathrm{I}} - \Delta K_{\mathrm{I,th}})^{m_{\mathrm{E}}}}{(1-R) \cdot K_{\mathrm{IC}} - \Delta K_{\mathrm{I}}}, \quad (4.35)$$

式中，C_{E} 和 m_{E} 与材料有关。

这种方法是描绘了成组的曲线，它们都是 R 比率的函数。也就是说，如果调整参数，也可以计算没有实验数据的 R 比率的裂纹扩展曲线。

4.3.3　Forman/Mettu 方程

另一种方法则考虑把整个裂纹扩展曲线作为 R 比率的函数，是由 Forman、Newman 和 De Koning 研究，并由 Forman 和 Mettu 首先公布的裂纹扩展曲线 R 比率函数，被称为“NASGRO 方程”：

$$\frac{\mathrm{d}a}{\mathrm{d}N} = C_{\mathrm{FM}} \cdot \left[\left(\frac{1-\gamma}{1-R}\right) \cdot \Delta K_{\mathrm{I}}\right]^{n} \cdot \frac{\left(1 - \frac{\Delta K_{\mathrm{I,th}}}{\Delta K_{\mathrm{I}}}\right)^{\mathrm{p}}}{\left(1 - \frac{\Delta K_{\mathrm{I,max}}}{\Delta K_{\mathrm{IC}}}\right)^{\mathrm{q}}} \quad (4.36)$$

与 Erdogan / Ratwani 提出的裂纹扩展方程相比，根据式(4.22)，这个函数还采用裂纹张开函数 γ 来考虑裂纹闭合。Forman / Mettu 方程的参数 C_{FM}、$n = n_{FM}$、p 以及 q 均是与材料相关的量，都必须通过实验数据来进行调整。

图 4.14 显示了这些参数对裂纹扩展曲线的影响。C_{FM}因子和 n_{FM}指数描述 $da/dN - \Delta K$ 曲线的 2 区即 Paris 线性区。随着 C_{FM}数值的不断提高，曲线切换到更大裂纹扩展速率区，同时 n_{FM}表示线性区的斜率。

指数 p 和 q 均为常数，通过调整它们分别可以实现曲线从 1 区过渡到 2 区以及从 2 区过渡到 3 区。

临界值 $\Delta K_{I,th}$可利用式(4.24)进行计算。除了考虑 R 比率的影响之外，Newman 还考虑了塑性诱导的裂纹闭合。随着临界值的增加，裂纹扩展曲线的 1 区会向右移动。

材料参数 K_{IC}表征了材料的断裂韧度，因此会影响到 3 区。

4.3.4 裂纹扩展方程的比较

图 4.14 对不同的裂纹扩展方程进行了比较，每一个方程都已调整到实验数据。在 Paris 区没有明显的差异。然而，从 1 区到 2 区的过渡处局部存在实质性差异，这会对剩余寿命产生影响，从 2 区到 3 区也显示了同样的差异(有关不同区域的更多信息，请参见图 4.6)。

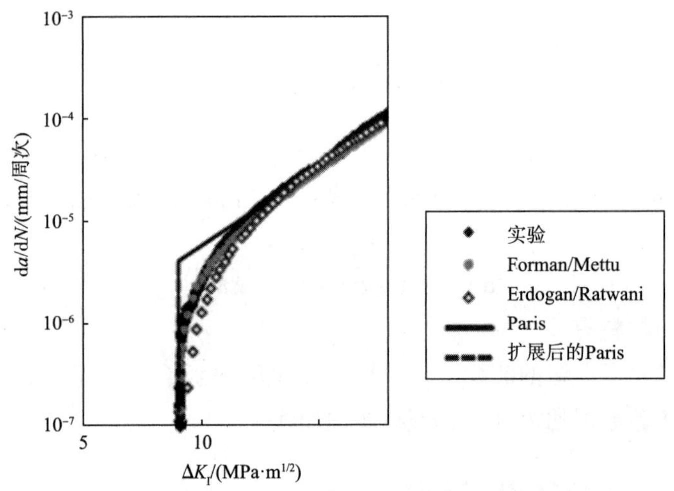

图 4.14 比较实验数据调整之后的钢的裂纹扩展方程

特别是在 Paris 方程中，定义只描述了 $da/dN - \Delta K$ 曲线的 2 区，临界值通常独立应用于裂纹扩展速率，直到与 Paris 线相交。

该过程与 3 区相似，只是 3 区使用断裂韧性来代替了临界值而已。

但是，Erdogan / Ratwani 的方法得到的结果也与实验数据有偏差，因为函数和参数是固定的，所以仅仅调节临界值不可能改变 1 区到 2 区的过渡。类似地，仅仅调节断裂韧性也不能改变 2 区到 3 区的过渡。

为了对构件剩余寿命做出更接近实际的预测，调整裂纹扩展曲线是必不可少的。曲线的小偏差，特别是在近临界区的小偏差，会导致显著不同的剩余寿命估计值。因此，经常使用的 Paris 公式并不推荐用于估算构件剩余寿命，归因于 Paris 公式不适合于临界区，与实验值偏差较大。

图 4.15 对剩余寿命值进行了示例性的比较，寿命值获取采用的是数值积分法(见 4.3.5 节)：一条曲线是数值积分于广义的 Paris 方程，另一曲线则是数值积分于 Forman 和 Mettu 方程。试样为一个具有 0.9mm 深度初始裂纹的钢轴，对其施加弯曲应力，选择正好超过临界值的初始裂纹载荷。在这种条件下，Paris 方程导致对剩余寿命的估计过于保守。相比之下，对于这种情况，使用 Forman / Mettu 方程获得的剩余寿命值约为 Paris 方程估计的剩余寿命值的两倍。这将对设定检查间隔产生决定性影响(见 4.5.5 节)。

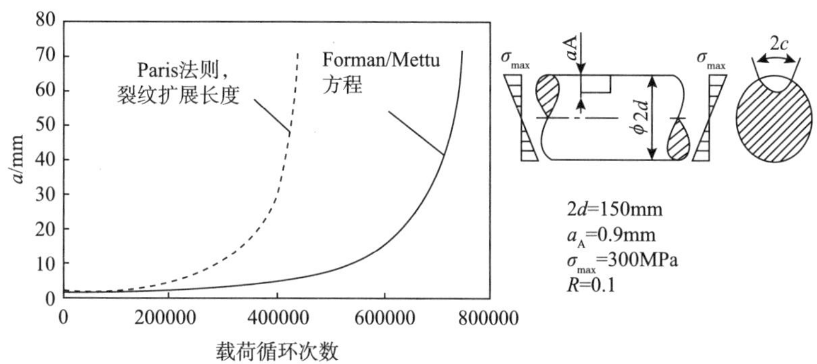

图 4.15 根据 Paris 方程和 Forman / Mettu 方程确定具有表面裂纹的钢轴在弯曲应力下的剩余寿命

4.3.5 确定剩余寿命

从初始裂纹长度 a_A 开始，直到断裂的剩余寿命 N_F，可以通过积分裂纹扩展方程得到。

基于裂纹扩展曲线方程：

$$\frac{\mathrm{d}a}{\mathrm{d}N}=f(\Delta K_{\mathrm{I}},\ R)$$

通过变形获得：

$$\mathrm{d}N=\frac{\mathrm{d}a}{f(\Delta K_{\mathrm{I}},\ R)}$$

从初始裂纹长度 a_A 到裂纹长度 a_C 进行积分，在 a_c 对应的点处，裂纹扩展会失稳，最终导致断裂发生。剩余寿命 N_f：

$$N_f=\int_{a_A}^{a_C}\frac{\mathrm{d}a}{f(\Delta K_{\mathrm{I}},R)} \tag{4.37}$$

在 $\Delta\sigma$ 和 Y 不变的情况下，Paris 方程被积分如下($m_p \neq 2$)：

$$N_f = \frac{1}{\left(\frac{m_P}{2}-1\right)\cdot C_P \cdot \left(\Delta\sigma \cdot \sqrt{\pi}\cdot Y\right)^{m_P}} \cdot \left(\frac{1}{a_A^{m_P/2-1}} - \frac{1}{a_C^{m_P/2-1}}\right) \tag{4.38}$$

对于 $m_p = 2$ 的特殊情况，剩余寿命为

$$N_f = \frac{1}{C_P \cdot \left(\Delta\sigma \cdot \sqrt{\pi}\cdot Y\right)^2} \cdot \ln\frac{a_C}{a_A} \tag{4.39}$$

可以通过定义来检验裂纹长度 $a_{检验} < a_B$，类似地找到检验间隔对应的载荷循环次数 N_i。

例 4.3

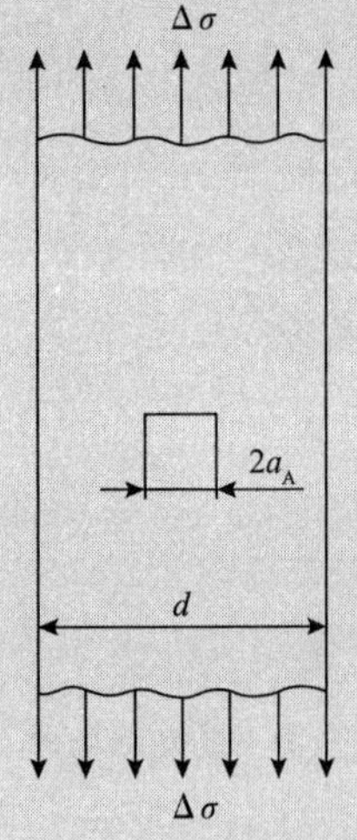

在如图所示的构件背面，经过一定的循环加载后，使用无损检测技术发现一个长度为 $2a_A = 2\text{mm}$ 的裂纹。

确定以下数值：

(a)疲劳裂纹扩展开始的裂纹长度。

(b)不稳定裂纹扩展开始的临界裂纹长度。

(c)使用 Paris 法则计算构件的剩余寿命。

(d)使用无损检测技术在已经可以检测到初始裂纹长度 $2a_A = 1\text{mm}$ 的情况下估计剩余寿命。

注意：为简单起见，假设几何因子在裂纹扩展过程中保持恒定。

已知：

$d = 100\text{mm}$，$C_P = 4.5\times10^{-11}$，$m_p = 2.2$（da/dN 单位 mm/周次；ΔK_i 单位 $N/mm^{3/2}$），

$\Delta\sigma = 300\text{MPa}$，$R = 0.1$，$\Delta K_{I,th} = 350N/mm^{3/2}$，$K_{IC} = 3900N/mm^{3/2}$。

解：

(a)疲劳裂纹开始扩展对应的裂纹长度 a_{th}：

$\Delta K_{th} = \Delta\sigma \cdot \sqrt{\pi \cdot a_{th}} \cdot Y$，其中 $Y_I = 1.0$（见 3.4.2.3 节）

$$\Rightarrow a_{th} = \frac{1}{\pi}\cdot\left(\frac{\Delta K_{th}}{\Delta\sigma \cdot Y_I}\right)^2 = \frac{1}{\pi}\cdot\left(\frac{350N/mm^{3/2}}{300N/mm^2 \cdot 1.0}\right)^2 = 0.43\text{mm}$$

(b)临界裂纹长度 a_C，对应裂纹扩展失稳点：

$K_{IC} = \sigma_{max} \cdot \sqrt{\pi \cdot a_C} \cdot Y_I$

$$\Rightarrow a_C = \frac{1}{\pi}\cdot\left(\frac{K_{IC}}{\sigma_{max}\cdot Y_I}\right)^2 = \frac{1}{\pi}\cdot\left(\frac{3900N/mm^{3/2}}{\frac{300N/mm^2}{1-0.1}\cdot 1.0}\right)^2 = 43.57\text{mm}$$

(c)$a_A = 1\text{mm}$ 初始裂纹的剩余寿命 N_f：

$$N_f = \frac{1}{\left(\frac{m_p}{2}-1\right)\cdot C_p \cdot \left(\Delta\sigma \cdot \sqrt{\pi}\cdot Y_I\right)^{m_p}} \cdot \left(\frac{1}{a_A^{\frac{m_p}{2}-1}} - \frac{1}{a_C^{\frac{m_p}{2}-1}}\right)$$

$$N_f = \frac{1}{\left(\frac{2.2}{2}-1\right)\cdot 4.5\cdot 10^{-11}\cdot\left(300\,\frac{\text{N}}{\text{mm}^2}\cdot\sqrt{\pi}\cdot 1.0\right)^{2.2}}\cdot\left(\frac{1}{(1\text{mm})^{\frac{2.2}{2}-1}}-\frac{1}{(43.6\text{mm})^{\frac{2.2}{2}-1}}\right)$$

$=70433$ 周次

(d) $a_A = 0.5\text{mm}$ 初始裂纹的剩余寿命 N_f：

$$N_f = \frac{1}{\left(\frac{m_p}{2}-1\right)\cdot C_p\cdot\left(\Delta\sigma\cdot\sqrt{\pi}\cdot Y_1\right)^{m_p}}\cdot\left(\frac{1}{a_A^{\frac{m_p}{2}-1}}-\frac{1}{a_C^{\frac{m_p}{2}-1}}\right)$$

$$N_f = \frac{1}{\left(\frac{2.2}{2}-1\right)\cdot 4.5\cdot 10^{-11}\cdot\left(300\,\frac{\text{N}}{\text{mm}^2}\cdot\sqrt{\pi}\cdot 1.0\right)^{2.2}}\cdot\left(\frac{1}{(0.5\text{mm})^{\frac{2.2}{2}-1}}-\frac{1}{(43.6\text{mm})^{\frac{2.2}{2}-1}}\right)$$

$=86511$ 周次

在实践中，由于裂纹扩展，几何函数恒定性的假设和循环载荷 $\Delta\sigma$ 恒定性的假设不再适用，所以裂纹扩展方程在整个裂纹扩展路径上不再可积分。

在这种情况下，应用数值积分，如图 4.16 所示。裂纹长度上的面积 $a_A \sim a_C$ 被细分为几个区间 Δa_t，并且对于每一个区间，在区间的平均裂纹长度上的裂纹扩展速率用裂纹扩展方程计算，并与其他部分剩余寿命相加[2]：

$$N_f = \sum N_t = \sum \frac{\Delta a_t}{(\mathrm{d}a/\mathrm{d}N)_t} \tag{4.40}$$

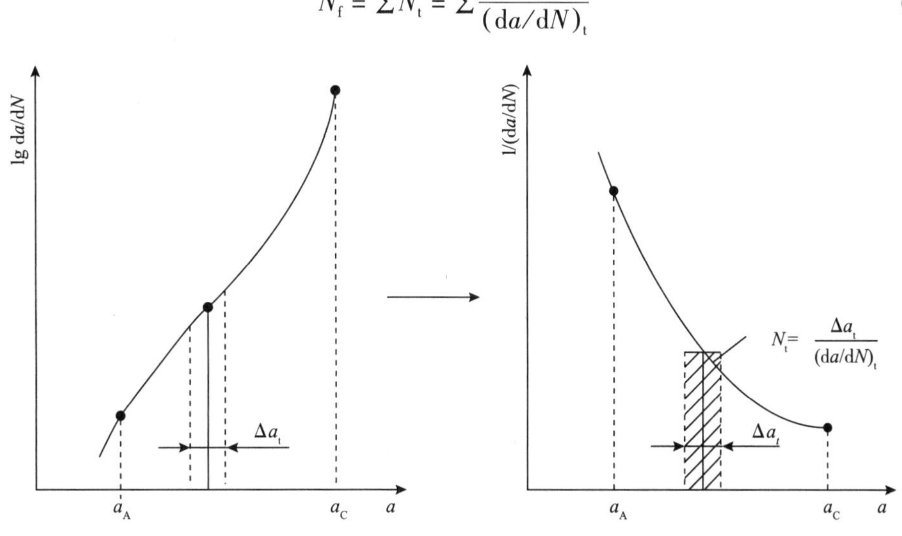

图 4.16　使用数值积分确定剩余寿命[4]

4.4 在模式Ⅱ、模式Ⅲ和混合模式载荷下的裂纹扩展

如果对已有裂纹的构件进行循环模式Ⅱ、模式Ⅲ或混合模式的加载，则裂纹扩展方向会发生改变，见图3.23(b)～图3.23(d)。

模式Ⅱ、模式Ⅲ和混合模式的载荷量，会随着裂纹方向的变化而变化。这意味着模式Ⅰ载荷量增加，模式Ⅱ和Ⅲ载荷量减少。如果在裂纹扩展过程中载荷没有任何变化，那么在距离初始裂纹一定距离内，裂纹将主要甚至完全受到模式Ⅰ加载。在扩展裂纹的加载情况下，可以使用循环等效应力强度因子 ΔK_V 来描述，见4.1.1节和4.1.9节。ΔK_V 随裂纹长度和裂纹处当前的 $\Delta K_Ⅰ$、$\Delta K_Ⅱ$ 和 $\Delta K_Ⅲ$ 的量发生改变。

4.4.1 初始裂纹在模式Ⅱ载荷下的裂纹扩展

经受纯模式Ⅱ加载的裂纹在循环应力强度因子 $\Delta K_Ⅱ$（见4.1.6节）超过临界值 $\Delta K_{Ⅱ,th}$ 时会扩展：

$$\Delta K_Ⅱ > \Delta K_{Ⅱ,th} \tag{4.41}$$

由于 $\Delta K_{Ⅱ,th}$ 的值一般是未知且难以计算的，此时可以通过下式来粗略评估疲劳裂纹扩展的风险：

$$\Delta K_{Ⅱ,th} = 0.87\Delta K_{Ⅰ,th} \tag{4.42}$$

这个关系存在的前提是式(4.47)中的混合模式假说。

在裂纹扩展期间，如图4.17所示，加载条件会如上所述发生变化。裂纹扩展可以用式(4.15)中的循环等效应力强度因子 ΔK_V 来描述。在以下条件下，疲劳裂纹扩展会失稳：

$$\Delta K_V = \Delta K_{IC} \tag{4.43}$$

或

$$K_{V,max} = K_{IC} \tag{4.44}$$

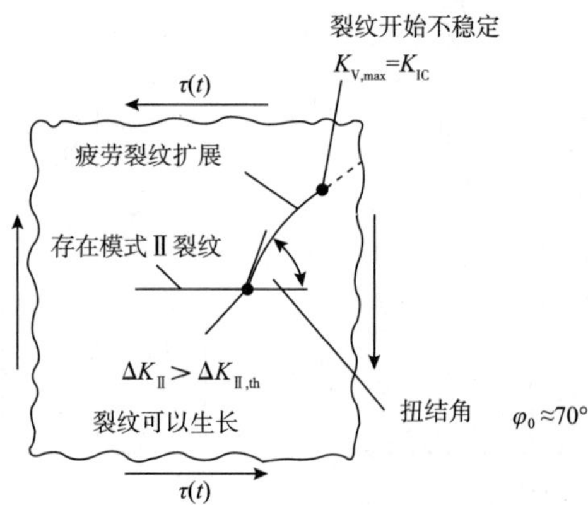

图4.17 初始裂纹在模式Ⅱ载荷下的疲劳裂纹扩展

精确描述疲劳裂纹扩展一般需要确定 $\Delta K_Ⅰ$ 和 $\Delta K_Ⅱ$ 的增量以及正在扩展裂纹 ΔK_V 值的

增量。可以使用数值法确定，例如有限元法(见第 7 章)。另外，Paris 方程、Erdogan / Ratwani 定律或 Forman – Mettu 定律(见4.3 节)可被用作裂纹扩展定律。为了简化运算，应将式(4.15)中 ΔK_V 替换为 ΔK_I[5,22]。

4.4.2　初始裂纹在模式Ⅲ载荷下的裂纹扩展

如果循环应力强度因子 ΔK_{III}(见4.1.7 节)超过临界值 $\Delta K_{III,th}$，那么在纯模式Ⅲ加载下的裂纹能够生长：

$$\Delta K_{III} > \Delta K_{III,th} \tag{4.45}$$

根据第4.4.4 节中的假设，即根据式(4.48)，在没有实验数据的情况下可以对纯模式Ⅲ进行如下计算：

$$\Delta K_{III,th} = \Delta K_{I,th} \tag{4.46}$$

对于模式Ⅲ，裂纹的扩展相对复杂[见图 3.23(c)]，可以通过实验研究(见文献[23]中的例子)或使用有限元方法进行模拟(见第 7 章)。

4.4.3　二维混合模式载荷下的裂纹扩展

如果具有裂纹的构件受到二维混合模式加载，裂纹能够扩展的条件是，循环等效应力强度因子 ΔK_V(见 4.1.8 节)超过临界值 $\Delta K_{I,th}$[5,24]，则循环等效应力强度因子 ΔK_V 可由 ΔK_I 和 ΔK_{II} 确定。

计算方法如下所示：

$$\Delta K_V = \frac{\Delta K_I}{2} + \frac{1}{2}\sqrt{\Delta K_I^2 + 5.336\Delta K_{II}^2} > \Delta K_{I,th} \tag{4.47}$$

如果裂纹扩展，它将以角度 φ_0 扭曲，如图 4.18 所示。这个扭结角度可以用静态裂纹情况下的式(3.80)来近似表达。随着裂纹扩展，裂纹处加载条件也发生变化。随着裂纹扩展增加，模式Ⅱ的载荷量变小，ΔK_I 和 ΔK_V 都增加[25,26]。当等效应力强度因子 $\Delta K_{V,max}$ 达到断裂韧性 K_{IC} 时[见式(3.77)]，裂纹会失稳。

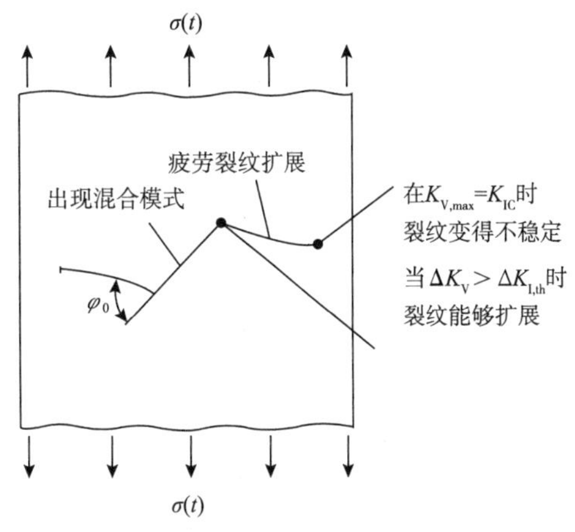

图 4.18　初始裂纹的二维混合模式载荷下的疲劳裂纹扩展

为了描述疲劳裂纹扩展，可以再次使用4.3 节中描述的裂纹扩展概念，其中 ΔK_I 应该用 ΔK_V 代替。由于 ΔK_I、ΔK_{II} 和 ΔK_V 在裂纹扩展过程中发生变化，对裂纹扩展的增量进行模拟是可行的，例如使用有限元法(见第 7 章)。

4.4.4 三维混合模式载荷下的裂纹扩展

在三维混合模式加载下，如果由 ΔK_{I}、ΔK_{II} 和 ΔK_{III} 确定的 ΔK_{V} 达到或超过临界值 $\Delta K_{\mathrm{I,th}}$[5]，则裂纹会扩展，见 4.1.9 节：

$$\Delta K_{\mathrm{V}} = \frac{\Delta K_{\mathrm{I}}}{2} + \frac{1}{2}\sqrt{\Delta K_{\mathrm{I}}^2 + 5.336\Delta K_{\mathrm{II}}^2 + 4K_{\mathrm{III}}^2} > \Delta K_{\mathrm{I,th}} \tag{4.48}$$

裂纹在扩展过程中会发生弯曲并伴随扭转，如图 3.23(d)所示。随着裂纹扩展的变化，裂纹的加载条件也发生变化。模式Ⅱ和模式Ⅲ的载荷量变小，而 ΔK_{I} 和 ΔK_{V} 都增加。

当最大等效应力强度因子 $K_{\mathrm{V,max}}$ 达到断裂韧性 K_{IC} 时[见式(3.81)及相关文献[5,22,27,28]]，裂纹扩展失稳。

为了描述疲劳裂纹扩展，可以利用 4.3 节中描述的裂纹扩展概念，其中 ΔK_{I} 由式(4.17)计算的 ΔK_{V} 代替[5]。例如，可以使用有限元法模拟裂纹扩展(见第 7 章)。

三维混合模式加载下的疲劳裂纹扩展极限可用 $K_{\mathrm{I}}-K_{\mathrm{II}}-K_{\mathrm{III}}$ 图阐述清楚，如图 4.19 所示。

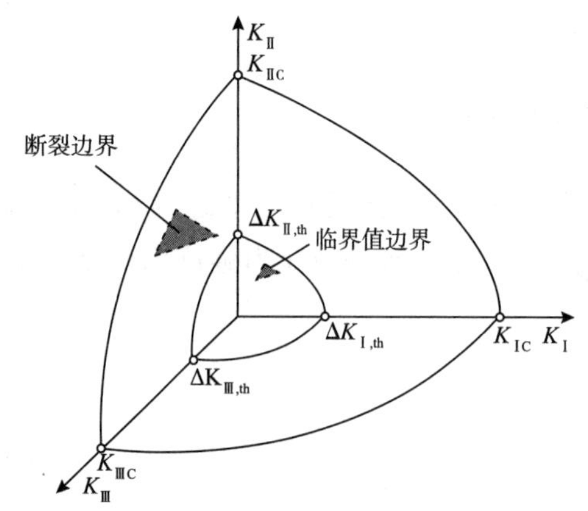

图 4.19 三维混合加载模式下疲劳裂纹扩展的界限

临界值边界：描述疲劳裂纹扩展的临界值

断裂边界：描述疲劳裂纹扩展失稳的开始

K_{I} 轴表示纯模式Ⅰ加载。用 $\Delta K_{\mathrm{I,th}}$ 和 K_{IC} 表示疲劳裂纹扩展极限。K_{II} 轴表示纯模式Ⅱ加载，用 $\Delta K_{\mathrm{II,th}}$ 和 K_{IIC} 表示疲劳裂纹扩展极限。在模式Ⅲ加载下，$\Delta K_{\mathrm{III,th}}$ 和 K_{IIIC} 之间可能发生疲劳裂纹扩展。

如果裂纹受到三维混合模式加载，如果以 ΔK_{I}、ΔK_{II}、ΔK_{III} 或 ΔK_{V} 为特征的裂纹载荷大于临界值边界或 $\Delta K_{\mathrm{V}} > \Delta K_{\mathrm{I,th}}$，则会发生疲劳裂纹扩展。当裂纹承载达到断裂边界，裂纹扩展会失稳。如果 $K_{\mathrm{V,max}} = \Delta K_{\mathrm{IC}}$，则根据 3.8.2.4 节中的断裂准则进行判断。

4.5 评估疲劳裂纹扩展的程序

利用 4.1 ~ 4.4 节所示的方法，可以对疲劳裂纹扩展进行断裂力学评估，如图 4.20 所示。断裂 - 力学概念总是从具有裂纹的构件(技术裂纹)开始研究的。技术裂纹的长度一般与用无损检测检测到的缺陷尺寸相对应。第 8 章描述了异常短裂纹扩展。

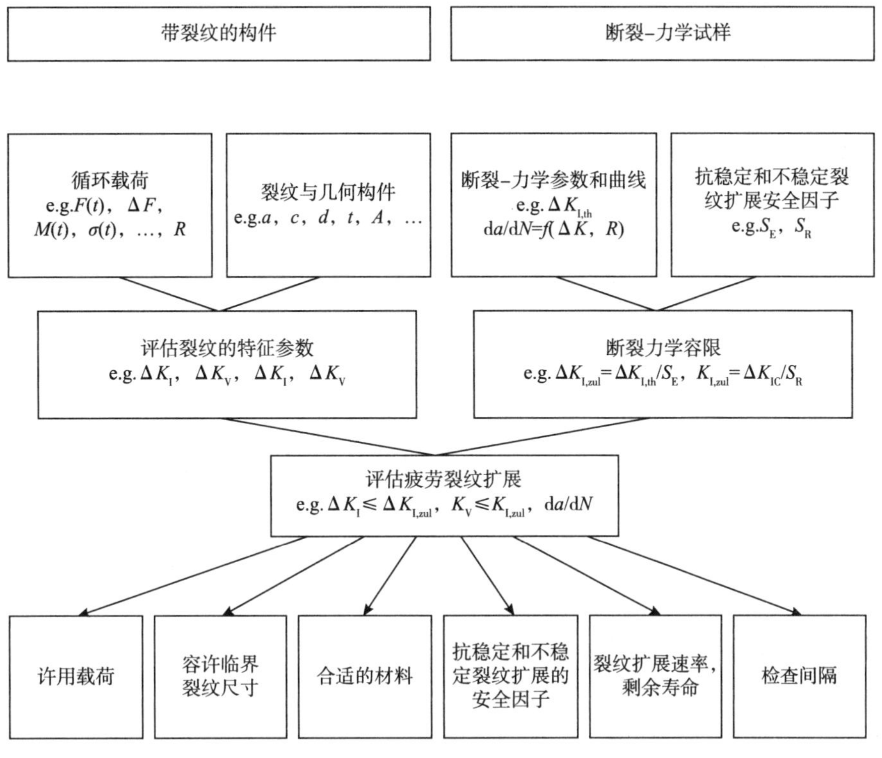

图 4.20 评估疲劳裂纹扩展的流程

4.5.1 疲劳裂纹扩展的断裂力学评估

用于评估裂纹的特征参数包括时变或循环构件载荷、裂纹或构件的几何尺寸。因为疲劳裂纹扩展过程中形变较小，即裂纹没有太多塑形变化，因此可以用线弹性断裂力学概念。获得的特征断裂 - 力学参数包括循环应力强度因子 ΔK_{I} 或循环等效应力强度因子 ΔK_{V}，以及应力强度因子 K_{I}或等效应力强度因子 K_{V}。另外，可使用特殊的断裂力学测试样本来确定断裂力学材料参数或材料曲线(见第 5 章)。在疲劳裂纹扩展的情况下，临界值 $\Delta K_{\mathrm{I,th}}$、断裂韧度 K_{IC}都是有效的。可以用裂纹扩展曲线 $\mathrm{d}a/\mathrm{d}N = \mathrm{f}(\Delta K, R)$定义一种材料曲线。例如，利用稳定裂纹扩展的安全系数 S_{E}和不稳定裂纹扩展的安全系数 S_{R}，获得了许用载荷下的断裂力学极限 $\Delta K_{\mathrm{I,zul}}$和 $K_{\mathrm{I,zul}}$。

通过评估疲劳裂纹扩展，可以找到构件可允许承受的载荷和允许的临界裂纹尺寸，能够选择对疲劳裂纹扩展较不敏感的材料，并找到稳定裂纹扩展的安全系数和不稳定的裂纹扩展的安全系数，如图 4.21 所示。此外，可以用裂纹载荷和裂纹扩展曲线确定裂纹扩展速率和剩余寿命。计算出的剩余寿命与裂纹长度和载荷循环曲线($a-N$ 曲线)相结合，可以定义检测间隔。

4.5.2 确定疲劳裂纹扩展可能的裂纹长度

如果循环应力强度因子达到临界值 $\Delta K_{\mathrm{I,th}}$，那么在构件和结构中的疲劳裂纹可能会扩展。

对于纯模式Ⅰ加载，使用式(4.8)，获得以下公式：

$$\Delta K_{\mathrm{I}} = \Delta\sigma \cdot \sqrt{\pi \cdot a} \cdot Y_{\mathrm{I}} = \Delta K_{\mathrm{I,th}} \tag{4.49}$$

对于某一裂纹长度 a，则会有对应门槛应力：

$$\Delta\sigma_{\mathrm{th}} = \frac{\Delta K_{\mathrm{I,th}}}{\sqrt{\pi \cdot a} \cdot Y_{\mathrm{I}}} \tag{4.50}$$

根据式(3.89)中的构件应力 $\Delta\sigma$，则可获得对应的临界裂纹长度

$$a_{\mathrm{th}} = \frac{\Delta K_{\mathrm{I,th}}^2}{\pi \cdot \Delta\sigma^2 \cdot Y_{\mathrm{I}}^2} \tag{4.51}$$

根据断裂力学准则以及式(4.51)，可计算何时疲劳裂纹开始扩展。

式(4.47)、式(4.48)和式(4.49)中描述的关系能够通过曲线图来阐述清楚，如图4.21所示。

对于某一裂纹长度 a，在图4.21(a)中可以发现临界应力 $\Delta\sigma_{\mathrm{th}}$，对应疲劳裂纹开始扩展。

小的裂纹长度允许构件承受较高的循环应力分量。但是，如果裂纹长度较大，疲劳裂纹扩展在较低水平的循环应力分量下即可开始。

如果已知循环分量应力 $\Delta\sigma$，则可以找到相应的裂纹长度 a，疲劳裂纹于此处开始扩展，如图4.21(a)所示。裂纹长度 a_{th} 对于规划检查和确定裂纹长度检查方法尤其重要。

如图4.21(b)所示，裂纹长度 a_{th} 以特定的方式依赖于临界值 $\Delta K_{\mathrm{I,th}}$。因此临界值 $\Delta K_{\mathrm{I,th}}$ 在技术实践中特别重要。第5.3节提供了各种金属的临界值。

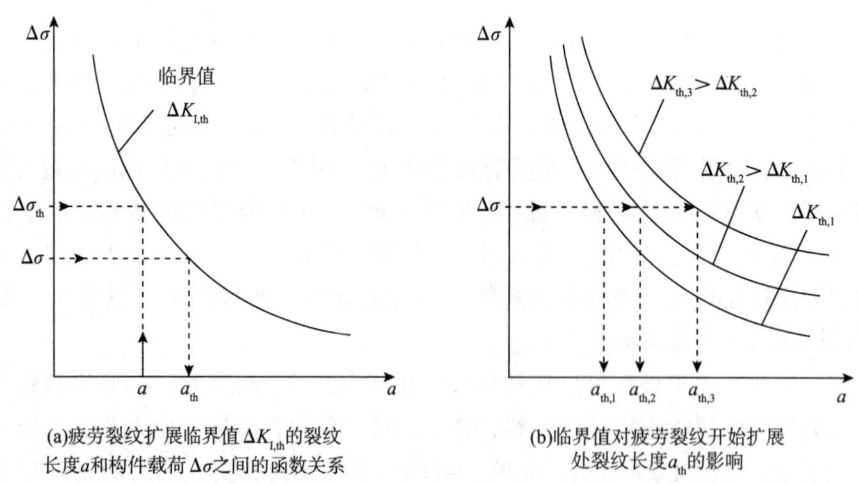

(a)疲劳裂纹扩展临界值 $\Delta K_{\mathrm{I,th}}$ 的裂纹长度 a 和构件载荷 $\Delta\sigma$ 之间的函数关系

(b)临界值对疲劳裂纹开始扩展处裂纹长度 a_{th} 的影响

图4.21 构件载荷与疲劳裂纹开始扩展之处对应的裂纹长度之间的关系

4.5.3 安全预防疲劳裂纹扩展的发生

为了防止疲劳裂纹扩展，载荷必须满足下式

$$\Delta K_{\mathrm{I}} \leqslant \Delta K_{\mathrm{I,zul}} \tag{4.52}$$

或

$$\Delta K_{\mathrm{I}} \leqslant \frac{\Delta K_{\mathrm{I,th}}}{S_{\mathrm{E}}} \tag{4.53}$$

因此，可以使用公式(4.53)获得抗疲劳裂纹扩展的安全系数 S_{E}：

$$S_{\mathrm{E}} = \frac{\Delta K_{\mathrm{I,th}}}{\Delta K_{\mathrm{I}}} \tag{4.54}$$

4.5.4 疲劳裂纹扩展区域

如果循环应力强度因子大于抗疲劳裂纹扩展的临界值并小于所用材料的断裂韧性，疲劳裂纹是有可能扩展的。

在纯模式Ⅰ加载下，这可以用式(4.32)、式(4.33)来描述。在 $\Delta\sigma - a$ 图中可以直观地描绘裂纹扩展区域与式(4.8)中的循环应力强度因子 K_{I} 的比较结果，如图4.22所示。

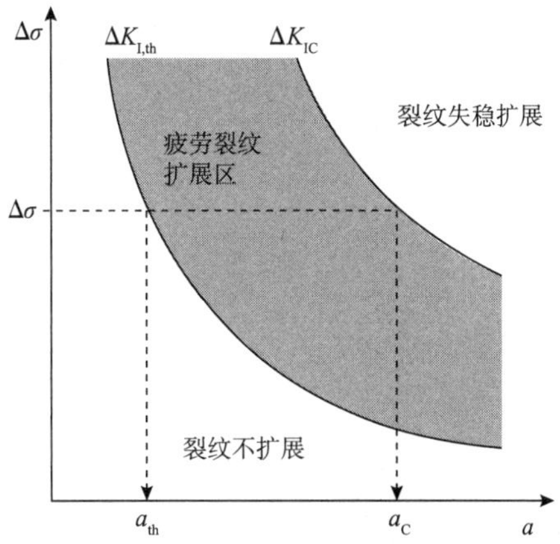

图4.22 对应于某一循环应力 $\Delta\sigma$，具有裂纹长度 a_{th} 和 a_{c} 的疲劳裂纹扩展区

4.5.5 确定检查间隔

确定检查间隔只有依赖断裂－力学方法，这些方法根据可检测到的缺陷确定剩余寿命。可检测到的缺陷尺寸及检查间隔基本上取决于无损检测方式(见2.10节)。

从可靠的可检测缺陷尺寸开始，直到确定构件失效的剩余寿命，如图4.23所示。从裂纹扩展失稳点减去安全距离所得到的剩余寿命代表着检查周期。检查间隔就是在这个阶段内定义出来的，因此间隔可以等距，也可以不等距。但是必须确保，即使一个缺陷被漏检，下次检查中务必发现缺陷。出于这个原因，Vasudevan 等人[29]还假设，最小的裂纹长度不是通过无损检测方法检测到的最小缺陷尺寸，而是在检查期间漏检的最大缺陷尺寸。

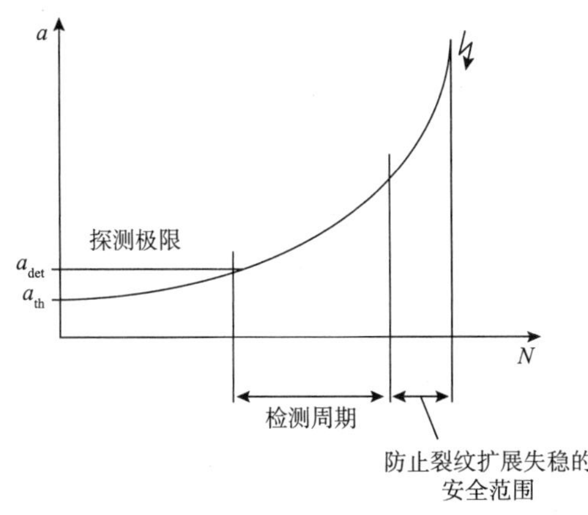

图4.23 使用裂纹长度－载荷循环曲线确定检查间隔

如图4.23所示，减少可检测到的缺陷尺寸(检测到更小的缺陷)，可以在相同的安全水平下显著延长成本密集型检查间隔。

航空业采取不同的检测方法。遵循“等效初始缺陷尺寸”概念，$a - N$ 曲线从可检测缺陷位置，在缺陷发生时使用断裂－力学方法外推至初始缺陷尺寸，由此确定剩余寿命和检查间隔。

4.6 疲劳强度计算和断裂力学的结合

为了防止疲劳裂纹扩展和疲劳断裂，必须考虑强度计算（见 1.4 节）和断裂力学（见 4.1.4.5 节）两种方法。这些概念的结合如图 4.24 所示。

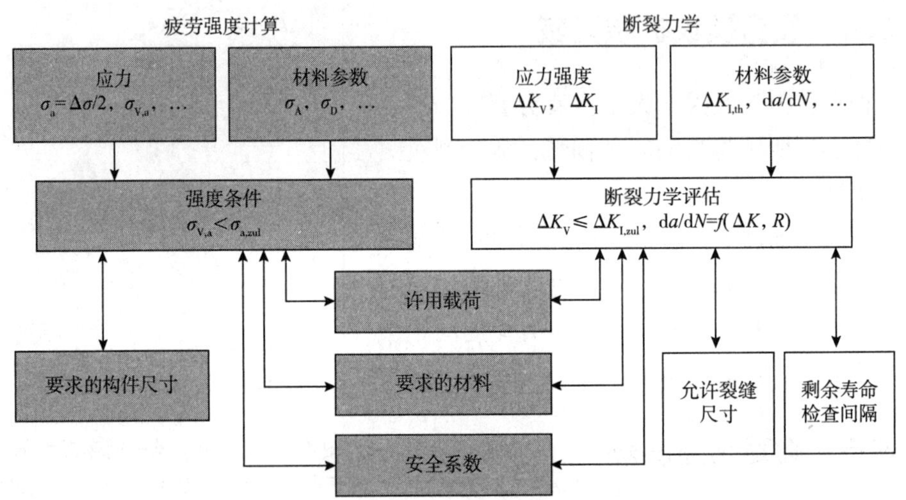

图 4.24 循环载荷作用下疲劳强度计算和断裂力学的结合

疲劳强度计算提供了关于所要求的构件尺寸、许用载荷、合适的材料和抗强度失效的安全性等信息。断裂力学也提供了有关许用构件载荷、合适的材料和抗稳定和不稳定裂纹扩展的安全性等信息。

断裂力学也为允许裂纹尺寸和当前剩余寿命评估提供依据。使用断裂力学，还可以选择检测方法并确定检测间隔。

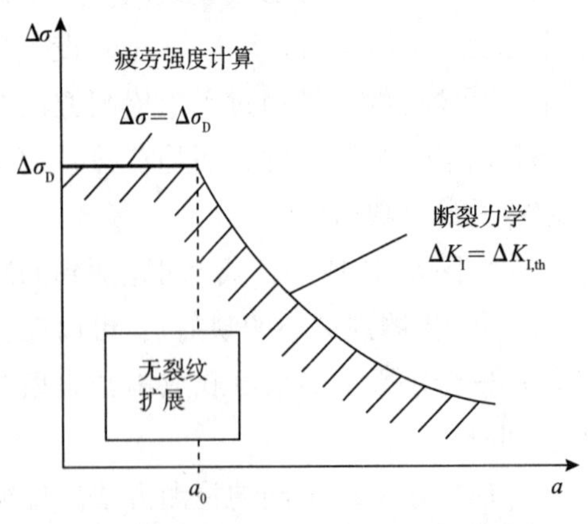

图 4.25 使用 $\Delta\sigma-a$ 图的双准则概念图

疲劳强度计算和断裂力学（双准则概念）的结合也可以使用 $\Delta\sigma-a$ 图来说明，如图 4.25 所示。

也就是说，强度方法适用于长度极小的裂纹，而断裂力学方法更适合尺寸较大的裂纹。

然后使用如下关系式获得临界值 a_0

$$a_0=\frac{1}{\pi}\cdot\left(\frac{\Delta K_{I,th}}{\Delta\sigma_D}\right) \tag{4.55}$$

如图 4.25 所示，如果采用对数坐标，则称其为 Kitagawa－Takahashi 图[4,30]。

参考文献

[1]Schijve, J. : Fatigue of Structures and Materials. Kluwer Academic Publisher, Dordrecht (2001).

[2]Schwalbe, K. H. : Bruchmechanik metallischer Werkstoffe. Hanser - Verlag, München (1980).

[3] Richard, H. A. : Grundlagen und Anwendungen der Bruchmechanik. Technische Mechanik 11, 69 - 80 (1990).

[4]Sander, M. : Sicherheit und Betriebsfestigkeit von Maschinen und Anlagen. Springer, Berlin (2008).

[5]Richard, H. A. : Bruchmechanischer Festigkeitsnachweis bei Bauteilen mit Rissen unter Mixed - Mode - Beanspruchung. Materialprüfung 45, 513 - 518 (2003).

[6] Richard, H. A. , Sander, M. , Fulland, M. Kullmer, G. : Development of fatigue crack growth in real structures. Engineering Fracture Mechanics 75, 331 - 340 (2008).

[7]Elber, W. : Fatigue crack closure under cyclic tension. Engineering Fracture Mechanics 2, 37 - 45 (1970).

[8]Liaw, P. K. : Overview of crack closure at near - threshold fatigue crack growth levels. In: Newman, J. C. , Elber, W. (eds.) Mechanics of Fatigue Crack Closure, ASTM STP 982, pp. 62 - ASTM, Philadelphia (1988).

[9] Schijve, J. : Fatigue crack closure: observations and technical significance. In: Newmann, J. C. , Elber, W. (eds.) Mechanics of Fatigue Crack Closure, ASTM STP 982, pp. 5 - 34. ASTM, Philadelphia (1988).

[10]NASA: Fatigue Crack Growth Computer Program NASGRO—Reference Manual (2000).

[11]ASTM: Annual book of ASTM standards 2008. In: Section 3: Metals Test Methods and Analytical Procedures, Vol. 03. 01, Metals—Mechanical Testing; Elevated and Low - TemperatureTests; Metallography, pp. 647 - 708.

[12]Toyosada, M. , Skorupa, M. , Niwa. , T. , Machniewicz, T. , Murakami, K. , Skorupa A. : Evaluation of fatigue crack closure from local compliance measurements in structural steel. In: Proceedings ECF 14, Kraków, pp. 225 - 232 (2002).

[13]Sander, M. , Skorupa, M. , Grond, M. , Machniewicz, T. , Richard, H. A. , Skorupa, A. : Finiteelement and experimental analyses of fatigue crack closure for structural steel. In: Proceedings of 10th Conference on Fracture Mechanics, Wisla, Poland, pp. 187 - 194 (2005).

[14] Sander, M. : Einfluss variabler Belastung auf das Ermüdungsrisswachstum in Bauteilen undStrukturen. Fortschritt - Berichte, VDI - Verlag, Düsseldorf (2003).

[15]Sander, M. , Richard, H. A. : Fatigue crack growth under variable amplitude loading. Part Ⅱ: Analytical and numerical investigations. Fatigue Fract. Eng. Mater. Struct. 302 - 320 (2006).

[16]Newman, J. C. : Advances in finite - element modeling of fatigue - crack growth and fracture. In: Blom, A. F. (ed.) Fatigue 2002, EMAS, Stockholm (2002).

[17]Pommier, S. : Cyclic plasticity and variable amplitude fatigue. Int. J. Fatigue 25, 983 - 997(2003).

[18]Döker, H. , Bachmann, V. , Marci, G. : A Comparison of different methods of determination ofthe threshold for fatigue crack propagation. In: Bäcklund, J. , Blom, A. , Beevers, C. J. (eds.)Fatigue Thresholds, pp. 45 - 57. EMAS, Warley (1982).

[19] Sadananda, K. ; Vasudevan, A. K. : Crack tip driving forces and crack growth representationunder fa-

tigue. Int. J. Fatigue 26, 39 – 47 (2004).

[20] Paris, P. C., Gomez, M. P., Anderson, W. E.: A rational analytic theory of fatigue. Trend Eng. 13, 9 – 14 (1961).

[21] Erdogan, F., Ratwani, M.: Fatigue and fracture of cylindrical shells containing acircumferential crack. Int. J. Fract. Mech. 6, 379 – 392 (1970).

[22] Richard, H. A., Fulland, M., Sander, M.: Theoretical crack path prediction. Fatigue Fract. Eng. Mater. Struct. 28, 3 – 12 (2005).

[23] Richard, H. A., Kuna, M.: Theoretical and experimental study of superimposed fracture modesI, Ⅱ and Ⅲ. Eng. Fract. Mech. 35, 949 – 960 (1990).

[24] Richard, H. A.: Bruchgrenzen und Schwellenwerte bei Mixed – Mode – Beanspruchung. In: DVM – Bericht 234. Fortschritte der Bruch – und Schädigungsmechanik. Deutscher Verband für Materialforschung und – prüfung, Berlin, pp. 47 – 56 (2002).

[25] Richard, H. A., Linnig, W., Henn, K.: Fatigue crack propagation under combined loading. Forensic Eng. 3, 99 – 109 (1991).

[26] Sander, M., Richard, H. A.: Effects of block loading and mixed mode loading on the fatigue crack growth. In: Blom, A. F. (ed.): Fatigue 2002, EMAS, pp. 2895 – 2902 (2002).

[27] Richard, H. A., Fulland, M., Buchholz, F. – G., Schöllmann, M.: 3D Fracture criteria for structures with cracks. Steel Res. 74, 491 – 497 (2003).

[28] Richard, H. A., Buchholz, F. – G., Kullmer, G., Schöllmann, M.: 2D – and 3D – mixed mode fracture criteria. In: Buchholz, F. – G., Richard, H. A, Alibadi, M. H. (eds.) Advances in Fracture Mechanics, pp. 251 – 260. Trans Tech Publications, Zürich (2003).

[29] Vasudevan, A. K., Sadananda, K., Glinka, G.: Critical parameters for fatigue damage. Int. J. Fatigue 23, S39 – S53 (2001).

[30] Kitagawa, H., Takahashi, S.: Applicability of fracture mechanics to very small cracks or the cracks in the early stage. In: Proceedings of the 2nd International Conference on Mechanical Behavior of Materials, Boston, pp. 627 – 631 (1976).

[31] Elber, W.: The Significance of Fatigue Crack Closure. In: Damage Tolerance in Aircraft Structures, ASTM STP 486, ASTM, Philadelphia, 1970, S. 230 – 242.

[32] Suresh, S.; Ritchie, R. O.: Fatigue crack growth threshold concepts. In: Davidson, D. L.; Suresh, S. (eds.) TMS – AIME, Warrendale, p. 227 (1984).

第5章　试验确定材料断裂力学参数

在设计构件、结构或确定其剩余寿命时，必须将材料的强度与许用载荷进行比较。因此本章将介绍如何确定在疲劳裂纹扩展中起作用的断裂力学材料参数。本书仅提供这个主题的概述，对于更详细的描述，读者可以参考相关文献的详细讲解。

5.1　临界应力强度因子和断裂韧度

临界应力强度因子描述了导致裂纹扩展失稳的临界值(超出临界值)。在ASTM(美国材料与试验协会)E 399—09标准[2]中，金属材料的断裂韧度 K_{IC} 被规定为平面应变状态(EVZ)，因为 K_{IC} 代表下限，如图5.1所示。在平面应力状态(ESZ)或ESZ和EVZ的混合状态下，临界应力强度因子取决于构件/试样厚度，如图5.1所示。

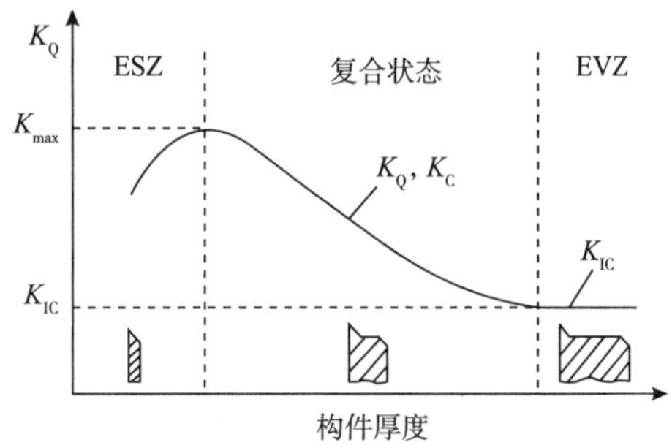

图5.1　临界应力强度因子与构件厚度的关系

如果临界应力强度因子专门用于薄构件，不同于ASTM E 399—09标准，则应该加以说明，例如使用 Q 指示。与平面应变状态下的断裂韧度 K_{IC} 不同，依赖于厚度的临界应力强度因子也经常使用 K_C 表示。

以下将说明如何根据ASTM E 399—09标准确定平面应变状态的金属材料断裂韧度 K_{IC}。本标准规定了使用的试样类型、载荷、试验方法和试验结果的评定。

5.1.1　根据ASTM E 399标准确定断裂韧度

从标准说明中明显可以看出，以下关于如何确定断裂韧度的信息是指从2009年颁布实施的ASTM标准E 399—09的最新版本。有关更多详细信息，请参阅原始文献。

5.1.1.1　试样和取样

根据ASTM E 399—09，以下试样类型可用于确定断裂韧度：

(1)三点弯曲试样(SEB试样)；

(2)紧凑拉伸试样(CT试样)；

(3)C 形试样(AT 和 AB 试样)；

(4)盘形紧凑拉伸试样(DCT 试样)。

在取样时，必须确保试样是在材料的最终状态下加工的，包括材料热处理、机械加工和环境条件等方面。还应该考虑到，断裂韧度 K_{IC} 依赖于与机械加工的主方向或主要晶粒方向(材料的各向异性)相关的裂纹扩展方向和位向。为此，标准 ASTM E 399—09 中定义了裂纹平面的参考方向(见图 5.2)。

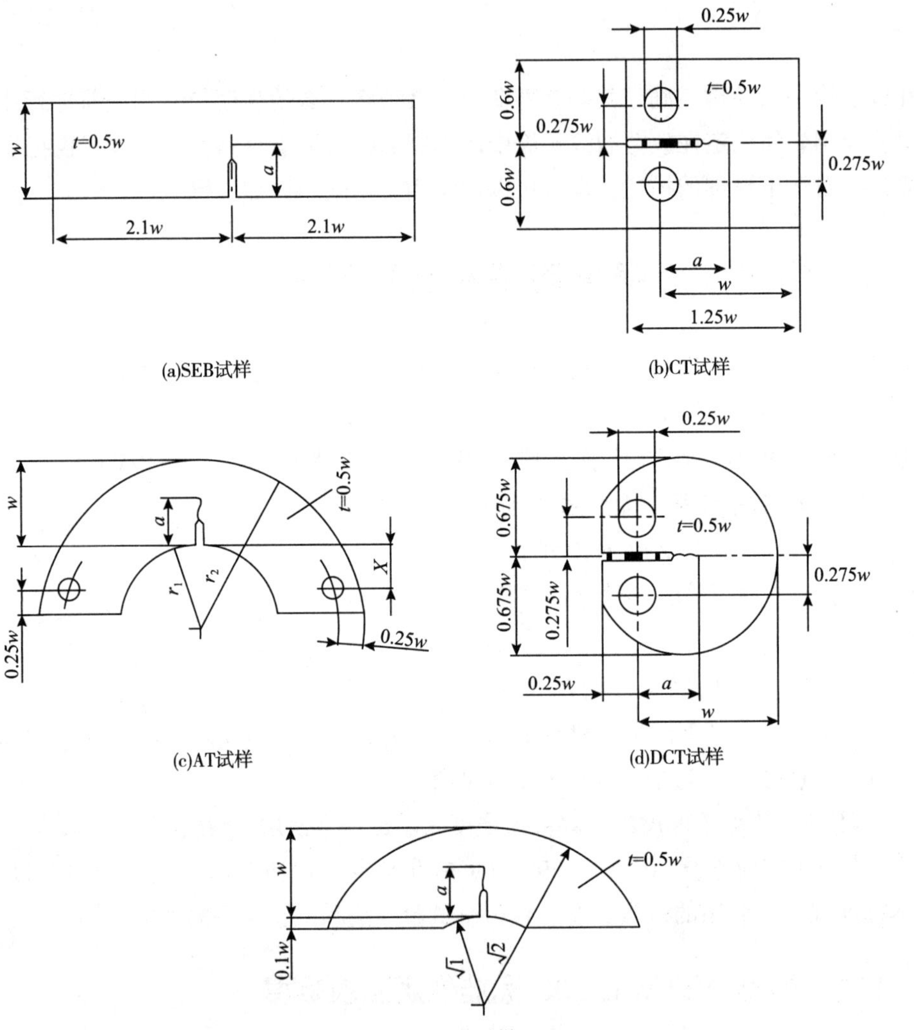

(a)SEB试样

(b)CT试样

(c)AT试样

(d)DCT试样

(e)AB试样

图 5.2 根据 ASTM E 399—09 标准确定断裂韧度 K_{IC} 的试样类型

以卷板为例，图 5.3(a)显示了试样参考方向，样品来自一个矩形横截面的材料。在这种情况下，用双字母指定方向：

(1)L 为主变形方向(最大晶粒流方向)；

(2)T 为最小变形的方向；

(3)S 为第三正交方向。

第一个字母表示垂直于裂纹平面的方向，即加载方向；第二个字母表示裂纹扩展方向。该系统用于类似具有不对称的晶粒取向的板材、挤压品或锻造品。

对于与其中任一轴线方向不同的样本，使用三个字母作为标记，如图 5.3(b)所示。例如，名称 L–TS 表示与主变形方向 L 垂直的裂纹平面，裂纹将在平面 T 和 S 内延伸。在 TS–L 的样本中，裂纹平面垂直于 T 和 S 方向的方向，由此可以预期在 L 方向上产生裂纹扩展。

在圆柱形基材的情况下，方向确定如下：

(1) L 为轴向；

(2) R 为径向；

(3) C 为圆周或切向。

主变形方向平行于圆柱体的纵向轴线。图 5.2(c)显示了一个圆柱体材料标记的实例。

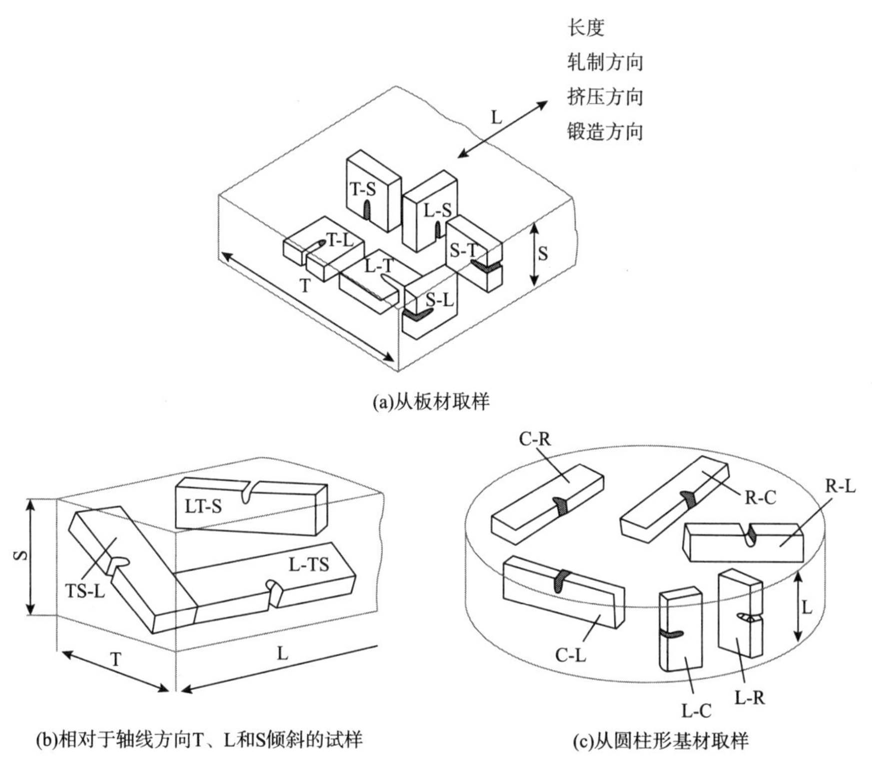

图 5.3　具有参考方向的试样位向

5.1.1.2　最小试样尺寸

为了按照 ASTM E 399—09 进行试验，试样尺寸必须满足以下条件：

$$(w-a) \geqslant 2.5(K_{IC}/R_{p0.2})^2 \tag{5.1}$$

其中，$R_{p0.2}$对应于非比例伸长率为 0.2% 的材料屈服强度，测试是在特定的环境条件、特定位向及温度下完成的。

另外，试样的尺寸必须选择宽度 w 与厚度 t 之比为 2，即 w/t 为 2。在某些情况下，试

样尺寸满足 $2 \leqslant w/t \leqslant 4$ 也是合理的。弯曲试样的比例 w/t 应满足 $1 \leqslant w/t \leqslant 4$。对于试样尺寸，可以估算断裂韧度；或者对于一种延性材料，可用屈服极限与弹性模量之比来估算断裂韧度(见表 5.1)。

表 5.1 对于 K_{IC} 测试推荐的最小剩余韧带[2]

$R_{p0.2}/E$	$(w-a)_{min}$[mm]
0.0050 ~ 0.0057	76
0.0057 ~ 0.0062	64
0.0062 ~ 0.0065	51
0.0065 ~ 0.0068	44
0.0068 ~ 0.0071	38
0.0071 ~ 0.0075	32
0.0075 ~ 0.0080	25
0.0080 ~ 0.0085	19
0.0085 ~ 0.0100	13
≥0.01	6.4

然而，在测试 K_{IC} 之后，必须检查裂纹长度，必要的话，必须再次采用适合的试样进行测试。

5.1.1.3 初始引发缺口和初始疲劳裂纹

在标准 ASTM E 399 中，有三种不同的缺口形状，即人字形缺口[见图 5.4(a)]、V 形缺口[见图 5.4(b)]和几何形状如图 5.4(c)所示的锁孔形缺口。V 形缺口的缺口半径应小于等于 0.08mm；人字形缺口应使用 0.25mm 的缺口半径。

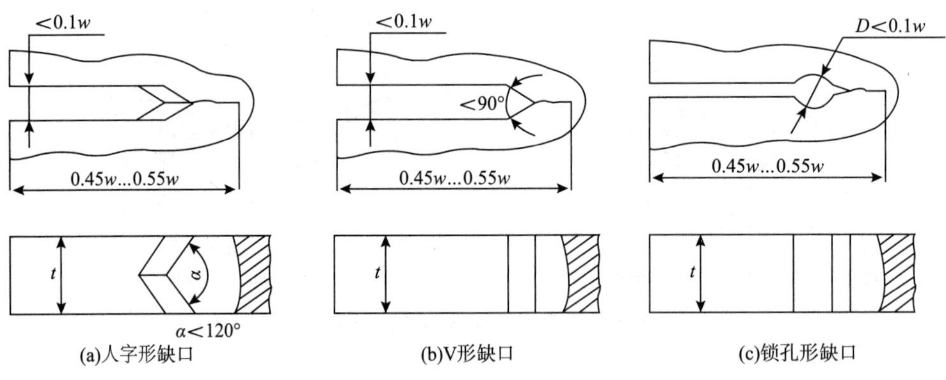

图 5.4 初始引发缺口可能的缺口形状(侧面和截面图)

不同试样的裂纹长度 a(见图 5.2)应满足 $0.45w \leqslant a \leqslant 0.55w$，如图 5.4 所示。应该确保在试样的两个表面引入的疲劳裂纹长度不小于两个条件中的最大值。对于 V 形缺口，一个条件为 $0.025w$，另一个条件为 1.3mm。在锁孔形缺口中，疲劳裂纹必须至少与 $0.5D$ 或 1.3mm 中的最大值一样长。

5.1.2 确定断裂韧度的试验方法

在每次测试之前，必须测量试样的厚度和宽度，其必须满足一定的精度要求，记录中必须注明样品尺寸。

在测试K_{IC}之前，必须使用R比率在-1和0.1之间的循环载荷产生初始疲劳裂纹。最大应力强度$K_{I,max}$不得超过断裂韧度的80%。如果已经达到目标疲劳裂纹长度的97.5%，那么$K_{I,max}$不应该大于断裂韧度的60%。

在产生疲劳裂纹之后，对试样施加准静态载荷直到试样断裂点。加载速率为0.55～2.75MPa·m$^{1/2}$/s。在测试过程中，除了使用位移计量器测量相对位移外，还必须记录力的变化。

在附加限制条件下，K_{IC}必须测试三次才有效。

5.1.3 K_{IC}或K_Q对测试的评估

图5.1描述了临界应力强度因子对构件/试样厚度的依赖关系。据5.1.1.2，断裂韧度K_{IC}只能使用符合最小尺寸要求的试样来确定。使用超过最小尺寸的试样确定的临界应力强度因子被称为K_Q或K_C值。

5.1.3.1 在力–位移图中查找K_Q和K_{IC}值

为了证实K_{IC}值的有效性，首先需要确定条件值K_Q。为此，在力–位移图中绘制通过原点的割线，其斜率等于初始线性区斜率的95%。割线与力–位移曲线的交点的力被指定为F_5。

与条件值K_Q相关的力F_Q是通过对绘制的力和位移数据的相应评估而得出的，作为图5.5所示力–位移图的基本形式的函数。

在I型路径的情况下，即在力F_5之前的力–位移曲线的力点都小于F_5，取$F_Q=F_5$，如图5.5所示。

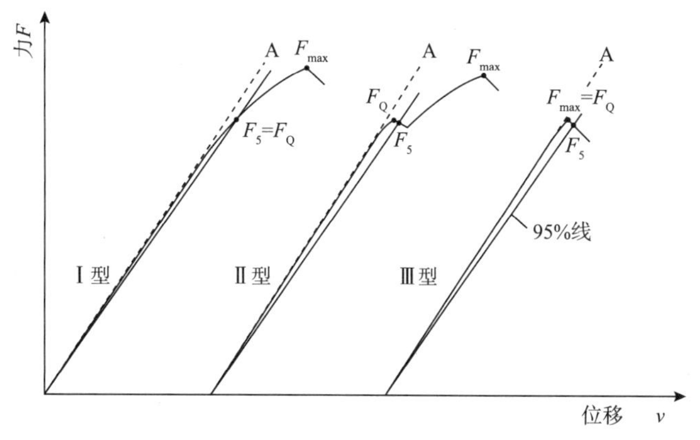

图5.5 力–位移图的主要类型

对于Ⅱ型路径，应注意不连续点。由于短期不稳定的裂纹扩展，应力降低。因此在曲线上的力 F_5之前，存在大于力 F_5的点。评估所需的力对应于局部最大 F_Q，见图 5.5。

Ⅲ型力－位移曲线是通过近乎线弹性路径来区分的。在力 F_5前，存在更大力的条件，所以 $F_Q=F_{max}$，如图 5.5 所示。

必须独立于力－位移图的路径来检查是否满足以下条件：

$$F_{max}/F_Q<1.1 \tag{5.2}$$

其中 F_{max}是出现的最大的力。如果满足这个条件，则可以使用图 5.6 中列出的函数根据力 F_Q确定相应的应力强度。

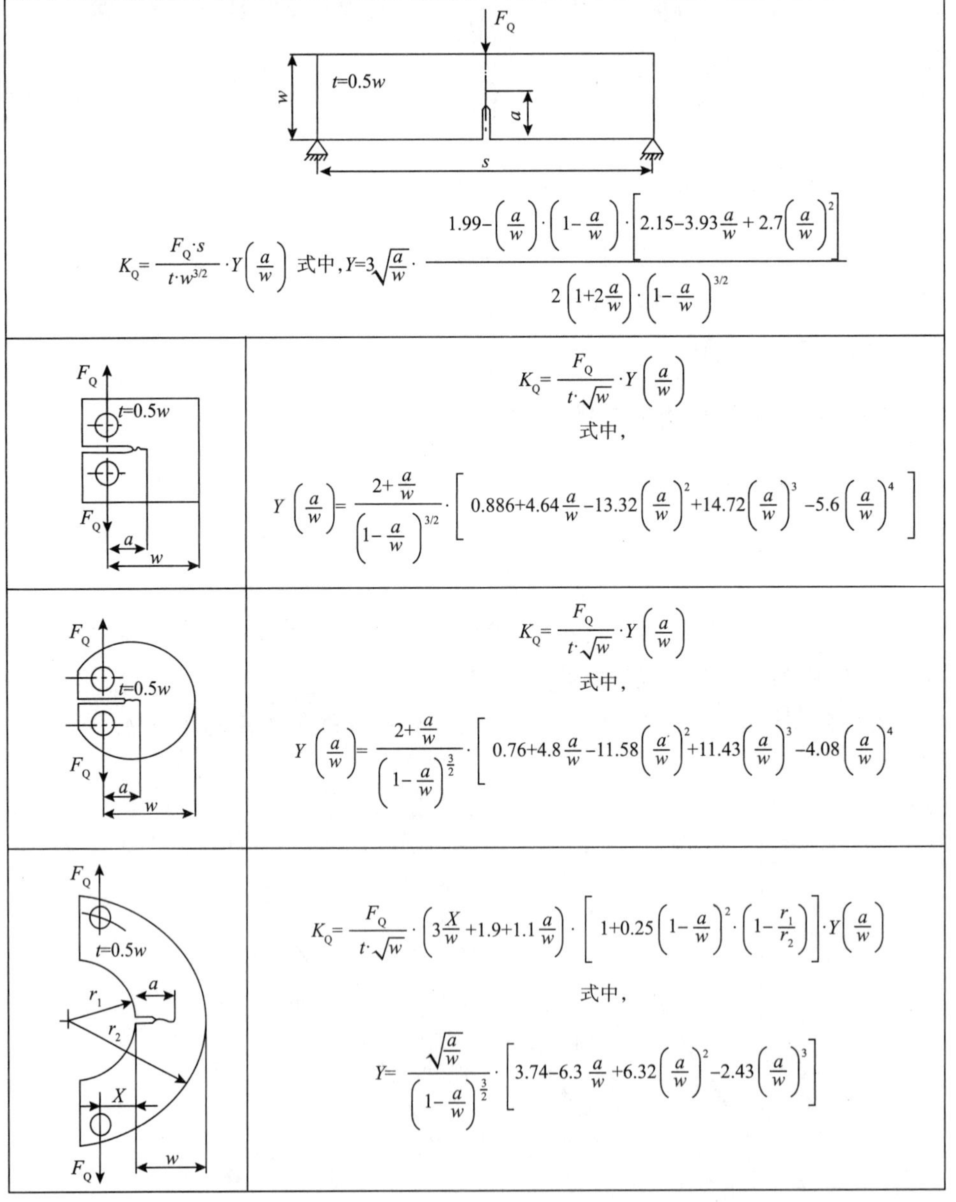

图 5.6　用于测定断裂韧度试样的应力强度因子的选择

5.1.3.2 裂纹长度测量

在对断裂的试样进行测试后，必须确定相关的裂纹长度。然而，由于裂纹长度通常具有弯曲的裂纹前沿，所以根据标准 ASTM E 399 使用平均裂纹长度，通过在三个点处测量得到，每个测量点均位于样本厚度 $t/4$ 以上处。应该确保三个测量值的差值不能偏离平均裂纹长度的 10%。另外，必须测量裂纹表面的裂纹长度。在表面测得的裂纹长度可能与平均裂纹长度相差达 15%，表面裂纹之差可达平均裂纹长度的 10%（见图 5.7）。

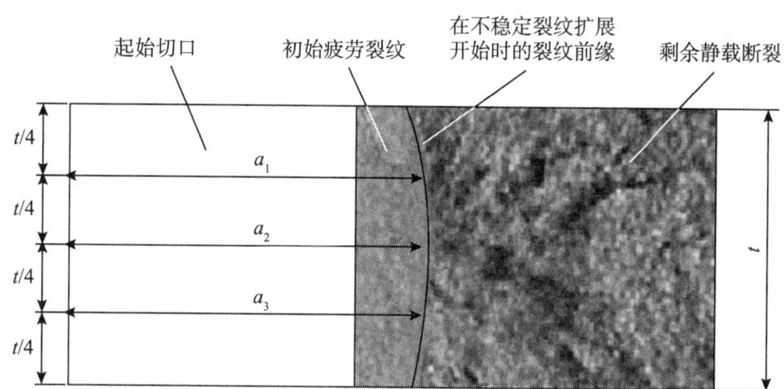

图 5.7 确定不稳定裂纹扩展导致的裂纹长度

5.1.3.3 K_{IC}测试的有效性

最后，必须再次检查有效 K_{IC} 测试的条件。如果满足 5.1.1.2 最小尺寸要求，疲劳裂纹及其对称性也满足准则，则 K_{IC} 值有效。

如果不能满足式(5.1)的条件，则测量值被标示为 K_Q 或 K_C。如果想获得 K_{IC}，必须用其他尺寸重复进行试验。

5.2 临界值和裂纹扩展曲线

临界值 $K_{I,th}$ 和裂纹扩展曲线 $da/dN = f(\Delta K, R)$ 对于表征疲劳裂纹扩展性能是必不可少的。结合经典的强度参数，临界值和裂纹扩展曲线可以用来选择最佳的材料。特别是知道断裂力学参数或参数函数，可以预测剩余寿命。除此之外，可以根据剩余寿命确定检查间隔。

5.2.1 根据标准 ASTM E 647 确定临界值和裂纹扩展曲线

在标准 ASTM E 647—11[3] 中，在样本类型、测试方法和试验评估方面，对临界值和裂纹扩展曲线的确定进行了标准化。以下提供了 ASTM 标准中描述的过程的一个摘要，并用当前的研究结果对其进行了补充。有关更多详细信息，请参阅原始文献。

5.2.1.1 试样和试样尺寸

ASTM E 647—11[3]推荐的试样如图5.8所示，用于确定临界值和裂纹扩展曲线。与标准E 399—09[2](见5.1.1.2节)相反，试样尺寸的有效性不受厚度或材料强度的限制。当指定试样尺寸/宽度时，必须确保不会出现鼓胀，并且试样在所有施加的力下，仍然保持在弹性范围内。

为了准确地表征材料特性，必须尽可能从成品构件中取得试样。由于试样受到几何尺寸及材料的限制，通常不可能使用E 647—11中标准化的样本。因此，除了图5.8所述的这些样本类型外，也可能使用其他类型的样本。使用其他类型时要求作为裂纹长度函数的应力强度因子解是已知的或能查到(见3.4.2节和3.7节)。在通常情况下，可以利用数值裂纹扩展模拟来确定应力强度因子(见7.2节)。

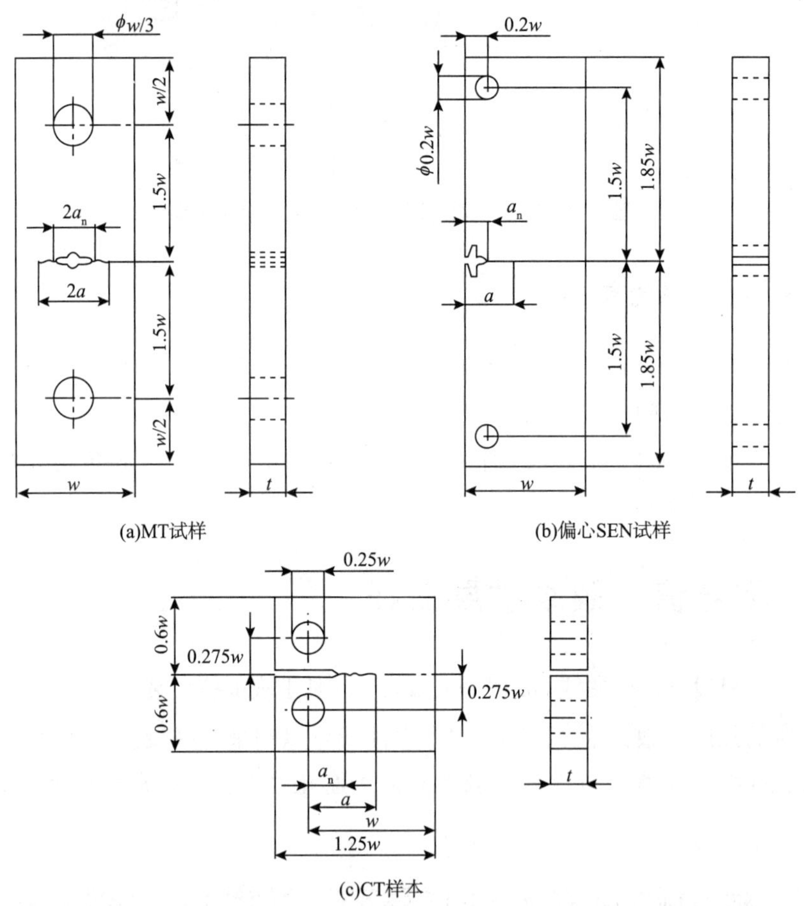

图5.8 根据ASTM E 647—11用于确定临界值和裂纹扩展曲线的样本类型

5.2.1.2 起始缺口和预裂

图5.4(b)中的V形缺口，图5.4a中的人字形缺口，图5.4(c)中的锁孔形缺口或通过

钻取方式获得的缺口，都可用作为缺口几何形状。为了描述初始裂纹，该标准定义了除了缺口半径以外，根据强度来生成裂纹的机械加工方法(如腐蚀、铰孔、锯切或轧制)。对于高强度钢($\sigma_F \geqslant 1175$MPa)、钛合金或铝合金，推荐使用半径小于0.25mm的腐蚀缺口。另外，对于屈服极限低于1175MPa的钢和铝合金，推荐使用滚压、铰孔或研磨。除铰孔外，缺口半径应小于0.25mm。在铰孔的情况下，半径应小于0.075mm。锁孔形缺口只适用于铝合金。

为了排除缺口对疲劳裂纹扩展试验结果的影响，在实际测试之前必须产生疲劳预裂纹。疲劳预裂纹的长度应至少为$0.1t$、缺口高度h或1mm，因此应选用上述三个量中的最大值作为疲劳预裂长度。应选择合适载荷，使疲劳预裂期间的最大应力强度不大于实际试验的初始值。一般来说，预制裂纹应选择尽可能小的载荷。

如果必须从较高的负载开始预裂，则载荷应逐渐减小。在裂纹扩展中，载荷的减少不应该大于上一级载荷20%，且在此载荷下裂纹扩展量不小于$(3/\pi)\cdot(K'_{max}/\sigma_F)^2$，其中$K'_{max}$是前一级载荷加载阶段对应的最大应力强度因子。另外，建议在预制裂纹时，选择正式试验的R比率，以避免交互效应(见第6章)。作为在拉伸载荷下的预制裂纹的替代，在压缩载荷下也可能产生初始裂纹。

为了防止无效的测试结果，必须确保产生对称的疲劳预裂纹。如果试样正面和背面的裂纹长度偏差超过$0.25t$，则该试样不能用于后续的试验。另外，试样中的缺口和预裂纹必须位于图5.9(a)所示的包络线内。图5.9(b)显示了一个由V形缺口产生的疲劳预制裂纹的例子，该缺口周围有与之相关的包络线和疲劳预裂纹。

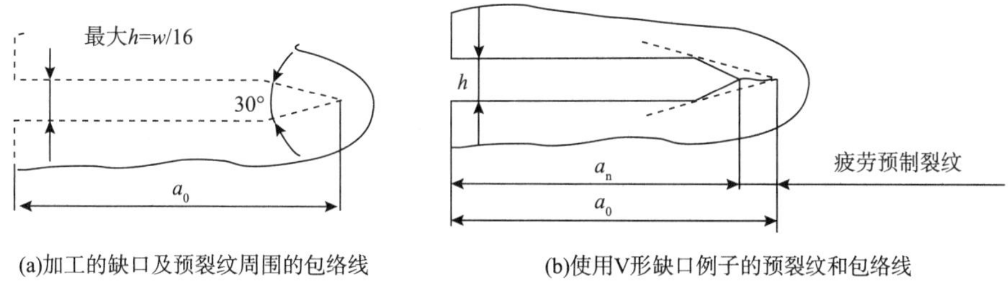

图5.9 从缺口开始的最小疲劳预裂[3]

5.2.1.3 确定疲劳裂纹扩展曲线的试验方法

为了记录疲劳裂纹扩展曲线的整个区域，通常需要两种测试类型。在第一种类型试验中，产生疲劳预裂后，最大应力和最小应力保持不变[见图5.10(a)]。由于力是在恒定的范围内，应力强度随裂纹长度而增加[见式(4.8)]，从而获得疲劳裂纹扩展曲线的中上部区[见图5.10(c)]。

对于第二种试验类型，疲劳预裂后，循环应力强度因子的选择应使得裂纹在中等裂纹扩展速率下开始扩展。随着裂纹长度的增加，循环应力强度通常会减小[见图5.10(b)]，直到裂纹扩展停止，达到疲劳裂纹扩展的临界值$\Delta K_{I,th}$[见图5.10(c)]。除了根据ASTM E 647标准降低循环应力强度之外，也可以增加循环应力强度(见5.2.2.3节)。使用第二种测试类型确定裂纹扩展曲线的中部和下部区域。当选择两种类型的测试的初始值时，需要确保在疲劳裂纹扩展曲线中获得重叠区域。

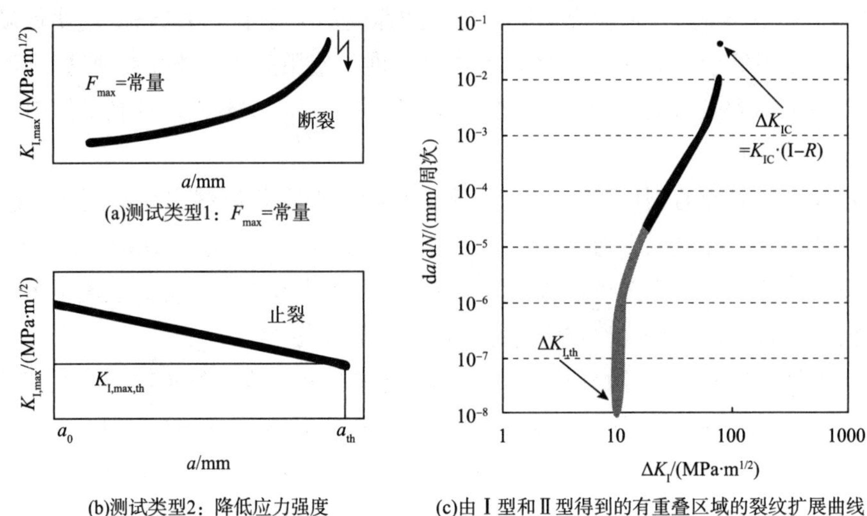

图 5.10　疲劳裂纹扩展曲线的试验确定[4]

由于疲劳裂纹扩展曲线取决于 R 比率，因此必须对不同的 R 比率进行相应的测试以完全表征材料。

为了保证统计结果的有效性，测试应选择合适的重复次数。另外，分位数曲线法可以用来评估测试。在这种方法中，能够求得特定失效概率的裂纹扩展曲线[9]。

5.2.2　确定临界值的方法

在文献中，建议使用递减和递增应力强度的试验来确定裂纹扩展曲线的临界值和中/下区域，如图 5.11 所示。这些方法的总结可以在文献[4]中找到。

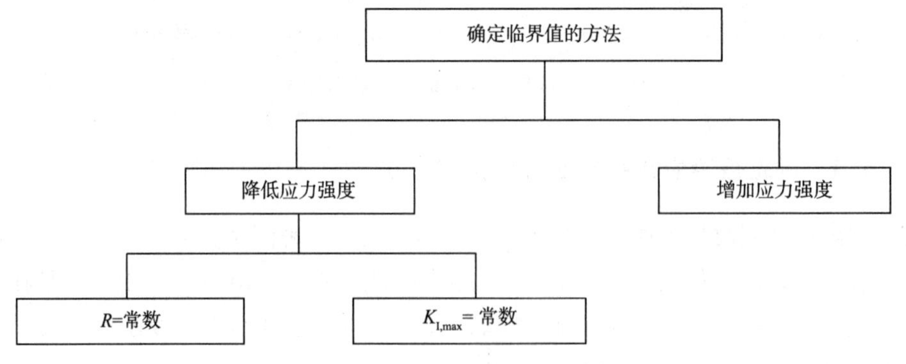

图 5.11　确定临界值的方法[4]

根据标准 ASTM E 647—11，应进行减小应力强度的试验，这样可以区分具有恒定 R 比率[见图 5.12(a)]或恒定最大应力强度 $K_{I,max}$ 的试验[见图 5.12(b)]。

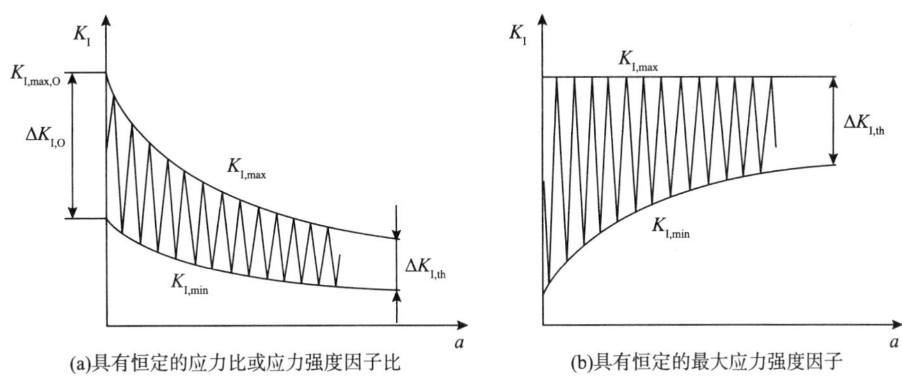

(a)具有恒定的应力比或应力强度因子比　(b)具有恒定的最大应力强度因子

图5.12　减小循环应力强度的方法[4]

5.2.2.1　在恒应力比下测试

当循环应力强度以恒定的 R 比率降低时，最大应力强度和最小应力强度都会在一定的裂纹长度增量内降低，直到裂纹生长达到停滞状态。

必须选择没有交互影响(见第6章)并且有足够的数据点的降低率。为确保这一点，循环应力强度应按照 E647—11 的规定降低，使用以下指数关系：

$$\Delta K_I = \Delta K_{I,0} eC(a - a_0) \tag{5.3}$$

式中，$K_{I,0}$对应于测试开始时的初始循环应力强度，并且斜率 C 必须满足以下关系：

$$C = \frac{1}{K_I}\frac{\mathrm{d}K_I}{\mathrm{d}a} > -0.08\mathrm{mm}^{-1} \tag{5.4}$$

随着负荷的连续减少，必须确保当前力 $F_{max,2}$的减少不超过前一水平 $F_{max.1}$的10%。根据标准，在裂纹长度增量为0.5mm后，应尽早降低相应的载荷。如果降载条件满足 $(F_{max,1} - F_{max,2})/F_{max,1} \leqslant 0.02$，则降载试验可继续进行。

然而，研究表明，所确定的临界值与降载率 C 之间存在依赖性。随着降载率的上升，往往可以测量得到更高的临界值[4]。这种效果也取决于选择的 R 比率或材料。降载率对临界值的影响被初始应力强度放大。与低 $K_{I,max,0}$值相比，在较高初始最大应力强度因子下，高的降载率可以导致更高的临界值[5]。这可以用较高初始最大应力强度下具有较高的最初塑性形变来解释，这对裂纹扩展有相当大的影响，引起塑性诱导的裂纹闭合效应(见4.2.3.1和文献[4~7])。当 $K_{I,max,0}$值或降载率较低时，临界值就不受塑性变形的影响。

此外，研究[4,5,8]表明，在低 R 比率下，临界值呈现出显著的发散性，并且呈指数下降。另外，随着循环应力强度线性减小，临界值更少依赖于降载率和初始应力强度，它的分散性也会降低[4,9]。

5.2.2.2　恒定最大应力强度的试验

除了在恒定的 R 比率下降低应力强度外，ASTM E 647 还允许使用恒定的最大应力强度因子来降低载荷[见图5.12(b)]。在该方法中，最小应力强度因子 $K_{I,min}$连续增加，以减小循环应力强度直到达到临界值。提高 $K_{I,min}$，将不断改变 R 比率，因此在测试开始时无从得知临界值的应力比。此外，最大应力强度因子对于确定临界值具有决定性的影响。随着 $K_{I,max}$ 值的增加，临界值变小，从而导致不同的最终 R 比率[10]。应该再次指出的是，最小应力强度的过度增加也会导致与该降载方法的相互作用效应。

这种方法尤其适合确定 R 比率较高情况下的临界值[11]。

5.2.2.3 增加循环应力强度的试验

为了避免残余压应力和塑性诱导的裂纹闭合效应(见 4.2.3.1)对临界值的影响，文献[12]建议用增加载荷而不是减小载荷来确定临界值。首先，在循环压缩载荷下产生疲劳预裂纹；随后施加拉伸载荷，拉伸载荷逐渐增加直至裂纹开始扩展，如图 5.13 所示。

Tabernig 和 Pippan[12]在这里区分开了长裂纹扩展的有效临界值 $\Delta K_{I,eff,th}$ 和临界值 $\Delta K_{I,th}$。在载荷增加的情况下，会存在 $\Delta K_{I,eff,th} < \Delta K_I < \Delta K_{I,th}$，裂纹开始扩展，但是裂纹增加一定程度之后会再次停止。一旦超过临界值$K_{I,th}$裂纹将连续扩展。为了确定完整的裂纹扩展曲线，使用这个载荷水平继续试验。Newman 等人[13,14]也利用压缩预裂，但他们会在一个具有恒定的应力范围的张力下继续加载。为了测量临界值附近区域某一 R 比率下的裂纹扩展率，拉伸载荷需要提前先估算确定，例如，通过反复试验来预估。

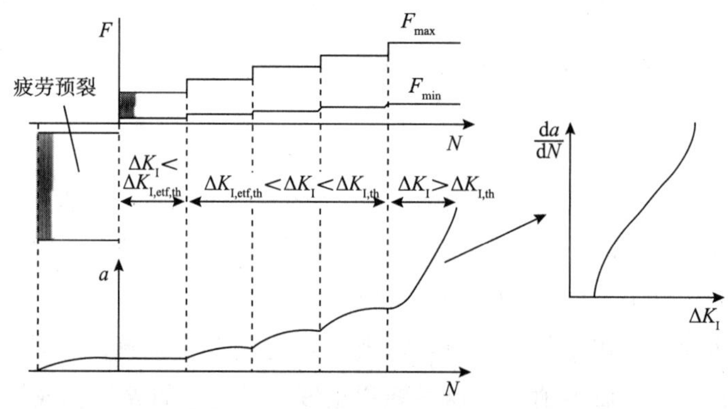

图 5.13 通过增加载荷来确定临界值[12]

在压缩预裂纹之后，应该考虑到拉伸区域中的初始裂纹扩展速率受反向拉伸塑性区域影响，即可以测量更高的 da/dN 值。因此，为了防止这种相互作用效应，裂纹扩展长度至少要比反拉伸塑性区大 2 ~3.5 倍[13]。出于这个原因，在从压缩载荷切换到拉伸载荷后，Forth 等人[14]直接施加一个小的拉伸载荷($K_{I,max} \approx 0.45 \text{MPa} \cdot \text{m}^{1/2}$ 和 $K_{I,min} \approx 0.05 \text{MPa} \cdot \text{m}^{1/2}$)，直到裂纹扩展停止。只有这样，才可以开始恒定应力幅值的常规试验。

5.2.3 测量裂纹长度的方法

当确定临界值或疲劳裂纹扩展曲线时，必须确保在测试过程中裂纹长度测量是连续的。如有必要为了裂纹的测量而中断试验，应特别注意力的控制，以避免峰值载荷的产生。而且，中断时间应该少于 10min。

应该进行裂纹长度测量，以使裂纹扩展速率相对于循环应力强度均匀分布。标准 ASTM E647 提供了关于试样类型和 a/w 比率的函数，见表 5.2。

裂纹长度测量方法包括光学方法、电位降法和柔度法。通常，所使用的方法应该可以分别得到裂纹长度的增量 0.1mm 或 0.002w 应该可以分辨得到[3]。

表 5.2 根据 ASTM E 647—11 [3] 测量裂纹长度的间隔

试样类型	裂纹长度测量间隔
CT 试样	$\Delta a \leqslant 0.04w$ 或 $0:25 \leqslant a/w \leqslant 0.40$ $\Delta a \leqslant 0.02w$ 或 $0:40 \leqslant a/w \leqslant 0.60$ $\Delta a \leqslant 0.01w$ 或 $a/w \geqslant 0.60$
MT 试样	$\Delta a \leqslant 0.03w$ 或 $2a/w < 0.60$ $\Delta a \leqslant 0.02w$ 或 $2a/w > 0.60$

5.2.3.1 光学方法

如果采用视觉相关的方法测量裂纹长度，则必须在测试前准备试样。也就是说，要抛光试样表面裂纹将扩展的区域，并且如果必要的话，还需要进行标定距离。然后可以使用测量显微镜来测量裂纹长度。由于在试验过程中试样可能会出现不对称的裂纹前沿，所以如果采用目测的话，裂纹长度一定要在试样的两侧测量。这意味着 CT 试样有 2 个测量位置，MT 试样有 4 个测量位置(样本的正面和背面两个裂纹尖端)。裂纹长度是 2 个/4 个裂纹长度的平均值[3]。

也可以使用数码相机和图像处理软件来代替测量显微镜，以确定裂纹长度和裂纹坐标[15]。尽管仍是可视化的测试方法，但是实现自动化连续测试，不用因此中断试验。

5.2.3.2 电位降法

另一种能够实现自动化测试裂纹长度的方法是电位降法。在这种方法中，电流被引入到试样中，并且在确定的点上产生电势降。这种方法的原理是，横截面的减小，导致电阻随着裂纹的扩展而增加。校准曲线可以根据电势的变化确定相关的裂纹长度。电位降法又可分为直流电位降和交流电位降法。

直流电位降法(DCPD)经常被使用。它是在试样中引入恒定电流，从而产生一个在试样厚度上不变的二维电场。电流大小为 5 ~ 50A，这取决于试样的尺寸和材料。图 5.14 显示了使用直流电位降法和 CT 样本的测试流程示例。为了确保电流在缺口或裂纹周围流动，应在试样的顶部或底部提供恒定电流，并在缺口上方和下方产生电势降。为了处理电位差，可以使用由 A/D 和 D/A 转换器组成的前置放大器和模块化接口系统(MIS)。信号通过电脑进行评估处理转换为裂纹长度[17]，

为了避免电流出现故障，试样在载荷的输入位置需要做绝缘处理，夹紧装置的内部也要求绝缘。

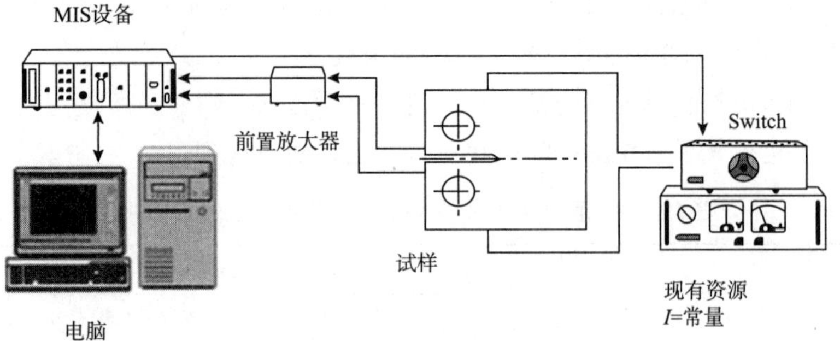

图 5.14 使用直流电势法测量裂纹长度的示意图

由于测试时间较长可能会出现电势漂移，因此在每次测量电势差后，应使用图示开关改变电流方向。这意味着获得了正电势差和负电势差，这两个电势差必须合并成一个电势值[3,16]。由于试样可能受热(例如由液压单元或高电流引起)，需要考虑到材料特定的电阻变化引起的电势差的变化，应当记录试样中的当前温度，并用来矫正测量的电势差。也就是说，可在相同试样的比较位置进行额外测量或者在另一个暴露于相同条件下的试样的比较位置进行额外测量。

与直流电位降法相反，在交流电位降法中，电流不是均匀分布在整个厚度上的。因此，发生趋肤效应(作为频率的函数)，即电流主要引入表面附近的区域，由此可以获得电势差和表面裂纹长度。

根据标准 ASTM E 647—11，当达到最大应力时，应测量裂纹长度以防止任何断口接触。然而由于塑性变形，可能会发生部分裂纹闭合(见第 6 章)。由于这个原因，在试验跟踪中应检查含裂纹试样的裂纹长度，并在必要时纠正潜在的测量值。但是，使用恒定的循环应力强度进行测试后，不能进行修正。

测量到的电势降与相应的裂纹长度之间的关系由校准曲线获得，该曲线显示的裂纹长度是基于标准化电势降的韧带(见图 5.15)。对于选定的试样类型，如 MT 试样，相关函数在标准 ASTM E 647 中可查到。如果使用替代样本类型，则可以通过试验或数值模拟方法来确定校准曲线。

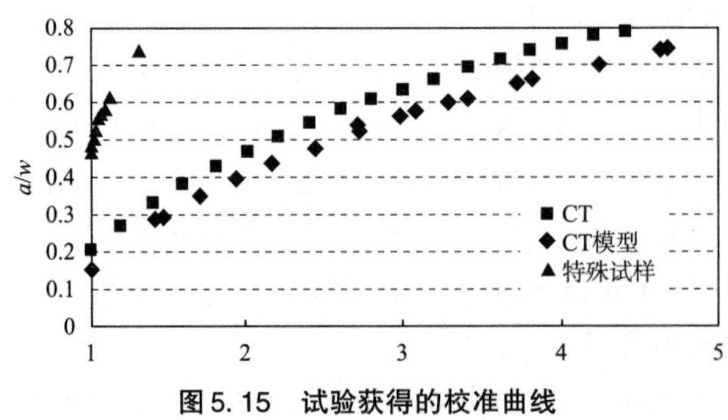

图 5.15 试验获得的校准曲线

要通过试验来获得校准曲线，需要在试样的断口上创建静止标记(见图 2.9 和图 2.10)。这可以通过穿插单个过载或通过调整最小应力的块载荷来实现。通过使用测量显

微镜(见5.2.3.4节)，在测试后通过光学方法测量裂纹试样断口上的剩余标记，可以建立平均裂纹长度与在过载或块载荷作用下产生的相关电位差之间的确定关系[17]。如果在每个测试系列之前存在校准曲线，也可以使用此方法来检查裂纹长度测量值。

与直接电位法不同，间接电位法中将裂纹测量箔应用于试样表面。裂纹测量箔间接显示试样裂纹的扩展，然后通过测量电势来获得有关裂纹长度的信息。这种方法也适用于不导电的试样。但是，如果使用这种方法，则必须确保试样和测量箔中的裂纹同时发生扩展。

5.2.3.3 柔度法

柔度是杨氏模量 E、形变 v 和试样厚度 t 的乘积的无量纲值，并参照引入的力 F。对于裂纹长度的测量，柔度值与裂纹长度相关。除了测量裂纹张开位移外，还可能在试样的不同位置进行应变测量。然而必须考虑到，柔度曲线仅适用于所使用的测量位置。测量方法和测量点应根据测试条件进行选择，包括频率、R 比率或温度等因素。关于这个主题，更详细的信息可以在文献[3]中找到。

5.2.3.4 断裂试件裂纹长度的测量

为了测量疲劳裂纹扩展试验后的裂纹长度：

$$a = A/t \tag{5.5}$$

式中，A 为各自的疲劳断口；t 为试样厚度。

为了确定断裂面，至少 $m \geqslant 9$ 个等距离的测量点分布在试样厚度上。从这个角度来看，得到平均裂纹长度如下：

$$a = \frac{1-2x}{m-1} \cdot \left[\frac{a_1 + a_m}{2} + \sum_{i=2}^{m-1} a_i\right] + x \cdot (a_1 + a_m) \tag{5.6}$$

式(5.6)中的裂纹长度 a_i 是指 m 个测量点上测出的裂纹长度。图5.16给出了测量点在试样厚度方向上的分布，x 代表在试样边缘上第一次和最后一次所测量的百分比差。这些距离值得关注，因为疲劳断口和失稳断口之间的过渡或界限不一定很明显，所以需要观察。

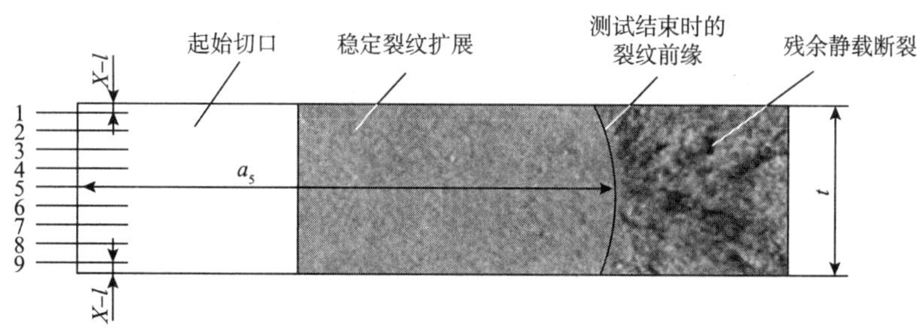

图5.16 断口测量过程的示意图

5.2.4 确定疲劳裂纹扩展速率

标准 ASTM E 647—11，推荐采用割线法和增量多项式法来还原数据并评估裂纹的扩展速率。

5.2.4.1 割线法

使用割线法或点对点技术来找出连接 $a-N$ 曲线的两个相邻测量点的直线的斜率。然后，裂纹扩展速率定义如下[3]：

$$\left(\frac{\mathrm{d}a}{\mathrm{d}N}\right)_{\bar{a}}=\frac{(a_{i+1}-a_i)}{(N_{i+1}-N_i)} \tag{5.7}$$

由于裂纹扩展速率 $\mathrm{d}a/\mathrm{d}N$ 反映裂纹长度$(a_{i+1}-a_i)$增量的平均值，所以通常使用平均长度 $\bar{a}=0.5(a_{i+1}+a_i)$来计算循环应力强度。

5.2.4.2 增量多项式法

增量多项式法使用最小二乘法确定 $a_{i-n}\leqslant a\leqslant a_{i+n}$范围内的$(2n+1)$个连续数据点集合的最佳拟合抛物线。系数 n 通常是 1 ~4 的自然数。根据回归参数，位置 N_i 处的裂纹长度 $\hat{a}$ 可以被描述如下：

$$\hat{a}_i=b_0+b_1\cdot\frac{N_i-C_1}{C_2}+b_2\cdot\left(\frac{N_i-C_1}{C_2}\right)^2 \tag{5.8}$$

在确定回归参数 b_0、b_1和 b_2时，使用参数 C_1和 C_2来简化计算过程。它们定义如下：

$$C_1=\frac{1}{2}(N_{i-n}+N_{i+n}) \tag{5.9}$$

$$C_2=\frac{1}{2}(N_{i+n}-N_{i-n}) \tag{5.10}$$

根据裂纹长度式(5.8)推导，可以得到裂纹扩展速率如下：

$$\left(\frac{\mathrm{d}a}{\mathrm{d}N}\right)_{\hat{a}_i}=\frac{b_1}{C_2}+2b_2\cdot\frac{N_i-C_1}{C_2^2} \tag{5.11}$$

循环应力强度的相关值可以用裂纹长度 $\hat{a}_i$得到。

5.2.5 评估临界值和裂纹扩展曲线试验

为了评估疲劳试验，裂纹扩展速率必须根据 5.2.4 中的裂纹长度的测量点和循环次数来确定。

对应于某一裂纹扩展速率的循环应力强度因子必须根据裂纹长度和力的范围来确定。图 5.17 显示了标准 ASTM E 647—11 中试样的循环应力强度因子确定方法。

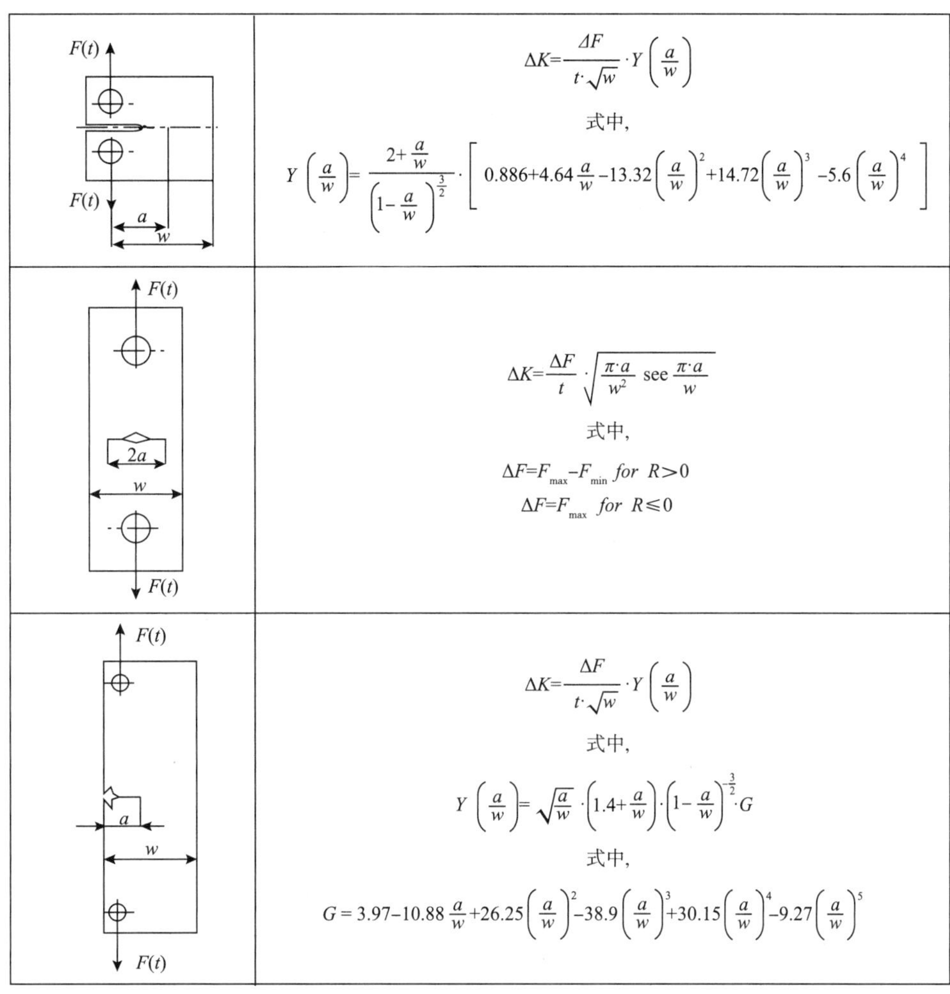

图 5.17 标准 ASTM E 647—11 推荐的试样类型的应力强度因子解决方案

如果在双对数坐标轴上绘制裂纹扩展速率 da/dN 和与之相关循环应力强度因子 K_I 之间曲线，即得到了裂纹扩展曲线(见图 4.6 和图 4.8)。

疲劳裂纹扩展的临界值 $K_{I,th}$ 是裂纹扩展速率 da/dN 渐近于零的值。为此，ASTM E 647—11 建议使用双对数轴图中至少 5 个 $da/dN-\Delta K$ 值的最佳拟合线进行评估。然后通过将最佳拟合线外推至裂纹生长速率(例如 10^{-7}mm/周次)来获得临界值。在确定门槛值时，必须提供(对应于循环应力强度因子的)裂纹扩展速率。

然而，“真实”临界值的裂纹扩展速率要低得多[18]，所以另一种方法已被证明是有效的。在这种方法中，da/dN 值绘制为线性轴图中 K 值的函数。这可以很容易地将最佳拟合线外推到零值[19]。两种评估方法的比较可以在文献[18]中找到。

5.3 模式Ⅰ裂纹扩展的材料参数

为了应用第 3 章和第 4 章中描述的概念，必须提供断裂力学特征值。下面将提供断裂韧度、抗疲劳裂纹扩展临界值和裂纹扩展曲线。这仅仅是选择的很少几个，大部分来自文献[1，19，31]。更多的材料数据可以在这些出版物以及文献[20]中找到。

5.3.1 断裂韧度

如果由应力强度因子 K_I 或循环等效应力强度因子 K_V 表示的裂纹处的应力强度达到断裂韧度 K_{IC}（见3.8.1节和3.8.2节），则不稳定的裂纹扩展将在厚壁构件处产生。因此，断裂韧度是断裂力学决定性的特征值，其不仅取决于材料而且取决于许多其他参数。使用低于标准 ASTM E 399—09 规定的最小尺寸的试样测定的临界应力强度因子用 K_Q 或 K_C 表示。根据图5.1，K_Q 值高于断裂韧度 K_{IC}。

5.3.1.1 断裂韧度的基本影响因素

除了使用的材料之外，断裂韧度也取决于以下条件：

(1) 试验操作温度；

(2) 材料的微观结构；

(3) 材料各向异性；

(4) 材料的热处理条件；

(5) 加载速率。

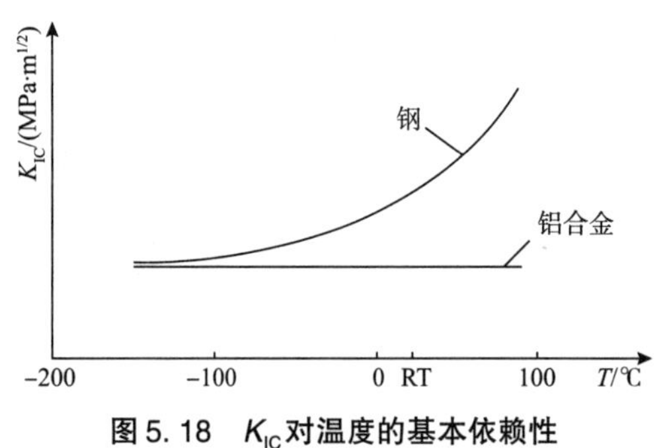

图5.18 K_{IC} 对温度的基本依赖性

除此项外，对于钢铁来说，随着温度下降，断裂韧性会急剧下降，见图5.18。另外，铝合金对温度的依赖性很小[1,31]。

5.3.1.2 各种材料的断裂韧度概述

图5.19提供了各种材料在室温下的断裂韧度值的范围。事实证明，钢通常具有非常高的 K_{IC} 值；相比之下，铝合金和铸铁的断裂韧度要低得多；陶瓷和玻璃具有极低的 K_{IC} 值。

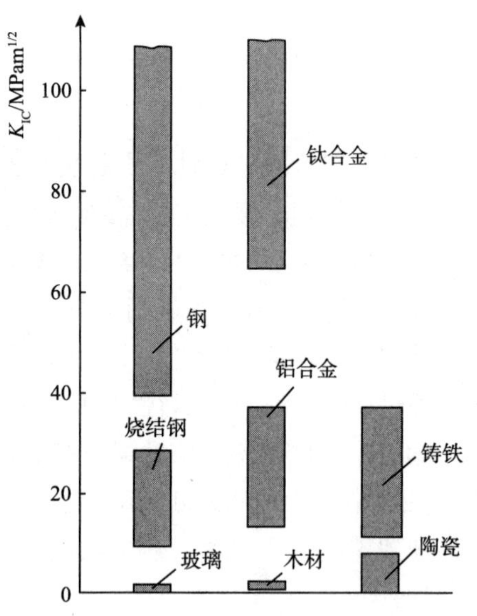

图5.19 室温下各种材料的断裂韧度

5.3.1.3 选定材料的断裂韧度

表5.3列出了特定材料的 K_{IC} 值，可以观察到由于材料和合金成分所造成的显著差异。

陶瓷材料的断裂韧度为2～5MPa·m$^{1/2}$，钢的 K_{IC} 值在40～180MPa·m$^{1/2}$。显而易见，具有相同或几乎相同的 $R_{p0,2}$ 值的材料在其断裂韧度上可能表现出很大差异。

表 5.3　各种材料的 K_{IC} 值

材料	$R_{p0.2}$/MPa	K_{IC}/(MPa·$m^{1/2}$)	温度/℃
钢			
S235	235	80	-80
		110	-40
S355	355	174	-40
34CrMo4	450	65	RT
35CrMo13.5	450	40	RT
C45	650	47	RT
30CrNiMo8	1060	108	RT
42CrMo4	1050	63	RT
39CrMoV13.9	1500	65	RT
X2NiCoMo18.8.5	1700	90	RT
铸铁			
EN-GJL-150	100	10	RT
EN-GJL-300	190	17	RT
EN-GJS-600-3	400	32	RT
铝合金			
EN AW-2024-T3	310	35	RT
EN AW-7075-T651	470	30	RT
陶瓷材料			
氧化铝	—	3.5	RT
氮化硅	—	2.5	RT

5.3.2　疲劳裂纹扩展临界值

就像 K_{IC} 值一样，疲劳裂纹扩展的临界值 $\Delta K_{I,th}$ 非常明显地取决于所使用的材料。另外，表5.4显示临界值明显依赖于 R 比率。根据该表，与 $R=-1$ 或 $R=0.1$ 相比，具有较高 R 比率(例如 $R=0.5$)的 $\Delta K_{I,th}$ 值更低。

表 5.4　选择材料的 $\Delta K_{I,th}$ 值和 Paris 公式参数(ΔK 的单位为 MPa·$m^{1/2}$，da/dN 的单位为 mm/周次)

材料	$R_{p0.21}$/MPa	R	$\Delta K_{I,th}$/(MPa·$m^{1/2}$)	C_P	m_P
钢					
S235	235	0.1	10.2	1.25×10^{-9}	3.38
		0.3	7.9	2.90×10^{-9}	3.17
		0.5	5.6	9.71×10^{-9}	2.71
S355	355	0.1	10.4	3.15×10^{-9}	3.07
		0.5	5.1	1.24×10^{-8}	2.66
26CrNiMo4	365	0.1	6.5	2.51×10^{-9}	3.92
26CrNiMoV6 11	660	0.1	10.0	3.27×10^{-9}	3.18

续表

材料	$R_{p0.21}$/MPa	R	$\Delta K_{I,th}$/(MPa·$m^{1/2}$)	C_P	m_P
C45	650	0	5.8	1.16×10^{-9}	3.50
		−1	6.5	3.41×10^{-10}	3.50
42CrMo4	1050	0	5.7	5.41×10^{-9}	3.05
		−1	7.0	1.35×10^{-9}	3.05
铸铁					
EN－GJS－600－3	400	0.1	7.5	2.20×10^{-10}	4.50
		0.5	4.5	1.30×10^{-9}	4.20
EN－GJL－300	260	0.1	8.1	3.50×10^{-9}	3.67
		0.5	4.8	7.40×10^{-10}	4.93
铝合金					
EN AW－2024－T3	310	0.1	2.5	7.13×10^{-6}	2.7
EN AW－7075－T651	470	0.1	2.5	1.88×10^{-6}	2.05

5.3.3 疲劳裂纹扩展曲线

4.2 节显示了裂纹扩展速率与循环应力强度之间的关系。裂纹扩展曲线取决于许多影响因素，包括 R 比率、材料、微观结构、温度和周围介质。裂纹扩展曲线必须通过试验来确定，测试方法在 5.2 节进行了介绍。

5.3.3.1 选定材料的裂纹扩展曲线的基本过程

图 5.20 显示了几种选定材料的实测裂纹扩展曲线，其中有三种为钢的裂纹增长曲线。从曲线中可以看出显著的差异。钢 1 具有最低的临界值 $\Delta K_{I,th}$，曲线比钢 2 的曲线更陡峭，断裂韧度 K_C 高于钢 2 的值；钢 3 不容易开裂，临界值非常高，与钢 1 和钢 2 相比，整个裂纹扩展曲线向右移动得更远。

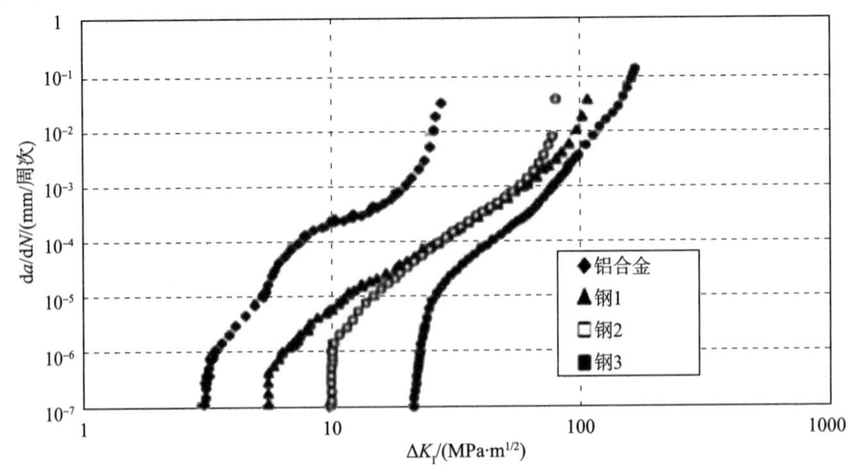

图 5.20 R=0.1 时各种材料的裂纹扩展曲线

铝合金表现出典型的双S形裂纹扩展曲线。其中，在 ΔK_{I} 值更小的情况下，已经达到了高裂纹扩展率。该合金的 $\Delta K_{\mathrm{I,th}}$ 值也显著小于所示的钢。

5.3.3.2 Paris 方程的参数

如果 da/dN 和 ΔK 以双对数形式绘制，则对许多材料来说，裂纹扩展曲线的中间区域呈现直线特征。“Paris 线”由式(4.32)表示。系数 C_{P} 和指数 m_{P} 取决于材料，两者也取决于 R 比率。表 5.4 提供了各种材料的 C_{P} 和 m_{P} 值。

应用 Paris 方程[见式(4.32)]时，必须确保在使用表 5.4 中给出的参数 ΔK 时使用单位 $\mathrm{MPa \cdot m^{1/2}}$，以便获得裂纹扩展率 da/dN 是以 mm /周次为单位的。

其他材料的参数可以在文献[1，19，31]和其他相关文献中找到。

5.3.3.3 Forman/Mettu 方程的参数

Forman/Mettu 或 NASGRO 等式提供了描述裂纹扩展速率的可行方法，见 4.3.3 节。这种关系也考虑了 R 比率。式(4.36)的众多参数是材料相关量，必须根据实验数据加以确定。

表 5.5 提供了 Forman/Mettu 方程的参数选择。除了铁碳铸造材料外，为了获得以 mm/周次为单位的裂纹扩展速率 da/dN，ΔK 代入到式(4.36)中，必须以 $\mathrm{N/mm^{3/2}}$ 为单位。而对于铁碳铸造材料，ΔK 必须以 $\mathrm{MPam^{1/2}}$ 为单位。

其他材料的参数在文献[20，21]中提供。

表 5.5 Forman/Mettu 方程的参数

材料	R_{m}/MPa	$R_{\mathrm{p0.2}}$/MPa	C_{FM}	n_{FM}	p	q	K_0/($\mathrm{N/mm^{3/2}}$)	K_{IC}/($\mathrm{N/mm^{3/2}}$)	α	C_{th}^{+}	C_{th}^{-}
高级钢材											
X10CrNi 18－8①	620.5	275.5	3.63×10^{-13}	3.0	0.25	0.25	121.62	6949.7	2.5	1.0	0.1
X20Cr13①	406.8	234.4	1.24×10^{-15}	3.8	0.5	0.25	486.5	2779.9	2.5	3.0	0.1
铁碳铸造材料②											
N－GJS－400－18－LT③	400	240	3.8×10^{-9}	3.8	0.2	0.1	246.7	1011.9	—	2.6	—
EN－GJS－600－3③	600	370	6.0×10^{-9}	3.5	0.3	0.25	246.7	1138.4	—	1.9	—
EN－GJS－800－10③	800	—	3.5×10^{-8}	2.7	0.25	0.25	205.5	1834.1	—	1.0	—
EN－GJS－1000－5③	1000	700	5.0×10^{-8}	2.7	0.25	0.25	158.1	1454.6	—	1.0	—
铝合金											
2024－T351，T－L①	468.8	358.5	1.60×10^{-12}	3.35	0.5	1.0	90.4	1007.7	1.5	1.5	0.1
2024－T81，L－T①	571.1	434.4	1.13×10^{-10}	2.76	0.5	1.0	97.3	764.5	1.5	1.5	0.1
5083－O，T－L①	296.5	137.9	6.53×10^{-9}	1.94	0.5	1.0	173.7	1563.7	1.5	2.0	0.1
6061－T6，T－L①	310.3	282.7	6.53×10^{-10}	2.3	0.5	0.5	121.6	903.5	2.0	1.5	0.1
7005－T6，T－L①	365.4	330.9	5.81×10^{-10}	2.31	0.5	1.0	118.1	1389.9	1.8	1.5	0.1
7075－T651，T－L	540	470	2.1×10^{-11}	2.89	0.8	0.4	104.2	800	1.9	2.0	-

①参见文献[20]。

②当 ΔK 单位为 $\mathrm{MPa \cdot m^{1/2}}$、$da/dN$ 的单位为 mm/周次时，参数有效。

③参见文献[21]。

5.4 模式Ⅱ和混合模式加载的材料参数

标准化的试样和方法可用于确定模式Ⅰ加载情况下的断裂 - 力学特征值和函数(见5.1和5.2节)。对于模式Ⅱ和Ⅲ以及二维和三维混合模式加载，已经提出了各种试样，还提出了关于测试程序的建议。然而试样类型和测试方法都没有被标准化。尽管如此，这里仍要介绍一些试样和概念，以帮助工程师解决实际问题并激发这方面的新研究。

5.4.1 模式Ⅱ加载

在其他情况下，当裂纹处于二维剪切应力场中时，将发生模式Ⅱ加载(见2.4.2.1节)。例如，当管道沿纵向或圆周方向存在裂纹并且管道也承受扭转载荷时，就是这种情况。

目前用于研究裂纹上的模式Ⅱ加载的各种试样已经成形。在文献[22]中对这些试样进行了比较。实际上，图5.21(a)所示的试样已被证明是有效的。结合相关设备、图5.21(b)，可以在裂纹处产生纯模式Ⅱ载荷(另见文献[23，24])。

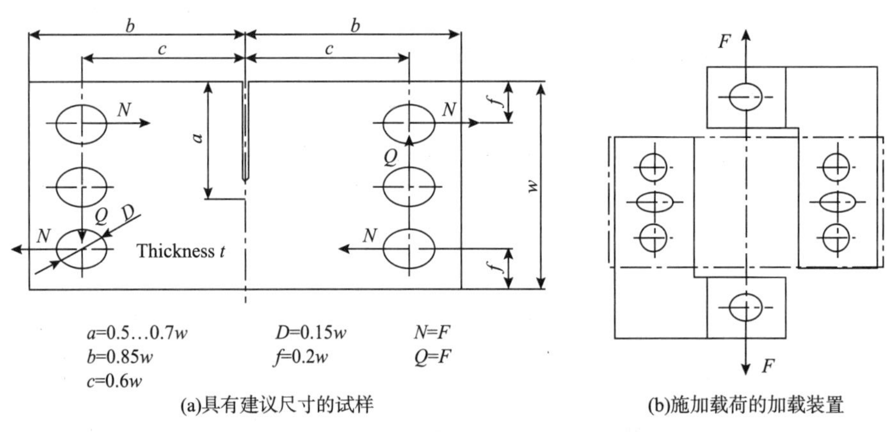

(a)具有建议尺寸的试样 (b)施加载荷的加载装置

图5.21 用于模式Ⅱ测试的试样和加载装置

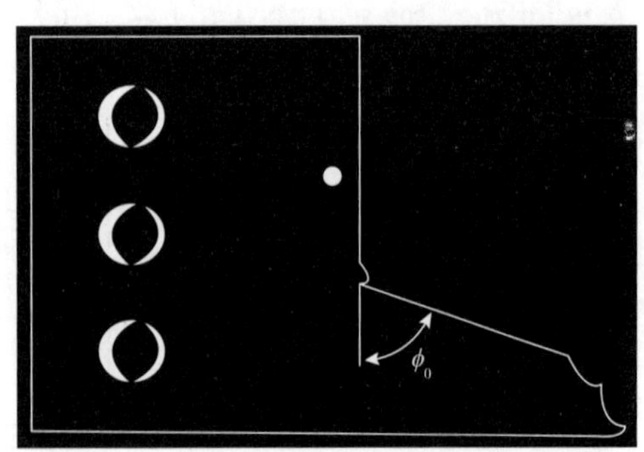

图5.22 在$K_{ⅡC}$测试中断裂的树脂玻璃试样

使用这种紧凑剪切试样(CS试样)可以测得$K_{ⅡC}$值，进行疲劳试验并确定裂纹路径。图5.22显示了$K_{ⅡC}$测试期间断裂的树脂玻璃试样。测量的裂纹偏角$\varphi_0 \approx 70°$，这与理论值一致(见3.8.2.1节)。

5.4.2 二维混合模式加载

当裂纹处发生模式Ⅰ和模式Ⅱ载荷时，即存在二维混合模式载荷。一个简单的例子

是，承受拉伸载荷的构件中存在斜裂纹(见图3.9)或拉伸载荷和剪切载荷叠加于含有裂纹的构件中(见图3.16)。Richard[25]提供了许多二维混合模式加载的实例。

针对二维混合模式问题的试验研究，已经提出了各种试样，其中几个在文献[26]中进行了描述和比较。

紧凑拉伸剪切试样(CTS试样)已被证明对二维混合模式试验特别有效[25]。图5.23(a)显示了一个CTS试样，试样配备的相关加载装置如图5.23(b)所示。通过旋转加载装置和试样一个角度α，可以在单向拉伸系统中产生纯模式Ⅰ($\alpha=0°$)、纯模式Ⅱ($\alpha=90°$)和各种混合模式载荷($0°<\alpha<90°$)。

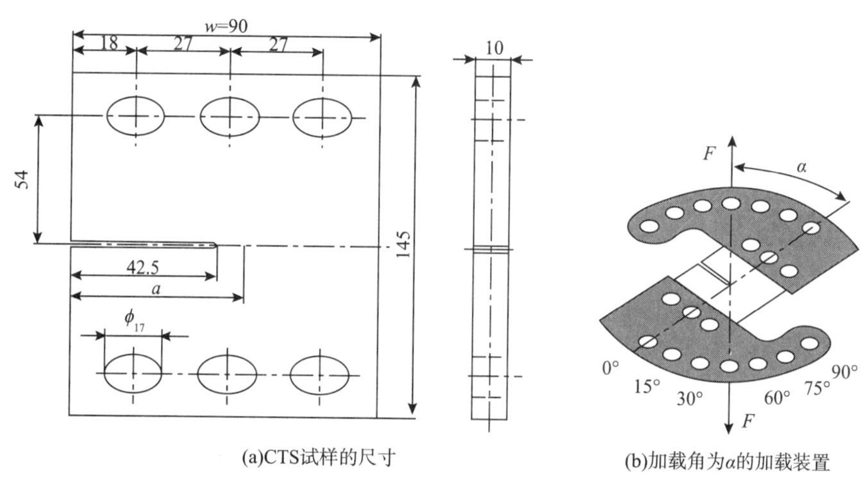

图5.23　用于二维混合模式测试的试样和加载装置

CTS试样适合进行混合模式断裂试验和疲劳裂纹扩展试验。

图5.24显示了断裂试验的结果，目的是确定二维混合模式载荷的断裂极限曲线(另见图3.25)。这个试验(另见文献[25，27])证实了根据式(3.79)确定的断裂准则及式(3.80)中扭曲角φ_0和其他量的关系。除断裂试验外，CTS试样还可用于疲劳裂纹扩展试验。图5.25显示了初始裂纹受到变化的混合模式载荷后的不同试样的疲劳裂纹路径。

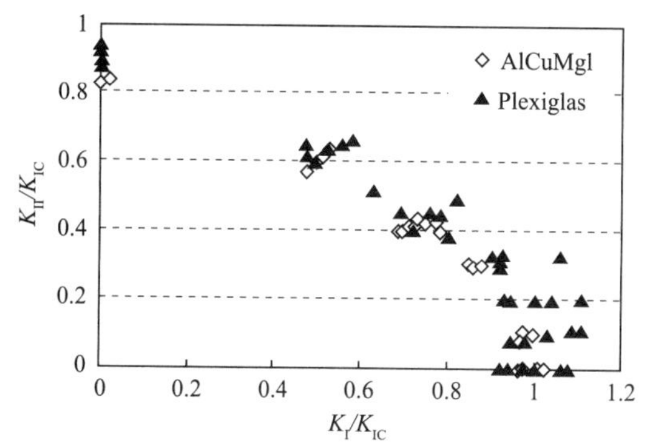

图5.24　试验确定的二维混合模式载荷断裂极限

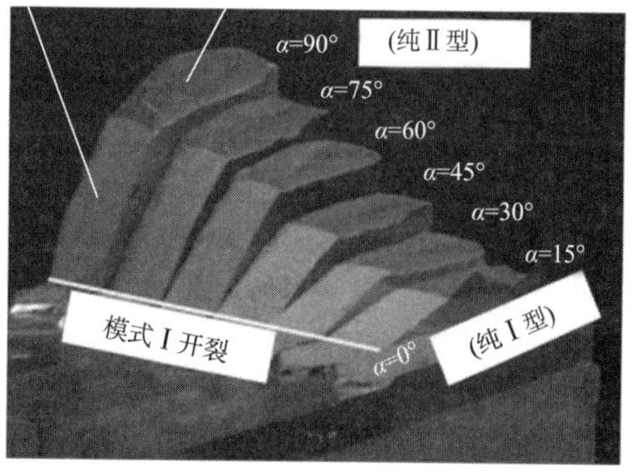

图5.25　初始模式Ⅰ裂纹受到变化的混合模式载荷后的不同试样的疲劳裂纹路径

在纯模式Ⅰ加载的情况下，裂纹以其原始方向扩展。使用混合模式加载时，随着 K_{II} 的增加，裂纹扭曲更严重。纯模式Ⅱ加载导致 $\varphi_0 \approx 70°$ 的角度。6.4.1 节描述了当载荷方向改变时裂纹扩展速率会发生怎样的变化。

5.4.3 三维混合模式加载

在技术实践中，经常发生所有三种断裂模式同时影响裂纹的现象。因此，研究人员针对这种情况也进行了测试。

AFM 试样(所有断裂模式试样)[28~30]可以产生所有三种模式和所有的叠加情况。AFM 试样[见图 5.26(a)]被固定在相关的加载装置中，例如两个八分球中[见图 5.26(b)]。通过改变角度 α 和 β、模式Ⅰ、模式Ⅱ、模式Ⅲ，可以产生二维混合模式和三维混合模式载荷。换句话说，图 3.25 所示的所有加载情况都可以使用 AFM 试样来重新创建。

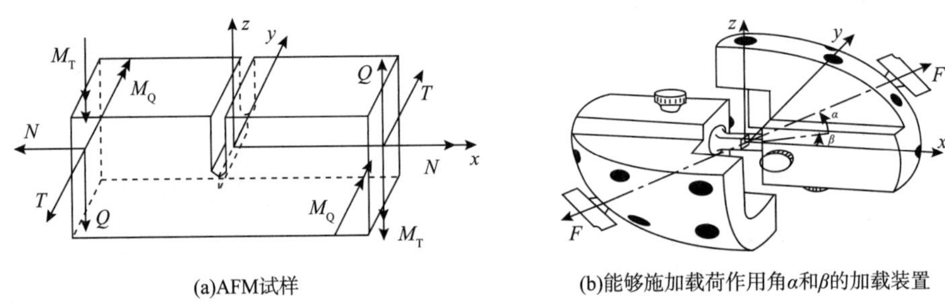

(a)AFM试样　(b)能够施加载荷作用角 α 和 β 的加载装置

图 5.26 用于三维混合模式加载的试样和加载装置

参考文献

[1] Blumenauer, H., Pusch, G.: Technische Bruchmechanik. Deutscher Verlag für Grundstoffindustrie, Leipzig (1993).

[2] ASTM: Annual book of ASTM Standards 2009. Section 3: Metals Test Methods and Analytical Procedures, vol. 03.01, Metals—Mechanical Testing; Elevated and Low - Temperature Test; Metallography, E 399 - 09.

[3] ASTM: Annual book of ASTM Standards 2011. Section 3: Metals Test Methods and Analytical Procedures, vol. 03.01, Metals—Mechanical Testing; Elevated and Low - Temperature Tests; Metallography, E 647 - 11ε1.

[4] Sander, M., Richard, H. A.: Lebensdauervorhersage unter bruchmechanischen Gesichtspunkten. Materialprüfung 46, 495 - 500 (2004).

[5] Sheldon, J. W., Bain, K. R., Donald, J. K.: Investigation of the effects of shed - rate, initial Kmax and geometric constraint on & #x0394; Kth in Ti - 6Al - 4 V at room temperature. Int. J. Fatigue 21, 733 - 741 (1999).

[6] McClung, R. C.: Analysis of Fatigue Crack Closure During Simulated Threshold Testing. In: Newman Jr, J. C., Piascik, R. S. (eds.) Fatigue Crack Growth Threshold, Endurance Limits and Design, ASTM STP 1372, pp. 209 - 226. ASTM, West Conshohocken (2000).

[7] Newman Jr, J. C.: Analyses of fatigue crack growth and closure near threshold conditions for large - crack behavior. In: Newman Jr, J. C., Piascik, R. S. (eds.) Fatigue Crack Growth Threshold, Endurance Limits and Design, ASTM STP 1372, pp. 227 - 251. ASTM, West Conshohocken (2000).

[8] Pippan, R., Stüwe, H. P., Golos, K.: A comparison of different methods to determine the threshold of fatigue crack propagation. Int. J. Fatigue 16, 579 - 582 (1994).

[9] Hübner, P., Pusch, G., Zerbst, U.: Ableitung von Quantilrisswachstumskurven für Restlebensdauerberechnungen. In: DVM - Bericht 236, Deutscher Verband für Materialforschung und - prüfung, Berlin, 2004, S. 121 - 130.

[10] Newman, J. A., Riddle, W. T., Piascik, R. S.: Effects of Kmax on fatigue crack growth thresholds in aluminium alloys. In: Newman Jr, J. C., Piascik, R. S. (eds.) Fatigue Crack Growth Threshold, Endurance Limits and Design, ASTM STP 1372, pp. 63 - 77. ASTM, West Conshohocken (2000).

[11] Döker, H.: Schwellenwert für Ermüdungsrissausbreitung: Bestimmung und Anwendung. In: DVM - Bericht 234, Deutscher Verband für Materialforschung und - prüfung, S. 9 - 18, Berlin (2002).

[12] Tabernig, B., Pippan, R.: Determination of length dependence of the threshold for fatigue crack propagation. Eng. Fract. Mech. 69, 899 - 907 (2002).

[13] Newman Jr, J. C., Schneider, J., Daniel, A., McKnight, D.: Compression pre - cracking to generate near threshold fatigue - crack - growth rates in two behaviour alloys. Int. J. Fatigue 27, 1432 - 1440 (2005).

[14] Forth, S. C., Newman Jr, J. C., Forman, R. G.: On generating fatigue crack growth thresholds. Int. J. Fatigue 25, 9 - 15 (2003) 5.4 Material Parameters for Mode Ⅱ … 185.

[15] Plank, R., Kuhn, R.: Automatisierte Risslängenmessung bei Ermüdungsrissausbreitung unter Mixed - Mode - Beanspruchung. Tech. Mess. 63, 51 - 55 (1996).

[16] Sander, M.: Einfluss variabler Belastung auf das Ermüdungsrisswachstum in Bauteilen und Strukturen. Fortschritt - Berichte VDI, Reihe 18, Nr. 287. VDI - Verlag, Düsseldorf (2003).

[17] Sander. M., Richard, H. A.; Automatisierte Ermüdungsrissausbreitungsversuche. Materialprüfung 46, 22 - 26 (2004).

[18] Döker, H.: Fatigue crack growth threshold: implications, determination and data evaluation. In. J. Fatigue 19, S145 - S149 (1997).

[19] FKM - Richtlinie: Bruchmechanischer Festigkeitsnachweis für Maschinenbauteile. VDMA - Verlag, Frankfurt (2006).

[20] NASGRO ®: Fatigue crack growth computer program "NASGRO" Version 5.2, Southwest Research Institute (2008).

[21] Henkel, S., Hübner, P., Pusch, G.: Zyklisches Risswachstumsverhalten von Gusseisenwerkstoffen—Analytische und statistische Aufbereitung für die Nutzung mit dem Berechnungsprogramm ESACRACK. In: DVM - Bericht 240, Deutscher Verband für Materialforschung und—prüfung, S. 251 - 259, Berlin (2008).

[22] Richard, H. A., Tenhaeff, D., Hahn, H. G.: Critical survey of Mode II fracture specimens. In: International Conference and Exposition on Fatigue, Corrosion Cracking, Fracture Mechanics and Failure Analysis. Salt Lake City (1985).

[23] Richard, H. A.: Eine neue KIIC - Probe. Vorträge der 12. Sitzung des Arbeitskreises Bruchvorgänge. Deut-

scher Verband für Materialprüfung, S. 61 – 69, Berlin (1980).

[24] Richard, H. A.: A new compact sheer specimen. Int. J. Fracture 17, R105 – R107 (1981).

[25] Richard, H. A.: Bruchvorhersagen bei überlagerter Normal – und Schubbeanspruchung von Rissen. VDI – Forschungsheft 631. VDI – Verlag, Düsseldorf (1985).

[26] Richard, H. A.: Specimens for investigating biaxial fracture and fatigue processes. In: Brown, M. W., Miller, K. J. (eds.) Biaxial and Multiaxial Fatigue, EGF3, S. 217 – 229. Mechanical Engineering Publications, London (1989).

[27] Richard, H. A., Fulland, M., Sander, M.: Theoretical crack path prediction. Fatigue Fract. Eng. Mater. Struct..

[28] 3 – 12 (2005) 28. Richard, H. A.: Praxisgerechte Simulation des Werkstoff – und Bauteilverhaltens durch überlagerte Zug –, ebene Schu – bund nichtebene Schubbelastung von Proben. Vorträge zur Jahrestagung' 83, Werkstoff – Bauteil – Schaden, S. 269 – 274. VDI – Gesellschaft Werkstofftechnik, Düsseldorf (1983).

[29] Richard, H. A., Kuna, M.: Theoretical and experimental study of superimposed fracture modes I, II and Ⅲ. Eng. Fract. Mech. 35, 949 – 960 (1990).

[30] Buchholz, F. – G., Richard, H. A.: From compact tension shear (CTS) to all fracture modes (AFM) specimen and loading devices. In: Proceedings of International Conference on Advances in Structural Integrity. Indian Institute of Science, Bangalore (2004).

[31] Schwalbe, K. H.: Bruchmechanik metallischer Werkstoffe. Hanser – Verlag, München (1980).

第 6 章　服役载荷下的疲劳裂纹扩展

裂纹扩展模拟和剩余寿命预测通常只考虑恒载，如第 4 章所述。然而，实际操作期间，构件会暴露于各种载荷中，包含过载、欠载、块载和频繁变化方向的载荷。这些情况不会经常发生，通常都是由整体使用场景引起的偶然影响。这样的服役载荷会交互作用，从而延长或减少剩余寿命。也就是说，基于恒载的剩余寿命预测就显然不够准确了。然而，因为预测疲劳裂纹扩展要求尽可能准确，问题就变得复杂了，尤其要考虑到相关的安全和经济后果。

从经济角度来看，材料需要最合理地得到使用，所以应该避免保守的预测。然而，构件或结构的可靠性是更重要的问题。为了避免危及人类和环境，预测不可能不保守。也就是说，构件在预测的剩余寿命之前绝不能失效。因此，剩余寿命预测的方法需要考虑到服役载荷的交互影响。

6.1　载荷谱和累积频率分布

为了安全地预测构件、机器或系统的剩余寿命，了解载荷或压力是至关重要的。对于可以通过载荷 – 时间函数来描述的服役载荷，绝对有必要知道振幅和相应的平均应力以及载荷的顺序。

6.1.1　确定服役载荷

为了计算或通过试验的方法来确定构件和结构的服役寿命，通常通过定量和定性分析来推导或产生载荷的时间函数[1,2]。定量分析首先定义了构件或结构的应用方案，除了个别载荷情况的频率、分布和顺序之外，还可对设计的预期用途进行编码。例如，对于客车来说，必须确定其行驶路线、行驶频率和行驶时间，或驾驶员对载荷的影响程度[1]。定量分析根据相关载荷情况确定实际载荷条件下的构件载荷。有多种方法可以确定用于定量分析的构件载荷。基本方法包括服役载荷测量、数值模拟、分析模拟或估算。具体应用哪一种方法，要依据开发和设计的阶段来确定。除了最常用的载荷测量操作(包括应变仪等测量元件所测量的信息记录)之外，数学和数值模拟也被应用得越来越多。有了它们，就可以通过使用充足的轮胎模型、街道轮廓的数字表示和驾驶员模型来虚拟模拟整个车辆的道路行程[3]。

由于测量及模拟现有可能需要耗费大量的时间和精力，整个构件在整个使用寿命期间的服役载荷通常不会被完整记录。出于这个原因，记录的数据可以外推到一个更长的时间段[4]。一种常用的方法是重复载荷－时间函数多次，即用一个因子来调整频率。如果测量的载荷－时间函数的峰值被适当地定义并且在整个服役期间具有代表性[5]，则该流程是允许的。其他方法也是重复测量数据，但是使用统计方法修改幅度(参见文献[6，7]中例子)。此外，已经开发了基于雨流矩阵的各种统计方法，用于外推载荷－时间函数(见文献[8，9]中的例子，见6.1.2节)。

6.1.2 计数方法

计算结构耐久性时，通常使用计数法分析载荷－时间函数。计数法获得的结果是频率分布或频率矩阵。计数方法的应用还使得简化、减少、比较或组合任何复杂程度的载荷－时间函数成为可能。

在进行计数之前，测量范围被划分。也就是说，它被细分为等距级别，其中零计数点必须低于最低测量值。级别的数量通常在32和256之间(见图6.1)。

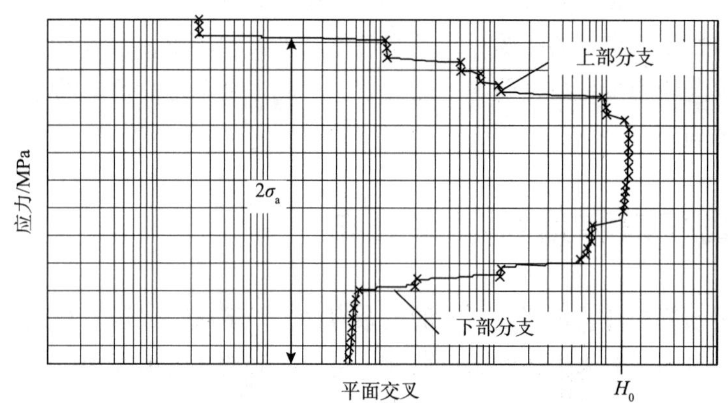

图6.1 作为(64级)频率分布的标准载荷频谱FELIX／28的穿级计数结果

计数方法可以分为单参数方法和双参数方法[10,11]。在单参数方法中，只有一个特征量，例如峰值被计数；在双参数方法中记录了两个相关特征量，例如振幅和平均值。

单参数方法包括峰值计数法、穿级计数法和范围对计数。单参数计数的结果是频率分布。标准载荷光谱FELIX／28的穿级计数的频率分布示例见6.1.3节，对应于直升机的旋翼载荷。

双参数法一般可分为从头到尾计数、变程对平均计数法和雨流计数法。雨流计数法是最常用的计数方法。利用这种方法，通过考虑载荷－时间函数的应力—应变路径，可以发现闭合滞环。由于Matsuishi和Endo开发了雨流计数的最初版本，目前同时有许多变体和修订版本也在应用(见文献[12，13]中的例子)，结果可以存储在全矩阵和半矩阵中。图6.2呈现了使用标准载荷谱FELIX／28作为全矩阵实例的雨流计数结果。相比之下，在半矩阵中只有峰值信息被记录，没有关于周期方向的信息。无论采用哪种方法，计数过程中

都会丢失许多基本信息，例如单个周期的序列。然而，对于评估和预测疲劳裂纹扩展而言，载荷历程尤其重要。

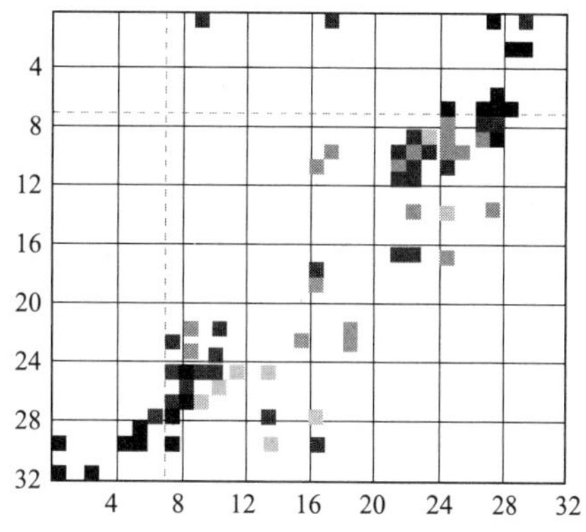

图 6.2 作为全矩阵(32 个等级)标准载荷谱 FELIX/28 的雨流计数结果

6.1.3 标准载荷谱

标准化的加载序列已经被确定，可用于检查不同材料、制造生产方法、表面条件、设计变化或裂纹扩展模型可靠性对评估结果的影响[14]。

通过这种方式，完全有可能使得结果具有可比性。在过去几年中，各种应用领域已经开发了各种标准化载荷谱，它们表示了特定构件和机器结构的一般载荷序列。表 6.1 列出了几个标准化的加载顺序。

表 6.1 标准化加载序列的编译[15]

名称	著录	年份
TWIST	运输机翼标准	1973
MINITWIST	TWIST 的缩写版本	1979
GAUSSIAN	高斯序列	1974
FALSTAFF	战斗机的疲劳载荷标准	1975
简化 FALSTAFF	简化版本的 FALSTAFF	1980
EUROCYCLE	汽车车轮的载荷标准	1981
FELIX 和 HELIX	固定(FELIX)和铰接(HELIX)转子的直升机载荷标准	1984
FELIX/28 和 HELIX/32	简化版本的 FELIX 和 HELIX	1984
ENSTAFF	环境中的 FALSTAFF	1987
WISPER	风机参考频谱	1988
WISPERX	WISPER 的简化版本	—
WAWESTA	钢厂传动载荷标准	1990
COLD TURBISTAN	冷压缩机磁盘的载荷标准	1985
HOT TURBISTAN	热压缩机和涡轮盘载荷标准	1989
WASH	近海机构载荷标准	1989
CARLOS	汽车载荷标准(单轴)	1990
CARLOS multi	汽车载荷标准(多轴)	1994
CARLOS PTM	汽车动力传动系统(手动换挡)	1997
CARLOS PTA	汽车动力传动系统(自动变速箱)	2001

6.2 交互效应

在恒定振幅和平均应力载荷下的疲劳裂纹扩展在技术实践中是很少见的。这是因为，在组装、运输或使用过程中，机器或车辆通常会承受时变负荷的影响。

与恒幅循环加载下的裂纹扩展相反，变幅负载会导致相互作用效应，这可能会延长或缩短剩余寿命。也就是说，裂纹扩展不再仅仅依赖于当前载荷 ΔK_I 和 R，而是依赖于载荷历史或载荷序列。

为了说明各种载荷序列的影响，载荷一般分为四类：

(1)过载/欠载；

(2)过载/欠载序列；

(3)块载；

(4)服役载荷。

前三类属于简单加载序列，而第四类具有对应的载荷 - 时间函数，请参见 6.1.1 节。除了随时间变化的载荷强度之外，在使用构件时也可能发生载荷方向的变化。这导致正应力和切应力的叠加会是暂时的，也可能是永久的。出于这个原因，上面提到的类别也可以根据裂纹承载方式细分为模式Ⅰ、模式Ⅱ、模式Ⅲ或混合模式载荷。

由于不同负载变化的影响相互作用，描述服役载荷对疲劳裂纹扩展的整体影响是非常复杂的。因此，下面将系统地介绍过载/欠载、过载/欠载序列和块载对裂纹扩展的影响，然后进行相关的混合模式叠加。

6.2.1 过载

单个负载随着更高负载的出现而发生变化，例如，由于特殊事件或操作错误而产生的负载变化称为过载。过载水平通过过载率定义：

$$R_{\mathrm{ol}} = \frac{\sigma_{\mathrm{ol}}}{\sigma_{\mathrm{Bl,max}}} = \frac{K_{\mathrm{I,ol}}}{K_{\mathrm{I,Bl,max}}} \tag{6.1}$$

式中，σ_{ol} 和 $K_{\mathrm{I,ol}}$ 对应于过载的最大水平，$\sigma_{\mathrm{Bl,max}}$ 和 $K_{\mathrm{I,Bl,max}}$ 对应于基线水平负载的恒定最大水平。图 6.3 显示了穿插在恒定基线水平载荷 $\Delta K_{\mathrm{I,Bl}}$ 上的模式Ⅰ过载的例子。

这种过载会导致疲劳裂纹扩展产生不同程度的迟滞。

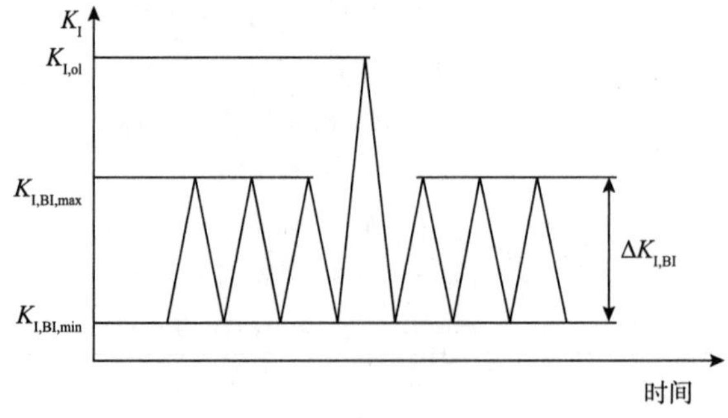

图 6.3 一种穿插在恒定基线水平载荷 $\Delta K_{\mathrm{I,Bl}}$ 上的模式Ⅰ过载的定义

6.2.1.1 过载对疲劳裂纹扩展的影响

低过载率的过载通常对裂纹扩展没有影响或仅有轻微影响，从而没有导致显著的裂纹扩展迟滞见[见图6.4(a)]。

如果存在迟滞效应，则施加过载后，迟滞就会直接发生，如图6.4(b)所示，或迟滞会延迟发生，如图6.4(c)所示。“延迟的迟滞”是指，在过载后维持初始裂纹扩展速率或在迟滞之前初始裂纹扩展速率加快。术语“迟滞损失”是指，在迟滞阶段之后，初始裂纹扩展速率加快，如图6.4(d)所示。加速度超过基线水平加载的裂纹扩展速率。然而，许多研究无法证实文献[16]中描述的迟滞损失。如果过载率超过一定值，裂纹扩展就会停止。也就是说，即使施加多次(例如10^7次循环载荷)，也没有测量到裂纹扩展，如图6.4(e)所示。

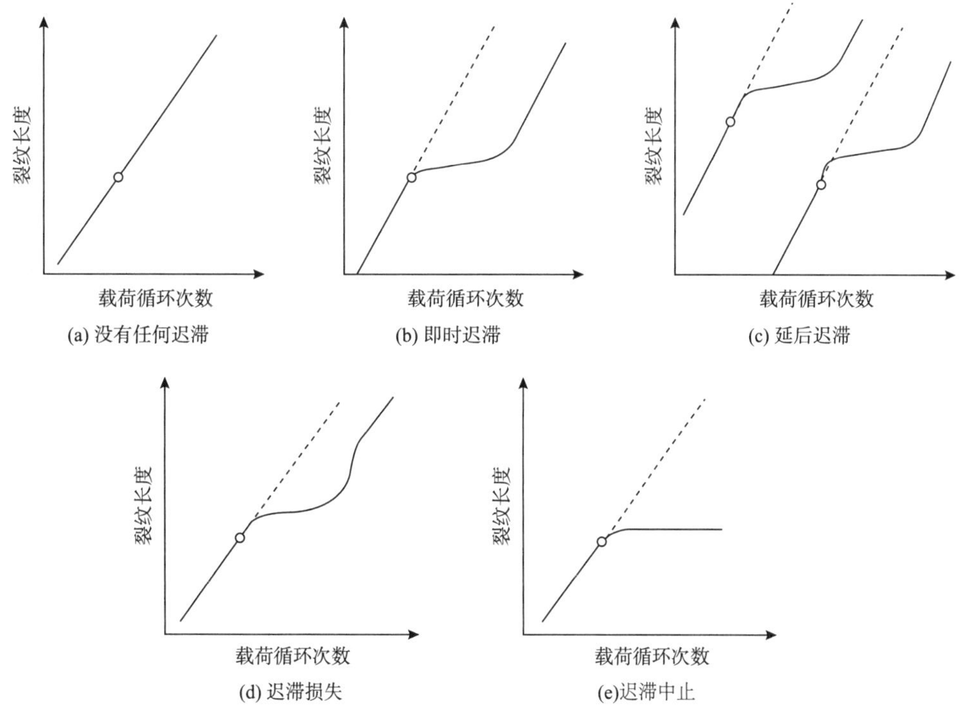

图6.4 在恒定应力强度因子和单一过载的测试中，不同类型裂纹的迟滞行为[16,17]

6.2.1.2 量化迟滞行为

过载后的迟滞行为通常可以分为两个阶段，如图6.5(a)所示。在第一阶段，平台范围内，裂纹扩展速率降至最低，如图6.5(b)所示；裂纹停止扩展或裂纹只有轻微扩展，如图6.5(a)所示。平台阶段之后是加速阶段。在该阶段，裂纹扩展速率不断增加，如图6.5(b)所示，直到恢复过载之前的初始裂纹扩展速率$(\mathrm{d}a/\mathrm{d}N)_{\mathrm{BI}}$。

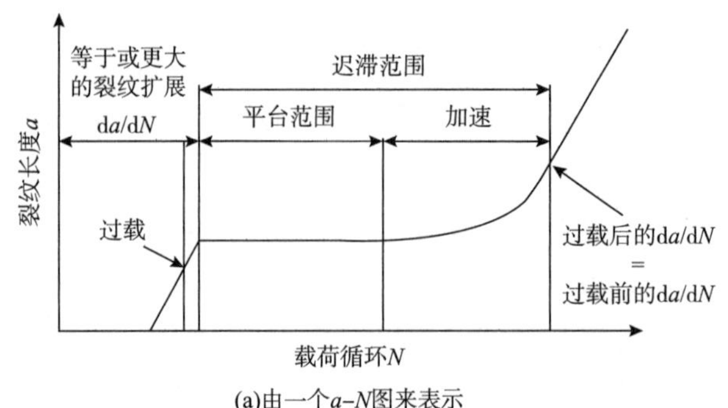

(a)由一个a–N图来表示

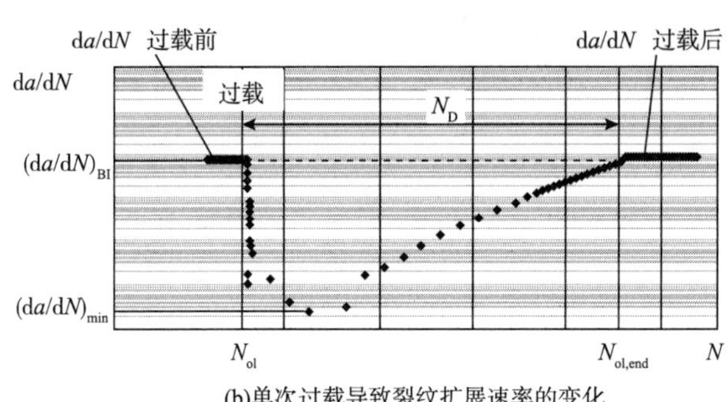

(b)单次过载导致裂纹扩展速率的变化

图 6.5　单次过载后裂纹迟滞阶段

为了量化迟滞行为，通常使用迟滞载荷循环次数 N_D 的数量或迟滞载荷循环的校正次数 N_{DI}。迟滞载荷循环次数 N_D 表示在过载后重新达到基线水平加载的裂纹扩展速率 $(da/dN)_{BI}$所需的载荷循环次数差，如图 6.5(b)所示，因此必须克服受迟滞影响的裂纹长度增量 $\Delta a_{inf,D}$。为了确定迟滞载荷循环的校正次数 N_{DI}，对于一定的裂纹长度增量 $\Delta a_{inf,D}$，N_D 是通过恒幅加载(没有任何过载)所需的载荷循环次数来进行校正的[17,18]。

6.2.1.3　影响迟滞效应的因素

图 6.6 显示了经过校正的迟滞载荷循环次数 N_{DI}，N_{DI}既是过载比 R_{ol}的函数，也是基准水平载荷 $\Delta K_{I,BI}$的函数，图中数据是以铝合金 EN AW－7075－T651 为例的，应力比 $R=0.1$。一般来说，过载的迟滞效果随着过载比率和恒定的基线水平载荷的增加而显著增加，这与剩余寿命延长的意思是相同的。图 6.6 显示的铝合金 EN AW－7075－T651 的试验结果的特征是，迟滞载荷循环次数呈指数级增长。从基线水平载荷和过载率的某种组合开始，甚至裂纹会停止扩展，例如具有 2.5 倍过载和基线水平负载为 $4MPa \cdot m^{1/2}$ 的铝合金的情况。

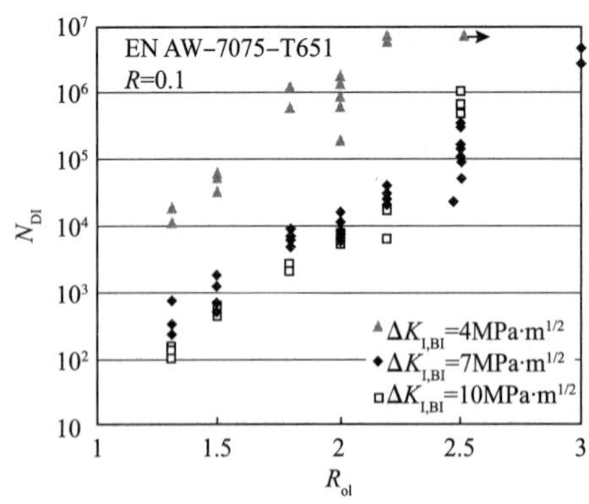

图 6.6　迟滞载荷循环次数 N_{DI}为过载比率 R_{ol}和基线水平负载 $\Delta K_{I,BI}$的函数，以铝合金 EN AW－7075－T651 为例[18]

除了过载率之外，基线水平负载也对迟

滞效应具有决定性影响。随着基准水平载荷的增加，当过载率保持不变时，迟滞效应一般会降低。由基线水平载荷决定的裂纹扩展速率对于迟滞效应是至关重要的。对于某些材料来说，在达到极高的基线水平负荷后，迟滞效应会再次增加[19,20]。

与应力范围一样，基线水平载荷的应力比 R 是影响疲劳裂纹迟滞行为的另一个重要因素，R 比率增加，迟滞效应降低。

图 6.7 总结了过载率、基准水平载荷和应力比 R 的影响。在这些图中，可以识别出不同的区域，这些区域使用极限曲线进行分区。这些曲线由疲劳裂纹扩展的极限曲线确定，该极限曲线由裂纹扩展临界值 $\Delta K_{I,th}$（无裂纹增长）和断裂韧性（由于过载引起的断裂）来确定。它们之间为疲劳裂纹扩展范围，如果出现迟滞效应或止裂，则是由过载引起的。

作为过载的结果，通常可以在引入过载位置的断裂表面上直接找到标记（称为静止标记，即载荷变化标记，另见图 2.7 和图 2.9）。过载比率越高，载荷标记变化越明显。另外，在载荷变化标记之前形成的区域，对于一些材料来说，与其余的断裂表面相比具有更深的颜色。高过载率甚至会导致过载位置的严重变形。

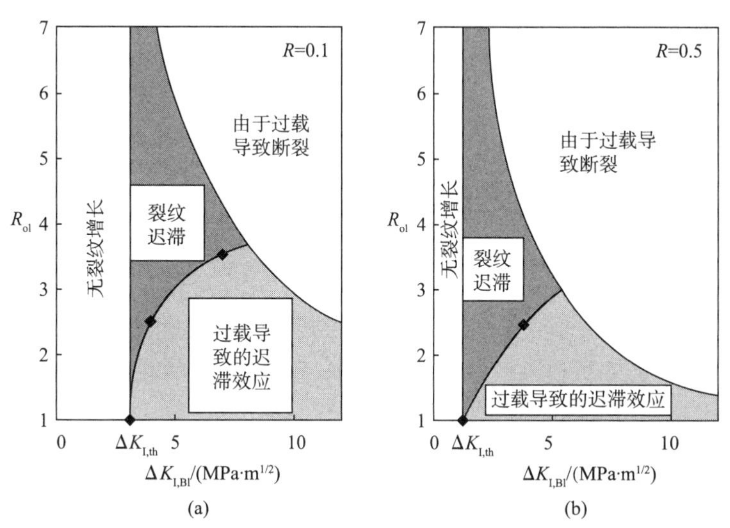

图 6.7 对于铝合金 EN AW－7075－T651[17,18]，应力比 R =0.1 和 R=0.5 条件下作为基准水平载荷函数的单次过载的影响

6.2.2 欠载

欠载是指载荷发生变化，其最小应力或最小应力强度低于基准载荷的最小应力，如图 6.8 所示。欠载的应力强度 $K_{I,ul}$既可以发生在拉载荷下，也可以发生在压载荷下。

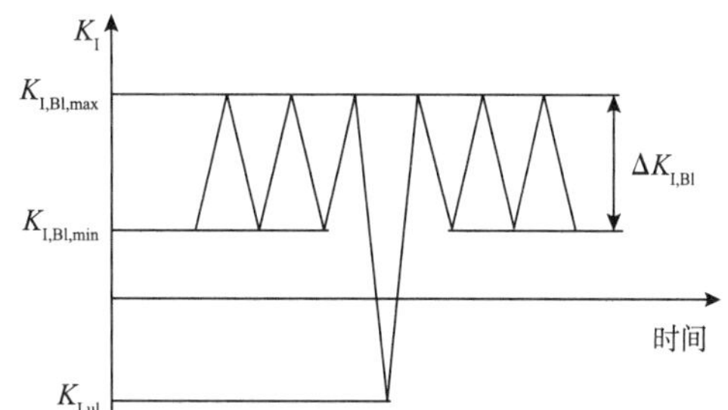

图 6.8 在恒定基准水平载荷 $\Delta K_{I,Bl}$ 中穿插着模式 I 欠载的定义

单个欠载的影响与单个过载的影响完全不同。一个单一的欠载，如图 6.8 所示，通常会导致裂纹扩展加速，有时它的影响可以忽略不计[21]。

6.2.3 欠载和过载的组合

由过载和欠载组合引起的相互作用效果明显取决于加载参数和材料。对于铝合金来说，通常可以认为，在过载后直接发生的欠载比直接在过载之前的欠载更能有效地降低迟滞效应。然而，在文献中也有相反的介绍，可参考其他材料[21]。

6.2.4 过载序列

涉及过载序列时，有非常多样的变化可能性。例如，如果在一个恒定的基线水平上加载一个过载序列，则单个过载是分散的，它们彼此被一定数量的基线水平载荷 N_{Bl} 分开，如图 6.9 所示。

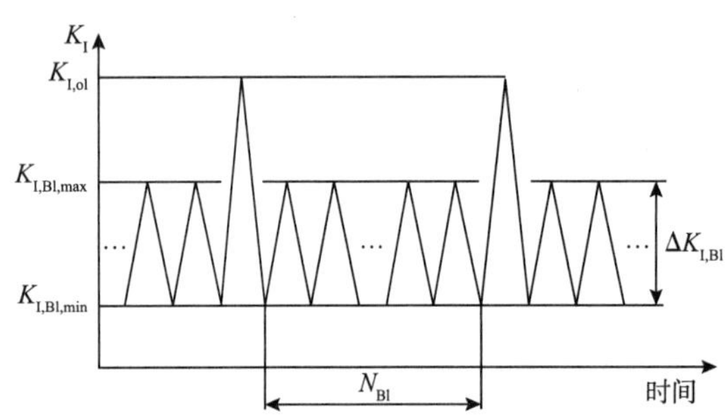

图 6.9 定义一个简单的过载序列
(其中单个过载由一定数量的基线水平载荷 N_{Bl} 分开)

这种过载序列既可能导致裂纹扩展加速，也可能导致裂纹扩展迟滞。如果过载之间的基线水平载荷循环次数很少，则会发生加速效应。如果单次过载之间的载荷循环次数过大，以致之前过载的影响已经消退，则迟滞效应是单次迟滞循环次数的总和。

然而，如果过载仍然受到先前过载迟滞的影响，则通常随后会出现更大的迟滞效应。加速和迟滞效应的过渡和数量都取决于过载水平以及基线水平载荷，但它们也取决于材料本身。

图 6.10 以铝合金为例，说明了过载序列导致的裂纹扩展行为。如果过载仅仅被基线水平载荷的一个单个载荷变化分开，则 2 倍过载周期性地穿插在基线水平载荷中，(基线水平载荷 $F_{max}=5kN$，$R=0.1$)，则会导致明显的加速。另外，在 $N_{Bl}=100$ 时，则出现明显的迟滞效应；当 $N_{Bl}=1000$ 时，迟滞效应达到最大；此后，随着 N_{Bl} 增加，迟滞效应变得更小[17,18]。

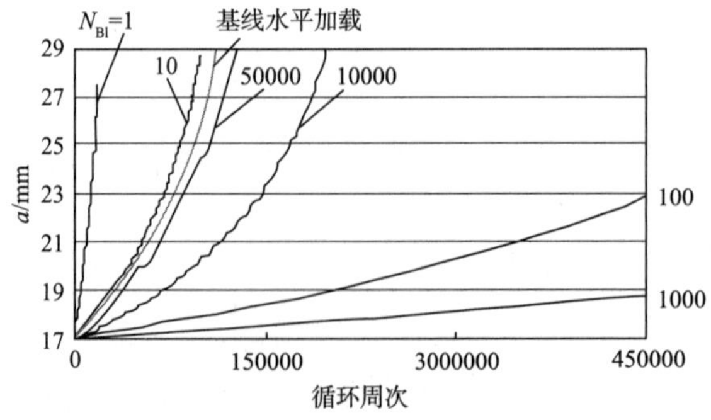

图 6.10 以铝合金 EN AW－7075 T651，过载率 $R_{ol}=2.0$ 为例，单次过载之间的基准水平载荷循环次数 N_{Bl} 的函数的序列效应

另一种过载序列的特征是直接序列中有多个过载。图6.11以铝合金EN AW－7075－T651为例，说明迟滞载荷循环次数N_D与过载的次数n_{ol}(过载比率分别为1.8、2.0和2.5)之间的函数关系。N_D随着过载次数的增加而增加，直到达到饱和点，即已经达到了极限值，例如迟滞载荷循环次数向恒定值收敛。引入恒定迟滞效应的过载次数和迟滞载荷循环次数的极限值(饱和点)都取决于各种因素，诸如过载率和基线水平负载。例如，为了获得更大恒定迟滞载荷循环次数，需要引入更大的过载率、更少量的过载次数，从而获得更大的恒定迟滞。

但是，除了一系列过载之后的迟滞效应，较高的载荷也会导致裂纹扩展加速，这意味着为了进行完整的剩余寿命估算，必须考虑这两个影响。

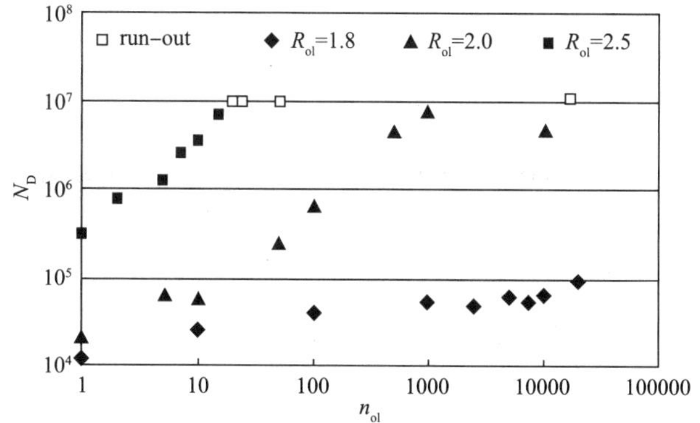

图6.11　EN AW－7075－T651铝合金，基准水平载荷为7MPa·m$^{1/2}$，R=0.1，穿插的过载次数n_{ol}和过载比率R_{ol}对迟滞载荷循环次数N_D的影响

6.2.5　块载

其中多个过载依次出现的过载序列也被称为低－高－低块加载序列。此外，块载荷也可以以高低或低高模式排列。在高－低载荷序列中，载荷从高负载水平降低到低负载水平。相反，低－高负载序列特征为从低负载到高负载转变。

类似于过载比的定义，块载的级别由块载比来定义：

$$R_{块载}=\frac{\sigma_{块载}}{\sigma_{Bl,max}}=\frac{K_{I,块载}}{K_{I,Bl,max}} \tag{6.2}$$

此外，在一般的块载情况下，块内的R比率或最小应力强度具有决定性的作用。

图6.12(a)显示了一个典型的低－高－低块载荷测试的$a-N$曲线。低－高载荷序列最初导致加速。也就是说，裂纹扩展速率暂时高于较高循环应力强度对应的裂纹扩展速率水平，如图6.12(b)所示。高低负载顺序导致迟滞效应。迟滞效应的程度是可变化的，取决于块载循环的次数和块载的数量。

对铝合金的研究表明，迟滞载荷循环次数随着块载荷比的增加而增加[17]。如果块载比较小，那么三个块载类别$K_{I,min}$＝常数、R＝常数和ΔK_I＝常数之间的差异可忽略不计。关于它们的迟滞效应是可以确定的。在一定的块载比下，试验的迟滞载荷循环次数受块内

的 R 比率影响。

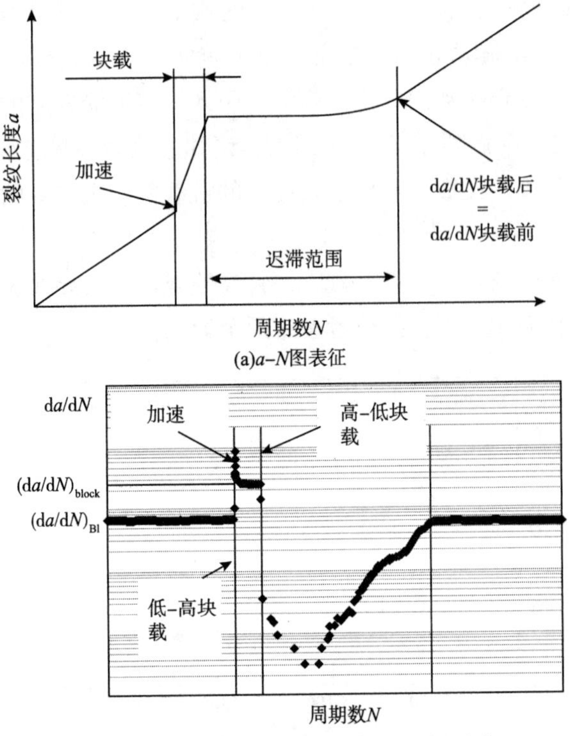

图 6.12 在块载荷的作用下裂纹迟滞和加速阶段

与高-低载荷序列相关的迟滞载荷循环数相比，低-高载荷序列产生的加速载荷循环次数通常较小。

然而，就整体效应而言，裂纹扩展会加速到一定的块载比是显而易见的。在更高的块载比下，加速效应和迟滞效应相互平衡，以迟滞效应为主[17]。

如果低-高载荷序列周期性重复，则可能导致更明显的全局加速或迟滞效应[21]（见图 6.13）。

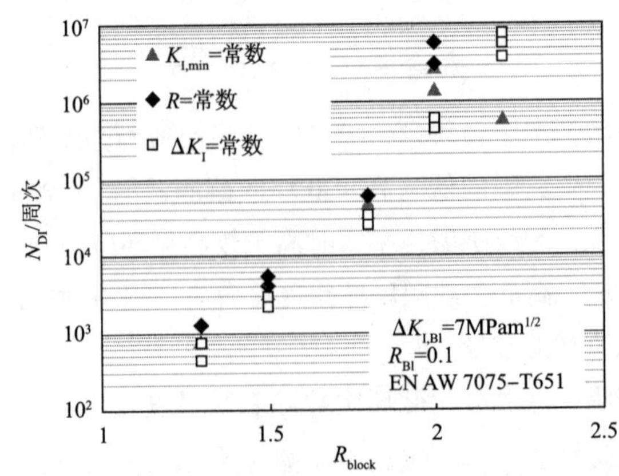

图 6.13 以铝合金为例，块载比和块载内的 R 比率对迟滞载荷循环次数 N_{DI} 的影响

6.2.6 服役载荷

服役载荷的机制非常复杂，因为它导致了加速和迟滞效应，并且这些效应也相互影响。

6.2.6.1 服役载荷的影响

观察断口时会发现，加速和迟滞的相互作用和效应尤其明显。图 6.14 显示了标准载荷谱[CARLOS/垂直，如图 6.14(a)所示；FELIX / 28，如图 6.14(b)所示；WISPER，如图 6.14(c)所示]下产生的疲劳断口实例。

由于载荷谱的加载时间序列变化，可以清楚地识别断裂表面上的结构。当使用 CARLOS/垂直或 WISPER 进行加载时，可以识别出清晰的静止标记序列，特别是对于长裂纹；而加载 FELIX/28 后，断裂表面的静止标记则更少。

当考虑裂纹扩展作为载荷循环次数的函数时，迟滞效应和加速效应也有明显的重叠。

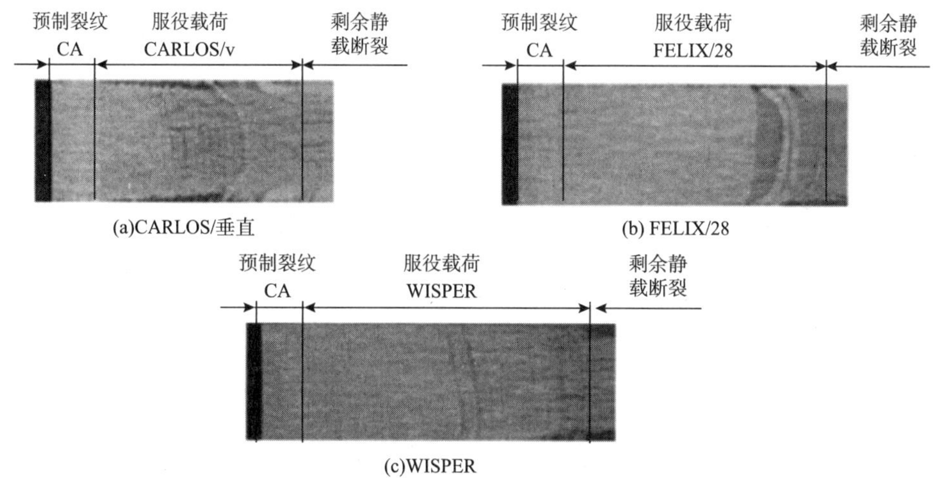

图 6.14 标准载荷谱产生的疲劳断口

图 6.15 显示了以 WISPER 谱为例的裂纹扩展。可以看到，紧随迟滞裂纹扩展阶段的是加速区。

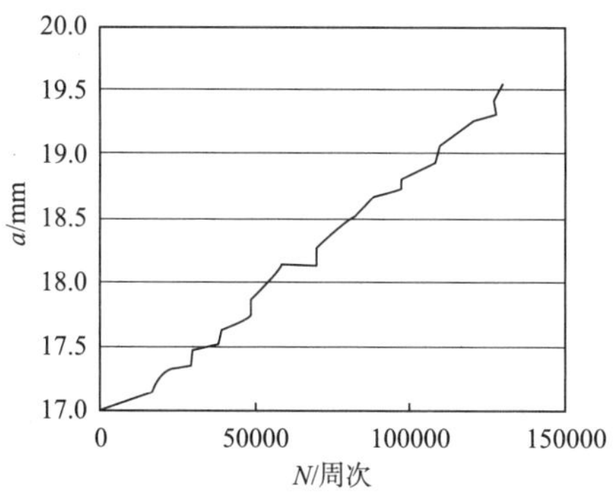

图 6.15 使用标准载荷谱 WISPER 作为载荷循环周次函数的裂纹扩展

6.2.6.2 重构载荷 - 时间函数的含义

如果在计数后根据累积频率分布重构载荷 - 时间函数，那么问题就来了。因为计数方法的使用(见 6.1.2 节)会导致有关载荷 - 时间序列的顺序信息完全丢失。然而，从图 6.15 的例子中可以清楚地看出，这个序列在很大程度上会影响裂纹的扩展。在穿级计数之后如何重构加载 - 时间函数没有明确定义。根据 ASTM E 1049[10]，函数重构可以在任何载荷循环序列中进行。

这两种典型的极限情况根据载荷振幅对载荷变化进行排序，从而可以区分振幅减小和振幅增大的载荷序列。

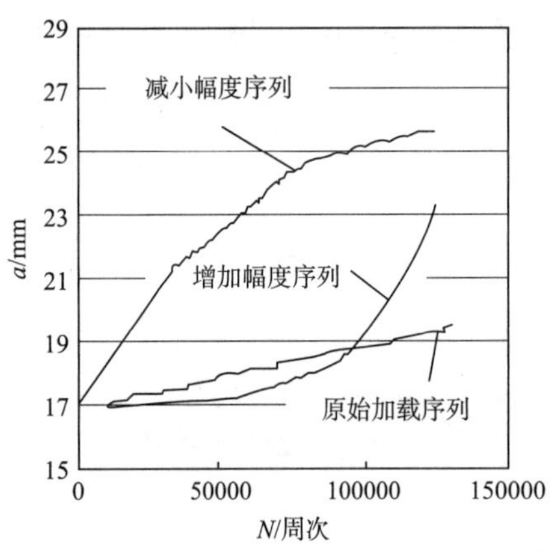

图 6.16 穿级计数后重构的载荷谱与由标准载荷谱 WISPER 原始序列产生的裂纹扩展的比较

图 6.16 呈现了裂纹扩展的比较情况，幅值是穿级计数后排序重构的，载荷 - 时间函数恰好应用了一次。很明显，这样的重构会导致显著的高估和低估裂纹扩展速率[18]。如果两个连续级别之间选定的梯度太大，这种效果就会被放大，因为附加的加速和迟滞效应将同时发挥作用。

为了在雨流计数后重构载荷序列(见 6.1.2 节)，有几种算法可利用(见文献[4, 12]中的例子)。所有这些都会导致重新计算后生成相同的矩阵。基本上，根据应用的随机算法，将矩阵中的循环插入到现有的剩余循环中以实现重建。由于偶然性原理，从相同的雨流矩阵开始进行重复重构，可以获得不同的载荷 - 时间函数。基于这种重构的剩余寿命预测的质量，取决于载荷谱本身和载荷水平[18]。

6.2.6.3 外推载荷 - 时间函数的含义

在通过试验的方法确定剩余寿命的情况下，外推载荷 - 时间函数的一个优点是获得的载荷谱可以重复多次。

当根据幅度水平将重构的载荷 - 时间函数串联在一起时，在幅度增加的情况下，从一个加载序列到下一个加载序列的载荷会急剧下降，如图 6.17(a)所示。这会导致明显的迟滞，如图 6.18 所示。随着幅度的减小，在载荷谱之间，会看到载荷明显增加，如图 6.17b 所示，它可以产生加速效应。当两个连续的载荷谱中都应用到增加幅度和减小幅度时，裂纹扩展速率总体上有所增加，如图 6.17(c)所示。图 6.18 显示了这种情况，重构后的剩余寿命与实际的载荷 - 时间函数相比要小得多。另外，各个载荷水平的任意混合[见图 6.17(d)]总体上更好地反映了剩余寿命。

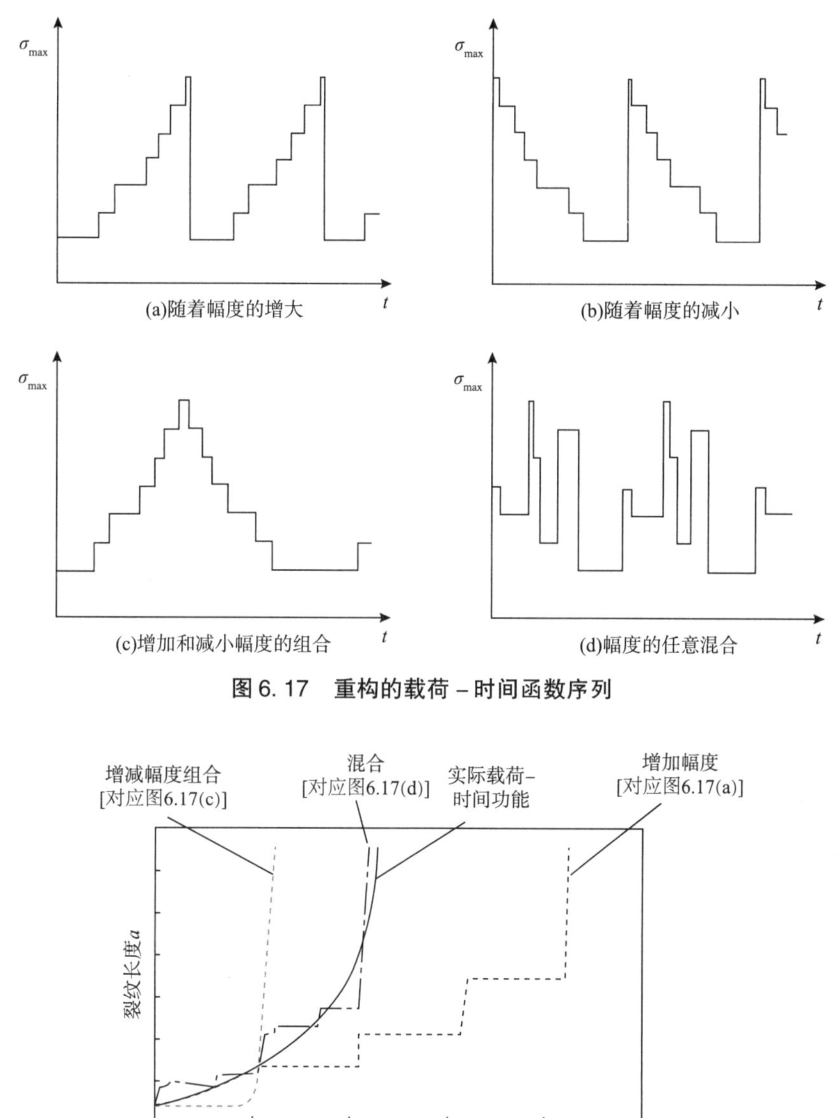

图6.17　重构的载荷－时间函数序列

图6.18　与原始载荷－时间函数相比，每一次载荷－时间函数的外推导致的裂纹扩展

6.3　变幅载荷下的裂纹扩展概念

在用于描述可变载荷下裂纹扩展的模型中，能够使用全局分析的模型和逐周期分析的模型进行区分。全局模型试图通过考虑整体载荷来预测裂纹扩展和剩余寿命，而逐周期分析的模型用于分别评估每个载荷周期，通过添加单个评估来形成总体估算。一方面，可以在不考虑任何交互影响的情况下执行逐周期分析(线性损伤累积)。另一方面，逐周期分析也可以考虑交互效应。与线性损伤累积相反，涉及序列效应的方法认为，裂纹扩展不仅取决于当前载荷循环中的载荷，而且取决于历史载荷。Schijve[22]根据它们如何解释迟滞/加速现象，

将考虑相互作用效应的模型分为以下三类：屈服区模型；裂纹闭合模型；条带屈服模型。

6.3.1 全局分析

全局分析基于载荷谱的统计描述，其目标是从一个具有可变幅度的载荷谱中找到单个循环应力强度因子值。这个值可以用来提供裂纹扩展的充分描述。也就是说，一个平均循环应力强度因子的应用应产生与使用变幅载荷谱时相同的平均裂纹扩展率。

这种方法之一是由 Barsom[23] 开发的。在他的模型中，Barsom 计算均方根值

$$\Delta K_{\mathrm{I,rms}} = \sqrt{\frac{1}{N} \cdot \sum_{i=1}^{N} \Delta K_{\mathrm{I},i}^{2}} \tag{6.3}$$

式中，$K_{\mathrm{I,rms,min}}=0$，然后它被插入到裂纹扩展方程(见 4.3 节)，诸如 Paris 方程

$$\frac{\mathrm{d}a}{\mathrm{d}N} = C_{\mathrm{p}} \cdot (\Delta K_{\mathrm{I,rms}})^{m_p} \tag{6.4}$$

基于 Barsom 模型，Hudson[24] 开发了另一个模型，以更好地重现载荷序列。在这个模型中，应力场强度因子的最小值和最大值分别被考虑，以便找到平均值 ΔK。

$$\Delta K_{\mathrm{I,rms}} = K_{\mathrm{I,rms,max}} - K_{\mathrm{I,rms,min}} = \sqrt{\frac{2}{N} \cdot \sum_{i=1}^{\frac{N}{2}} \Delta K_{\mathrm{I,max}}^{2}} - \sqrt{\frac{2}{N} \cdot \sum_{i=1}^{\frac{N}{2}} \Delta K_{\mathrm{I,min}}^{2}} \tag{6.5}$$

更多其他的模型也被 Bigonnet[25]、Kam 和 Dover [26] 等人发现。在这些模型中，使用循环应力的概率密度函数将加权应力幅值插入到裂纹扩展定律中。进一步的全局裂纹扩展模型的概述也可以在文献[27]中找到。

全局模型的一个主要缺点是，只有具有几乎相同的随机应力分布(诸如高斯加载序列)的加载序列所产生的裂纹扩展才能够准确预测。例如，如果过载导致过度迟滞，则全局模型无法考虑这些因素。

6.3.2 线性损伤累积

线性损伤累积是基于该类型裂纹扩展曲线的函数描述

$$\frac{\mathrm{d}a}{\mathrm{d}N} = f(\Delta K_{\mathrm{I}},\ R,\ \cdots) \tag{6.6}$$

其中考虑了逐周期的过程。例如，通过对裂纹扩展函数进行积分，每个载荷循环次数对应的 Δa_i 分别被计算出来。为了对整个载荷进行预测，每个载荷循环次数的计算值将被线性相加：

$$a_i = a_0 + \sum_{j} \Delta a_j \tag{6.7}$$

在施加线性损伤累积时，认为负载变化彼此独立并且不会相互影响。

线性损伤累积经常被使用，因为在计算机程序中易于实施。然而，如果载荷-时间函数中的迟滞和加速效应彼此抵消，那么这将导致较小的预测误差。如果情况并非如此，那么这种方法将导致极端保守或非常冒险的剩余寿命预测。

6.3.3 屈服区模型

屈服区模型的类别包括解释相互作用效应和迟滞效应的所有方法，特别是解决裂纹尖端问题的方法，例如塑性区或残余应力。

线弹性断裂力学表明，裂纹尖端附近存在奇异的应力分布。然而，由于材料的屈服点代表了自然边界，因此在裂纹尖端会形成塑性变形区域，(见3.5.1节)，这个区域被称为塑性区。

基本上，当涉及疲劳裂纹扩展时，塑性区可以分为主塑性区、二次塑性区和反向塑性区[28,29]。

估算裂纹尖端主塑性区的一种方法是找到弹性应力场中的位置 $r(\varphi)$，它是角度 φ 的函数，在 $r(\varphi)$ 处，产生塑性变形。塑性区的大小和形状都由不同的理论来描述。描述主塑性区的最有名的模型是由Irwin(见3.5.1节)和Dugdale开发的。

根据Irwin模型，平面应力状态(ESZ)的主要塑性区的大小是

$$\omega_{pl} = \frac{K_I^2}{\pi \cdot \sigma_F^2} \tag{6.8}$$

式中，σ_F 对应于屈服应力。

Dugdale认为，在平面应力条件下，主塑性区被限制在裂纹前的一个窄条上。为了将问题简化为弹性计算，可以想象将长度为 a 的裂纹通过Dugdale模型中塑性区 ω 拉长[见图6.19(a)]。

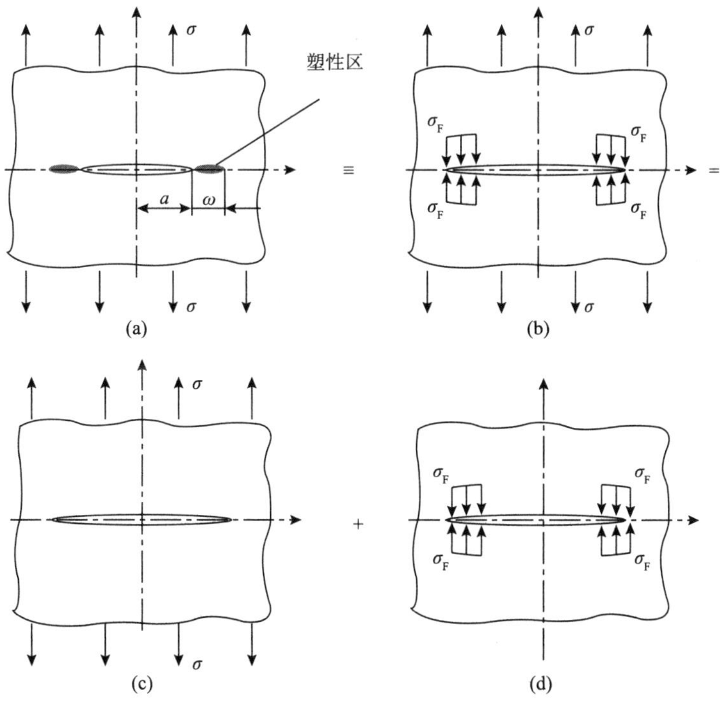

图6.19 Dugdale的开裂模式

塑性区内的材料行为被视为理想塑性材料，因此该区域的材料受到均匀应力 σ_F 的影响[见图6.19(b)]。长度为 $a+\omega$ 的虚拟裂纹完全被弹性应力场包围。由于弹性应力不能超过屈服点，所以塑性区大小的定义是，在假定虚拟裂纹末端不会出现奇异应力。

两部分解相互叠加，使得裂纹尖端处相应的应力奇异点相互抵消[30]：一部分为单轴拉伸应力场中的不承受载荷的裂纹[见图6.19(c)]，另一部分为通过内部拉应力部分承载的裂纹[见图6.19(d)]。在近似和忽略高阶项的情况下，以下关系式适用于计算塑性区尺寸：

$$\omega_{pl}=\frac{\pi}{8}\cdot\frac{K_I^2}{\sigma_F^2} \tag{6.9}$$

从纯粹的静态方法出发，Rice 建立了疲劳载荷下塑性区的估算模型。在这个模型中，Rice 假定材料为理想弹塑性行为，在拉伸和压缩范围内屈服点的值都是相同的。

$K_{I,max}$对应的初始载荷产生一个尺寸为 ω_{max} 的主塑性区。由于从 ΔK_I 降载到 $K_{I,min}$，RICE 认为，如果忽略裂纹扩展，可以将其视为负向载荷。如果用 $-\Delta K_I$ 代替载荷参数，并且屈服点的值是主塑性区解值的两倍，则图6.20中所示的 $K_{I,min}$的应力曲线可以通过叠加 $K_{I,max}$和 $-\Delta K_I$ 的静态解来获得。因此将压缩范围内的屈服点设置为该值的两倍，以便在叠加两个静态解之后获得屈服点的精确值。

在考虑应力曲线时，很明显，尽管 $K_{I,min}$不在压缩范围内，但在 ω_{min}范围内会出现压缩塑性变形。这个由 ω_{min}表示的区域被称为反塑性区或循环塑性区。反塑性区与主塑性区之间的关系可以通过 R 比率来估算，如下所示：

$$\frac{\omega_{min}}{\omega_{max}}=\frac{1}{4}\cdot(1-R)^2 \tag{6.10}$$

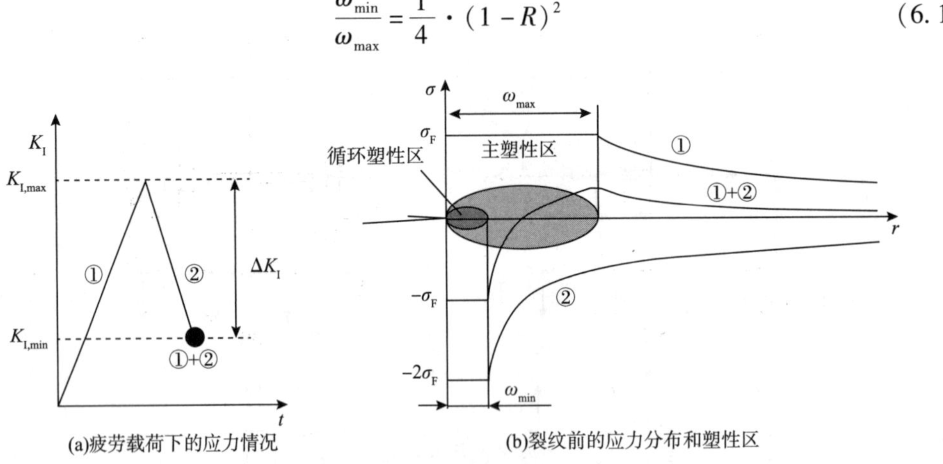

图6.20 在裂纹尖端前部反塑性区的形成

术语“二次塑性区”指的是在载荷循环的最大载荷期间形成的塑性区，但其限度仍然保持在已经形成的较大的主塑性区内。

图6.21为不同塑性区域之间的差异的示意图，其裂纹长度为 a_1，然后在一定量的裂纹扩展后达到裂纹长度 a_2。很明显，二次塑性区位于先前塑性变形的区域内。

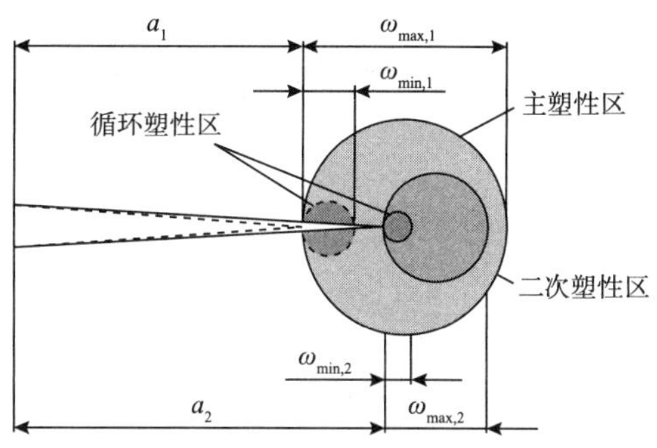

图 6.21 变幅疲劳加载塑性区定义

6.3.3.1 Wheeler 模型

考虑过载后的迟滞现象的第一个方法就是 Wheeler(惠勒)的屈服区模型。屈服区模型指出，只要二次塑性区(深灰色)位于由过载而形成的主塑性区(浅灰色)内，就会发生迟滞，如图 6.22 所示。为了考虑迟滞，Wheeler 通过迟滞参数 C_p 使用线性损伤累积[见式(6.7)]扩展了裂纹扩展的计算：

$$a = a_0 + \sum_i C_p \cdot f(\Delta K_{I,i}, R_i) \tag{6.11}$$

其中迟滞参数 C_p 定义如下：

$$C_p = \left(\frac{\omega_{max}}{a_p - a_i}\right)^W, \quad 当\ a_i + \omega_{max} < a_p\ 时 \tag{6.12}$$

$$C_p = 1, \qquad 当\ a_i + \omega_{max} \geqslant a_p\ 时 \tag{6.13}$$

如果二次塑性区达到周围主塑性区的边界，则迟滞因子被设定为 1，因此在恒载下裂纹扩展的势头不减。Wheele 指数 W 是一个取决于材料的参数，必须通过试验方法来确定。

对于平面应变条件，使用 Williams 方程估算塑性区域的大小

$$\omega_{max} = \frac{1}{4 \cdot \sqrt{2\pi}}\left(\frac{K_I}{\sigma_F}\right)^2 \tag{6.14}$$

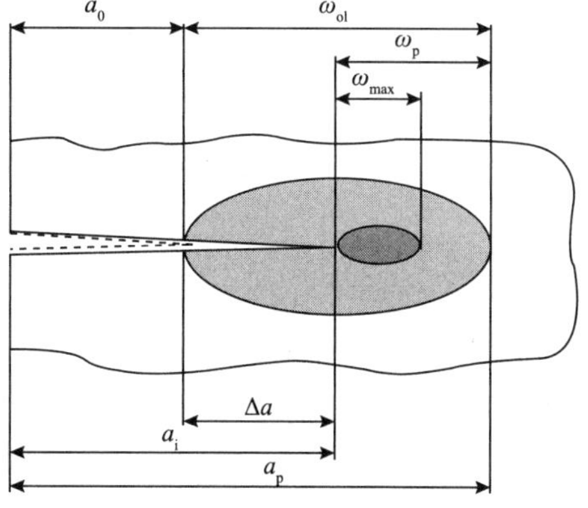

图 6.22 屈服区模型

Wheeler 模型的建立是为了预测过载后的迟滞行为。为了在给定变幅载荷下对裂纹扩展情况进行预测，使用线性损伤累积的方法将各个过载的预测相加。但结果是，顺序载荷变化的相互作用不能生效。

6.3.3.2 Gray/Gallagher 模型

Gray 和 Gallagher[31] 提出的模型代表了 Wheeler 概念的进一步发展。该模型还认为裂纹扩展受阻，直到二次塑性区离开了由于过载而形成的主塑性区。

在迟滞因子 C_p 的定义中，Gray 和 Gallagher 用塑性区的大小代替应力场强度因子，因此：

$$C_p = \left(\frac{K_{I,max}}{K_{I,max}^*}\right)^{2W}，当 K_{I,max} < K_{I,max}^* 时 \tag{6.15}$$

$$C_p = 1，当 K_{I,max} \geqslant K_{I,max}^* 时 \tag{6.16}$$

其中 $K_{I,max}^*$ 是产生塑性区大小所需的应力强度，如图 6.22 所示。

$$\omega_p = \omega_{ol} - \Delta a, \tag{6.17}$$

通过插入塑性区的一般定义

$$\omega = \alpha \cdot \left(\frac{K_{I,max}}{\sigma_F}\right)^2 \tag{6.18}$$

在式(6.17)中，应力场强度因子 $K_{I,max}^*$ 可以计算如下：

$$K_{I,max}^* = K_{I,ol} \cdot \sqrt{1 - \frac{\Delta a}{\omega_{ol}}} \tag{6.19}$$

在简化假设的情况下，即假设临界值 $K_{I,th}$ 不依赖于 R 比率，Paris 公式是有效的。Gray 和 Gallagher 将指数 W 定义如下：

$$W = \frac{m_p}{2} \cdot \left(\frac{\log \dfrac{\Delta K_I}{\Delta K_{I,th}}}{\log R_{so}}\right) \tag{6.20}$$

除了 Paris 公式的指数 m_p 之外，该定义还考虑了关断比 R_{SO}。如果这个恒定比 R_{SO} 大于当前过载比 R_{ol}，裂纹就会停止扩展[31]。有效循环应力场强度因子 $\Delta K_{I,有效}$ 变得小于疲劳裂纹扩展的临界值 $\Delta K_{I,th}$，就是这种情况。

像 Wheeler 的方法一样，不能考虑任意加载顺序的序列效应。

6.3.3.3 Willenborg 模型

在 Willenborg[27,29] 提出的模型中，认为随着过载的应用，产生了残余应力 σ_{ES}，这取决于当前载荷和过载塑性区内的裂纹扩展。为了考虑残余应力，一个虚拟的应力场强度因子被引入：

$$K_{I,max,req} = K_{I,ol} \cdot \sqrt{1 - \frac{\Delta a}{\omega_{ol}}} \tag{6.21}$$

这对于产生一定尺寸的塑性区是必需的，

$$\omega_p = \frac{\pi}{8}\left(\frac{K_{I,max,req}}{\alpha \cdot \sigma_F}\right)^2 \quad (6.22)$$

塑形区尺寸 w_p 到达塑性区 ω_{ol} 的边界(见图 6.22)。对于平面应力状态为 1.15 和平面应变状态为 2.55 之间的二维情况，约束因子 α 考虑了应力状态(ESZ 或 EVZ)。

将后续载荷循环次数 i 的虚拟应力场强度因子 $K_{I,max,req}$ 与当前最大应力场强度因子 $K_{I,max,i}$ 之间的差定义为残余应力场强度因子如图 6.23 所示。

$$K_{I,R} = K_{I,max,req} - K_{I,max,i} \quad (6.23)$$

利用过载后的载荷循环次数 i 的应力强度因子 $K_{I,max,i}$ 和 $K_{I,min,i}$ 减去残余应力强度因子 K_R 即可计算得迟滞：

$$K_{I,max,有效,i} = K_{I,max,i} - K_{I,R} = 2K_{I,max,i} - K_{I,max,req} \quad (6.24)$$

$$K_{I,min,有效,i} = K_{I,min,i} - K_{I,R} = K_{I,min,i} + K_{I,max,i} - K_{I,max,req} \quad (6.25)$$

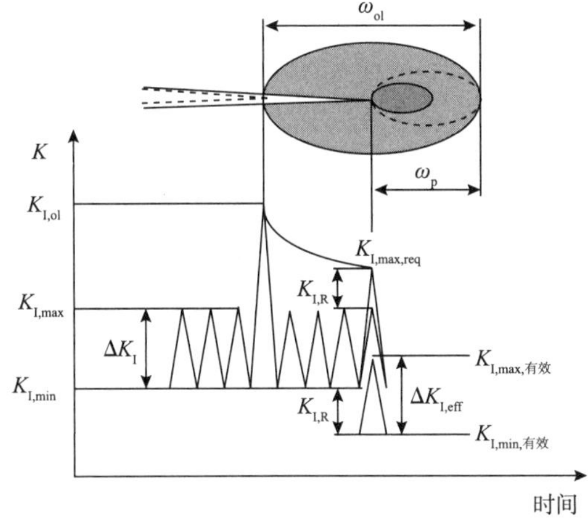

图 6.23 用 Willenborg 模型计算有效循环应力强度因子

得到有效循环应力场强度 $\Delta K_{I,有效,i}$：

$$\Delta K_{I,有效,i} = \begin{cases} \Delta K_{I,i}, & K_{I,max,有效,i} > 0 \text{ 且 } K_{I,min,有效,i} > 0 \\ K_{I,max,有效,i}, & K_{I,min,有效,i} \leqslant 0 \\ 0, & K_{I,max,有效,i} \leqslant 0 \end{cases} \quad (6.26)$$

其中

$$\Delta K_{I,i} = K_{I,max,有效,i} - K_{I,min,有效,i} = K_{I,max,i} - K_{I,min,i} \quad (6.27)$$

如图 6.23 所示，对于载荷变化 i，裂纹扩展速率是通过插入有效循环应力场强度 $\Delta K_{I,有效,i}$ 和有效应力之比到裂纹扩展曲线(见 4.3 节)中来计算的。

$$R_{有效,i} = \frac{K_{I,min,有效,i}}{K_{I,max,有效,i}} \quad (6.28)$$

Willenborg 模型的最初类型使用 Forman 方程确定裂纹扩展率。

$$\frac{da}{dN} = C_F \cdot \frac{(\Delta K_{I,有效,i})^{m_F}}{(1 - R_{有效,i}) \cdot K_{IC} - \Delta K_{I,有效,i}} \quad (6.29)$$

这个迭代过程一直持续到 $a_i+\omega_i \geqslant a_p$，最终残余应力变为零，迟滞效应被消除[27]。

如图 6.23 所示，根据 Willenborg 方法计算有效循环应力强度仅仅是改变 R 比率的一种方法。只要最小应力场强度 $K_{\min,i}$ 保持正值，应力场强度因子范围就保持不变。

与 Wheeler 模型相比，Willenborg 概念的优点是不需要对实验数据进行调整[27]，其缺点是预测在 2.0 的过载率下已经发生了止裂。通过插入式(6.21)到式(6.26)，从理论上，对于 $\Delta a \to 0$ 和过载比大于 2，我们得到负的最大应力场强度因子 $K_{\mathrm{I},\max,有效,i}$。因此根据式(6.26)，循环应力强度为零或发生止裂。然而，因为止裂开始对应的关断率、过载率取决于材料和载荷，因此这种方法会导致不切实际的结果。

出于这个原因，Gallagher 在 Willenborg 的最初概念的基础上建立了广义的 Willenborg 模型[32]。在广义方法中，残余应力场强度因子 $K_{\mathrm{I,R}}$ 通过指前因子

$$\Phi = \frac{1 - \dfrac{\Delta K_{\mathrm{I,th}}}{\Delta K_{\mathrm{I}}}}{R_{\mathrm{SO}} - 1} \tag{6.30}$$

计算如下：

$$K_{\mathrm{I,R}}^{\mathrm{VW}} = \Phi \cdot K_{\mathrm{I,R}} \tag{6.31}$$

从而真实关断比 R_{SO} 及门槛值 $\Delta K_{\mathrm{I,th}}$ 与循环应力场强度 ΔK_{I} 之比需要考虑。如果超过 R_{SO}，那么

$$K_{\mathrm{I},\max,有效,i} = \frac{\Delta K_{\mathrm{I,th}}}{1-R} \tag{6.32}$$

理论上，止裂会发生。

Willenborg 概念已经在许多模型中得到进一步发展和修改(见文献[32，33])。

6.3.4 裂纹闭合模型

裂纹闭合模型是基于 Elber 塑性诱导的裂纹闭合见解而发展的，其中最著名的有 Prefas 模型[34]、Onera 模型[35]和 Corpus 模型[15]。在所有这些模型中，使用经验函数逐周期地求出裂纹张开应力场强度 $K_{\mathrm{I},张开}$[见式(4.19)和式(4.20)]，这导致有效循环应力强度 $\Delta K_{\mathrm{I},有效}$ 如式(4.18)所示。由于其对航空载荷谱的应用有限，裂纹闭合模型尚未普及。

6.3.5 条带屈服模型

条带屈服模型的基础是，考虑迟滞行为是由扩展裂纹侧面发生塑性变形的材料和裂纹尖端前面的塑性区产生的。最著名的条带屈服模型是 Newman[36]和 De Koning [37]建立的模型。这些模型也被修改过多次(见文献[38～40]中例子)。

条带屈服模型的基础是经过修正的 Dugdale 模型。与 Dugdale 模型相比，如图 6.19 所示，在平面应力条件下，Dugdale 模型中塑性区被局限于裂纹(主塑性区)前面的窄带；在修正的模型中，沿着裂纹侧面的塑性区允许被修改为沿着无穷小的薄带。

图 6.24 显示了条带屈服模型的示意图。它包括：

(1)含有长度为 $a+\omega$(1 区域)的虚构裂纹的线弹性区域;

(2)一个塑性区(1 区);

(3)裂纹两侧的残余塑性变形区域(3 区)。

2 区和 3 区由理想刚性塑性单元构成。2 区中的元素完好无损，3 区中的元素断裂。这样，拉伸应力和压应力都可以在塑性区(2 区)中传递，而沿着断裂单元中的裂纹侧面，只有在压应力下发生接触时才具有一定的影响。

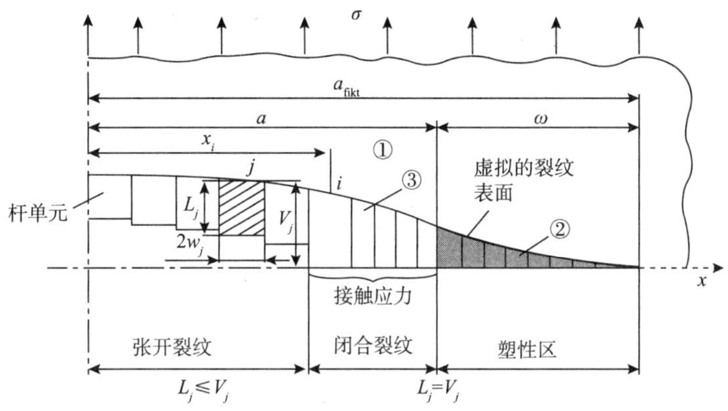

图 6.24　基于 Dugdale 模型的条带屈服模型上半部分的示意图

当计算出的条单元长度 L_j 达到或超过想象的裂纹张开位移 V_j 时，就会发生精确接触。在这种情况下，为了建立兼容性条件 $L_j = V_j$，接触应力 σ_j 被施加到相关的单元 j 中，如图 6.25 所示。

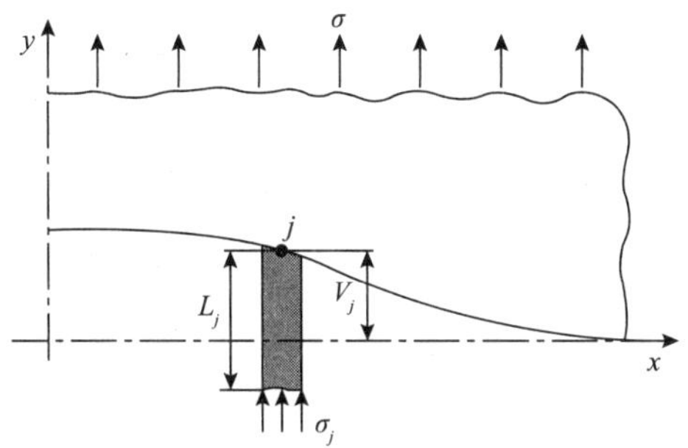

图 6.25　用于确定断裂的条单元 j 上的接触应力 σ_j 的示意图

(其中条单元长度 L_j 大于虚拟裂纹张开位移 V_j)

接触应力 σ_j 是使用迭代解方法在两个边界条件下找到的。一个边界条件由拉伸和压缩区域中条单元的屈服点给出，另一个则由沿着裂纹边缘的单元间隔($V_j \geq L_j$)给出。对于接触应力，根据 Newman 提出的方法，对于沿着裂纹表面的单元($x_i \leq a$)：

$$\begin{matrix}\sigma_j = 0 \\ \sigma_j = -\sigma_F\end{matrix}\text{，当}\begin{matrix}\sigma_j > 0 \\ \sigma_j \leq -\sigma_F\end{matrix}\text{时} \tag{6.33}$$

对于塑性区内的单元($x_i > a$)：

$$\begin{matrix} \sigma_j = \alpha \cdot \sigma_F \\ \sigma_j = -\sigma_F \end{matrix}，当 \begin{matrix} \sigma_j > \alpha \cdot \sigma_F \\ \sigma_j \leqslant \sigma_F \end{matrix} 时 \tag{6.34}$$

为了考虑材料的硬化行为，屈服点 σ_F 被定义为拉伸强度和屈服强度的平均值。由于这是一个二维模型，约束因子 α 用于考虑压力状态。该约束因子在平面应力状态为 1 和平面应变状态为 3 之间变化。

各种条带屈服模型之间的本质区别在于它们如何定义和使用约束因子[40]。

Newman 定义了一个单一的约束因子：约束因子在平面应变条件下低的裂纹扩展速率下和平面应力条件下高的裂纹扩展速率下通常存在；约束因子的值取决于过渡应力强度因子，它是试样屈服点、试样厚度和相关裂纹扩展速率的函数。如果当前裂纹扩展速率高于过渡裂纹扩展速率，那么约束因子等于平面应力状态的值。

在其他情况下，取平面应变状态的值。

由于在纯平面应变和平面应力条件之间存在过渡区，因此大约 $10^{1.5}$ 区域内的裂纹增长速率认为是临界裂纹增长速率。如果当前裂纹扩展率在过渡区域内，则约束因子的值在 1 和 3 之间变化。

另一方面，De Koning 等人[37]和 Beretta 等人[38]认为，需要三个 α 因子来描述应力状态。他们为单调塑性区、反塑性区和沿裂纹侧面的塑性区定义了约束因子。此外，De Koning 认为，在拉伸载荷下单调塑性区中的约束因子 α 沿着塑性区的单元具有抛物线函数，因此在塑性区的末端，约束因子 α 值达到 1.16（平面应力条件）。裂纹尖端处，约束因子 α 的值由塑性区的大小与试样厚度的比值计算。然而，在压缩范围内，约束因子是恒定的。

在此基础上，计算裂纹完全张开时的裂纹张开应力 σ_{op}。也就是说，不存在任何表面接触，裂纹尖端处的应力 σ_j 从压应力转变为拉应力。当所施加的应力引起的应力强度因子等于由接触应力确定的应力场强度因子时，这种情形才会真实发生。

以这种方式确定的裂纹张开应力被用于计算有效的循环应力场强度因子

$$\Delta K_{\mathrm{I,eff}} = (\sigma_{\max} - \sigma_{张开}) \cdot \sqrt{\pi \cdot a} \cdot Y_{\mathrm{I}} \tag{6.35}$$

剩余寿命可以通过对裂纹扩展方程来进行积分求出，计算时需要插入有效循环应力场强度因子。

在 Nasgro 模拟程序中（见 7.1.1 节），为了缩短计算时间，只有在达到一定裂纹增量或载荷循环差后，才能确定裂纹张开应力。也就是说，在这个范围之上的循环加载中，裂纹张开应力是恒定的。

6.4 混合模式加载

本章到目前为止描述的所有概念都与模式 I 的裂纹扩展有关。也就是说，在疲劳裂纹扩展过程中，载荷强度以固定的间隔（例如由单个过载或块载引起）或完全不规则地（例如由于非周期性加载序列或一般服役载荷）改变。

然而，在技术实践中，不仅载荷大小可以改变，而且基本构件载荷类型(例如正应力中加入剪切应力)或载荷方向也可以改变。在这种情况下，裂纹上的局部载荷被改变。因此，如果存在初始模式Ⅰ加载，则由于加载情况的变化，可能导致随后出现二维或三维混合模式随后出现。在特殊情况下，裂纹处可能出现纯模式Ⅱ或纯模式Ⅲ载荷。在疲劳裂纹扩展方面，这些情况仍然很少被研究。因此，下文将提供对普遍问题的深入了解。它描述了混合模式下加载方向改变时的裂纹扩展，以及与模式Ⅰ过载相比的混合模式过载的影响。

6.4.1 加载方向变化或裂纹局部加载变化后裂纹扩展

在疲劳裂纹扩展过程中，如果加载方向发生变化或者外部载荷的变化引起裂纹局部载荷情况的变化，通常会使得裂纹处产生混合模式载荷。如果这种负载情况持续存在，疲劳裂纹将从载荷变化的那一刻开始向新的方向发展。新的裂纹路径主要取决于载荷变化后裂纹处存在的应力强度因子 K_{I}、K_{II} 和 K_{III}(见3.8.2节和4.4节)。

只要裂纹在新方向上扩展，裂纹的混合模式加载条件也会发生变化。

当我们观察从模式Ⅰ到二维混合模式加载的变化时，这一点就变得很清楚了，如图6.26所示。首先，在裂纹处存在模式Ⅰ载荷($K_{\mathrm{I}} \neq 0$ 且 $K_{\mathrm{II}} = 0$)。随着载荷从模式Ⅰ变为混合模式，由于循环等效强度因子保持恒定，裂纹处模式Ⅰ载荷的总百分比降低，模式Ⅱ的量突然增加($K_{\mathrm{I}} \neq 0$ 和 $K_{\mathrm{II}} \neq 0$)。如果疲劳裂纹向新的方向发展(见4.4节或3.8.2节)，则 K_{II} 会下降，而 K_{I} 会再次上升。

但是，如图6.26所示的载荷变化带来的不只是传播方向的变化。如图6.27所示，载荷变化也会导致裂纹扩展率 $\mathrm{d}a/\mathrm{d}N$ 的变化。正如我们所看到的，在所属的情况下，裂纹扩展会迟滞。

有关该主题的更多信息可以参见文献[41，42]。

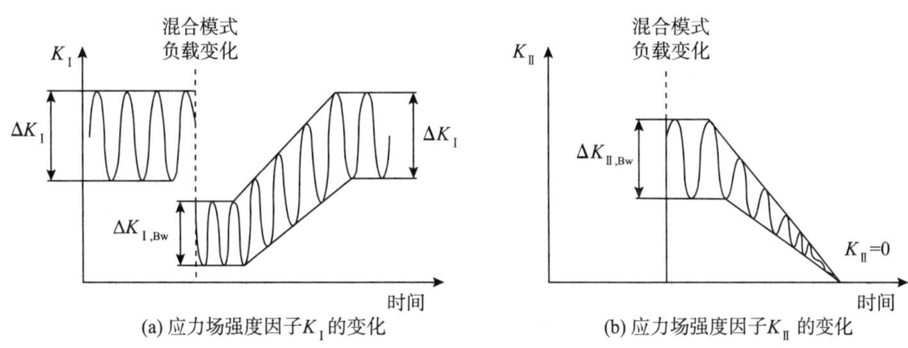

图6.26 载荷从模式Ⅰ转变为混合模式后，并随后的裂纹扩展，应力强度因子 $K_{\mathrm{I}}(t)$ 和 $K_{\mathrm{II}}(t)$ 的变化

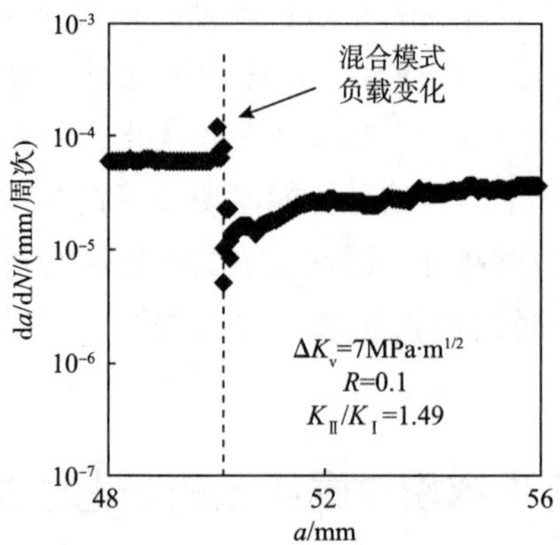

图 6.27 混合模式负载变化之前和之后的裂纹扩展曲线

6.4.2 混合模式过载对疲劳裂纹扩展的影响

如 6.2.1 节所述，穿插在模式 I 基准水平载荷中的单个过载导致疲劳裂纹扩展明显迟滞。如果由于热冲击或其他临时载荷变化而导致模式 II 或混合模式过载，则裂纹扩展也会改变。在混合模式过载的情况下也会出现迟滞效应，但这些效应比相同大小的模式 I 过载($K_{V,ol} = K_{I,ol}$)要低得多，如图 6.28 所示。如果过载具有较大的 K_{II} 量或纯模式 II 过载，则迟滞效应最小，甚至不存在(见文献[17，42，43])。通常临时性的混合模式加载不会导致方向改变或发生很小的改变。

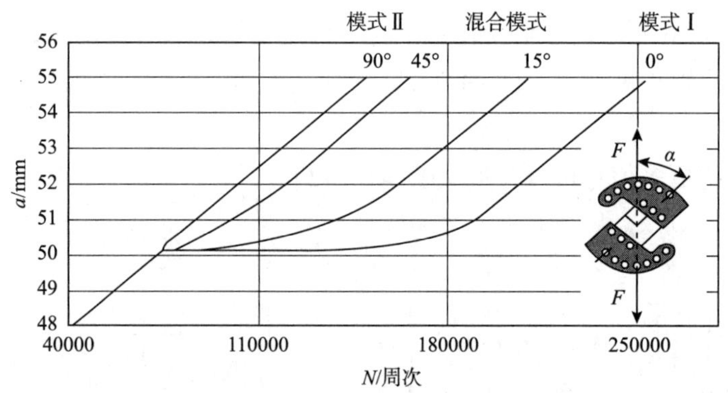

图 6.28 穿插在恒定基线水平载荷(ΔK_I =7MPa · m$^{1/2}$)上的 2.5 倍的混合模式过载的迟滞效应，混合模式加载量是加载角 α 的函数，从 α=0°(模式 I)到 90°(模式 II)

参考文献

[1] Klätschke, H.: Ableitung und Generierung von Lasten für Berechnung und Versuch. In: DVM – Weiterbildungsseminar Teil 1 – Von der Betriebsmessung zur Lastannahme, Osnabrück(2002).

[2] Schijve, J.: Fatigue of Structures and Materials. Kluwer Academic Publisher, Dordrecht (2001).

[3] Heuler, P.: Experimentelle und numerische Ansätze für den Lebensdauernachweis vonKraftfahrzeugstruk-

turen. In: DVM – Bericht 239: Bruchmechanik und Bauteilsicherheit, S. 7 – 22. DVM, Berlin (2007).

[4]Haibach, E.: Betriebsfestigkeit – Verfahren und Daten zur Bauteilberechnung. Springer, Berlin(2002).

[5] Heuler, P., Klätschke, H.: Generation and use of standardised load spectra and load – timehistories. Int. J. Fatigue 27, 974 – 990 (2005).

[6]Johannesson, P.: Extrapolation of rainflow matrices. Fatigue Fract. Eng. Mater. Struct. 29, 201 – 207 (2005).

[7]Buxbaum, O.: Betriebsfestigkeit. Sichere und wirtschaftliche Bemessung.

[8]schwingbruchgefährdeter Bauteile. Verlag Stahleisen, Düsseldorf (1992)Dreßler, K., Gründer, B., Hack, M., Köttgen, V. B.: Extrapolation of rainflow matrices. In: SAE Technical Paper 960569, 1996.

[9]Johannesson, P., Thomas, J. – J.: Extrapolation of rainflow matrices. Extremes 4, 241 – 262(2001).

[10]ASTM: Annual Book of ASTM Standards 1997. Section 3: Metals Test Methods andAnalytical Procedures, Volume 03. 01, Metals – Mechanical Testing; Elevated andLow – Temperature Tests; Metallography.

[11]Westermann – Friedrich, A., Zenner, H.: Zählverfahren zur Bildung von Kollektiven aus Zeitfunktionen – Vergleich der verschiedenen Verfahren und Beispiele. FVA – Merkblatt, Forschungsvereinigung Antriebstechnik. Frankfurt (1999).

[12]Amzallag, C., Gerey, J. P., Robert, J. L., Bahuaud, J.: Standardization of the rainflow countingmethod for fatigue analysis. Int. J. Fatigue 16, 287 – 293 (1994).

[13]Anthes, R. J.: Modified rainflow counting keeping the load sequence. Int. J. Fatigue 19, 529 – 536 (1997).

[14]ten Have, A. A.: European approaches in standard spectrum development. In: Potter, J. M., Watanabe, R. T. (eds.): Development of Fatigue Loading Spectra. ASTM STP 1006, S. 17 – 35(1989).

[15]Berger, C., Eulitz, K. – G., Heuler, P., Kotte, K. – L., Naundorf, H., Schütz, W., Sonsino, C. M., Wimmer, A., Zenner, H.: Betriebsfestigkeit in Germany – an overview. Int. J. Fatigue 24, 603 – 625 (2002).

[16]Bernard, P. J., Lindley, T. C., Richards, C. E.: Mechanisms of overload retardation duringfatigue crack propagation. In: Wie, R. P., Stephens, R. I. (eds.): Fatigue crack growth underspectrum loads. ASTM STP 595, S. 78 – 97 (1976).

[17] Sander, M.: Einfluss variabler Belastung auf das Ermüdungsrisswachstum in Bauteilen undStrukturen. Fortschritt – Berichte VDI, Reihe 18, Nr. 287, VDI Verlag, Düsseldorf (2003).

[18]Sander, M., Richard, H. A.: Fatigue crack growth under variable amplitude loading – part I: experimental investigations. Fatigue Fract. Eng. Mater. Struct. 29, 291 – 302 (2006).

[19]Ward – Close, C. M., Ritchie, R. O: On the role of crack closure mechanisms in influencingfatigue crack growth following tensile overloads in a titanium alloy: near threshold versus highΔK behaviour. In: Newman, J. C. Jr. (ed.): Mechanics of Fatigue Crack Closure. ASTM STP982, S. 93 – 111 (1988).

[20]Petit, J., Tintillier, R., Ranganathan, N., Ait Abdeaim, M., Chalant, G.: Influence of themicrostructure and environment on fatigue crack propagation affected by single or repeatedoverloads in a 7075 alloy. In: Petit, J., Davidson, D. L., Surresh, S., Rabbe, P. (eds.): FatigueCrack Growth Under Variable Amplitude Loading, S. 162 – 179. Elsevier Applied Science, London (1988).

[21]Skorupa, M.: Empirical trends and prediction models for fatigue crack growth under variableamplitude loading. ECN – R – 96 – 07, Netherlands Energy Research Foundation, Petten (1996).

[22]Schijve, J.: Fatigue crack growth under variable – amplitude loading. In: ASM Handbook. Fatigue and Frac-

ture, vol. 19, S. 110 – 133 (1997).

[23] Barsom, J. M. : Fatigue Crack Growth Under Variable – Amplitude Loading in ASTM A514Grade B Steel. In: Wie, R. P. , Stephens, R. I. (eds.): Fatigue crack growth under spectrum loads, ASTM STP 595, Philadelphia, 1976, S. 217 – 235.

[24] Hudson, C. M. : A Root – Mean – Square Approach for Predicting Fatigue Crack Growth underRandom Loading. In: Chang, J. B. , Hudson, C. M. (eds.): Methods and Models for PredictingFatigue Crack Growth under Random Loading. ASTM STP 748, Philadelphia, 1981, S. 41 – 52.

[25] Bignonnet, A. , Sixou, Y. , Verstavel, J. – M. : Equivalent loading approach to predict fatiguecrack growth under random loading. In: Petit, J. , Davidson, D. L. , Surresh, S. , Rabbe, P. (eds.) Fatigue crack growth under variable amplitude loading, pp. 372 – 383. Elsevier AppliedScience, London (1988).

[26] Kam, J. , Dover, W. : Fatigue crack growth in offshore welded tubular joints under real livevariable amplitude loading. In: Petit, J. , Davidson, D. L. , Surresh, S. , Rabbe, P. (eds.) Fatiguecrack growth under variable amplitude loading, pp. 384 – 400. Elsevier Applied Science, London (1988).

[27] Dominguez, J. : Fatigue crack growth under variable amplitude loading. In: Carpinteri, A. (ed.) Handbook of Fatigue Crack Propagation in Metallic Structures, pp. 955 – 997. ElsevierScience, Amsterdam (1994).

[28] de Koning, A. U. : A simple crack closure model for prediction of fatigue crack growth ratesunder variable – amplitude loading. In: Roberts, R. (ed.): Fracture Mechanics, ASTM STP 743, ASTM, 1981, S. 63 – 85.

[29] Padmadinata, U. H. : Investigation of crack – closure prediction models for fatigue in aluminiumalloy sheet under flight – simulation loading. Dissertation, Technische Universität Delft (1990).

[30] Hahn, H. G. : Bruchmechanik: Einführung in die theoretischen Grundlagen.

[31] Teubner – Studienbücher, Mechanik, Stuttgart (1976).

[32] Gray, T. D. , Gallagher, J. P. : Predicting fatigue crack retardation following a single overloadusing a modified wheeler model. In: Rice, J. R. , Paris, P. C. (eds.): Mechanics of Crack Growth, ASTM STP 590, ASTM, Philadelphia, 1976, S. 331 – 344.

[33] NASA: Fatigue Crack Growth Computer Program "NASGRO" Version 3.0 – ReferenceManual, JSC – 22267B, NASA, Lyndon B. Johnson Space Centre, Texas, 2000.

[34] Xiaoping, H. , Moan, T. , Weicheng, C. : An engineering model of fatigue crack growth undervariable amplitude loading. Int. J. Fatigue 30, 2 – 10 (2008).

[35] Aliaga, D. , Davy, S. , Schaff, H. : A simple crack closure model for predicting fatigue crackgrowth under flight simulation loading. In: Newman, Jr. , J. C. , Elber, W. (eds.): Mechanics ofFatigue Crack Closure. ASTM STP 982, Philadelphia, 1987, S. 491 – 504.

[36] Baudin, G. , Labourdette, R. , Robert, M. : Prediction of crack growth under spectrum loadingswith ONERA model. In: Petit, J. , Davidson, D. L. , Surresh, S. , Rabbe, P. (eds.) Fatigue crackgrowth under variable amplitude loading, pp. 292 – 308. Elsevier Applied Science, London(1988).

[37] Newman, Jr. , J. C. : A crack – closure model for predicting fatigue crack growth under aircraftspectrum loading. In: Chang, J. B. , Hudson, C. M. (eds.): Methods and Models for PredictingFatigue Crack Growth under Random Loading. ASTM STP 748, Philadelphia, 1981, S. 53 – 84.

[38] Koning, A. U. , van der Linden, H. H. : Prediction of Fatigue Crack Growth Rates UnderVariable Loading Using a Simple Crack Closure Model. NLR MP 81023U, National Aerospace Laboratory, NLR, Amsterdam

(1981).

[39] Beretta, S., Carboni, M.: A Strip – Yield algorithm for the analysis of closure evaluation near thecrack tip. Eng. Fract. Mech. 72, 1222 – 1237 (2005).

[40] Kim, J. H., Lee, S. B.: Prediction of crack opening stress for part – through cracks and itsverification using a modified strip – yield model. Eng. Fract. Mech. 66, 1 – 14 (2000).

[41] Wang, G. S., Blom, A. F.: A strip model for fatigue crack growth predictions under general loadconditions. Eng. Fract. Mech. 40, 507 – 533 (1991).

[42] Richard, H. A., Linnig, W., Henn, K.: Fatigue crack propagation under combined loading. Forensic Eng 3, 99 – 109 (1991).

[43] Sander, M., Richard, H. A.: Effects of block loading and mixed mode loading on the fatiguecack growth. In: Blom, A. F. (ed.): Fatigue 2002. Proceedings of the 8th International FatigueCongress, Stockholm, 2002, S. 2895 – 2902.

[44] Richard, H. A.: Specimen for investigating biaxial fracture and fatigue process. In: Brown, M. W., Miller, K. J. (eds.) Biaxial and Multiaxial Fatigue, EGF 3, pp. 217 – 229. Mechanical EngineeringPublications, London (1989).

[45] Sander, M.: Sicherheit und Betriebsfestigkeit von Maschinen und Anlagen. Springer, Berlin (2008).

第7章　疲劳裂纹扩展的模拟

前文描述的构件及结构中的疲劳裂纹扩展都是用材料的疲劳裂纹扩展曲线 da/dN 来表征的，它是循环应力强度因子幅值 ΔK_{I} 和 R 比率的函数(见 4.2 节)。这个裂纹扩展曲线必须如 5.2 节所述那样通过试验的方式来确定，或者通过 4.3 节的裂纹扩展定律近似来获得或描述。为了确定某一载荷周期内的裂纹扩展(例如剩余寿命)，以及裂纹失稳或断裂，需要对裂纹扩展曲线或裂纹扩展定律积分。但是这种积分是封闭的，并且只有简单的裂纹扩展方程和假设才有可能简化构件载荷与裂纹几何因子 Y(见 4.3.5 节)。通常，裂纹扩展或构件的剩余寿命必须以迭代法来确定。对此有一些可利用的程序，这些程序对存储的某些裂纹情况提供分析解决方案，也有一些程序可以对裂纹扩展进行数值模拟。

7.1　分析裂纹扩展模拟

由于在模式 I 载荷下疲劳裂纹总是沿初始方向扩展，即裂纹方向不会突然改变，因此可以使用适用于裂纹情况下的 K_{I} 因子的解或 Y_{I} 因子的解来分析确定裂纹扩展情况(见 3.4.2 节)。为了达到这一目的，有许多程序可以用于计算 K_{I} 因子和 Y_{I} 因子，这些因子主要取决于加载情况以及裂纹和构件的尺寸。

其中，程序 NASGRO[1]、ESACRACK[2]、AFGROW[3]、ViDa®[4] 对于裂纹扩展模拟是有效的。这些程序中的大部分不仅可以模拟恒幅循环加载下的疲劳裂纹扩展(见第 4 章)，而且可以模拟模式 I 载荷下的疲劳裂纹扩展(见第 6 章)。

7.1.1　NASGRO 和 ESACRACK

最初由 NASA(美国国家航空航天局)开发的 NASGRO 6.0 程序在航空航天工程中的排名尤其高。然而，它也越来越多地应用于其他领域，例如铁路技术。

NASGRO 由四个模块组成[1]：NASFLA(核心寿命预测模块)、NASMAT(材料数据库模块)、NASBEM(二维边界元分析模块)和 NASFORM(疲劳裂纹生成模块)。如图 7.1 所示，该主模块 NASFLA 协助研究简单构件和结构在循环载荷和静载荷作用下的裂纹扩展，并能够确定临界裂纹长度。它包括几何形状和裂纹配置库，以及相关的应力强度因子解。在 6.0 版本中，实现了超过 60 种连续裂纹的不同配置，也有表面裂纹、拐角裂纹及内部裂纹，例如在薄板、轴、标准试样或其他几何形状的物体上。基于这些裂纹配置，可以模拟恒定载荷和变幅载荷下的疲劳裂纹扩展。在模拟服役载荷时，用户可以在各种方法之间进行选择，如线性损伤累积、带状屈服模型、改进的 WILLENBORG 模型和 BOING - NORTHROP 裂纹闭合模型(见 6.3 节和文献[1])。

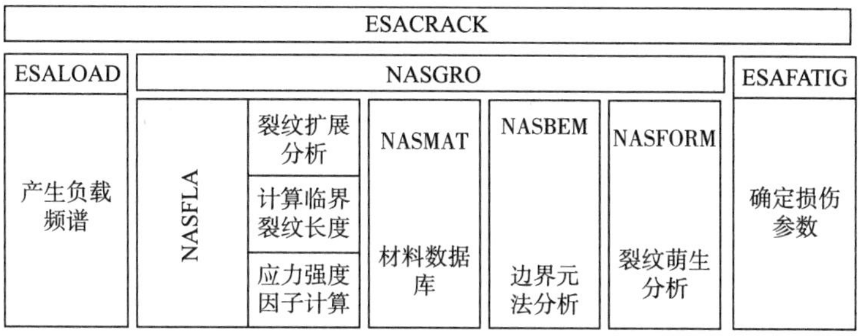

ESACRACK

ESALOAD：产生负载频谱

NASGRO：NASFLA（裂纹扩展分析；计算临界裂纹长度；应力强度因子计算）；NASMAT（材料数据库）；NASBEM（边界元法分析）；NASFORM（裂纹萌生分析）

ESAFATIG：确定损伤参数

图 7.1 程序 NASGRO 和 ESACRACK 的程序模块

图 4.17 显示了一个使用 NASGRO 对轴进行裂纹扩展模拟结果的例子。

内容丰富的 NASMAT 材料数据库提供了模拟所需的断裂力学材料数据。在这个数据库中，有 3000 多组数据。例如，FORMAN/METTU 或 WALKER 方程的参数，适用于钢、铝、钛合金或镁合金等各种材料。此外，NASMAT 材料数据库还可以存储和管理用户定义的数据集。

NASBEM 模块(NASA 边界元法)是一种用于计算二维几何结构的应力强度因子的边界元程序。例如，在 NASFLA 中，可以用应力强度因子作为裂纹长度的函数来模拟疲劳裂纹扩展。

为了评估裂纹萌生，可以使用 NASFORM 模块(疲劳裂纹形成分析)。在该模型中，名义应力概念和四个不同的局部概念都可以有效实施。有关裂纹萌生概念的信息可以在文献[5]中找到。

NASGRO 是 ESA(欧洲航天局)开发的 ESACRACK 程序中的一个模块[2]，如图 7.1 所示。通过模块 ESAFATIG(其中也包含模块 NASFORM 的内容)，裂纹萌生可以采用局部方法来估计。另外，还有用于生成载荷数据的模块 ESALOAD。

7.1.2 AFGROW

由美国空军开发的 AFGROW 4.0 程序也有助于裂纹扩展的分析模拟[3]。与 NASGRO 类似，裂纹配置与相关的应力强度因子解都存储在数据库中。模拟时，用户可以在 WALKER、FORMAN 和 FORMAN/METTU 公式以及 HARTER - T 方法中选择，相关的材料数据存储在一个非常丰富的数据库中。为了模拟疲劳裂纹在服役载荷下的扩展，用户可以选择线性损伤累积模型、WILLENBORG 模型、裂纹闭合模型和 WHEELER 模型(见第 6.3 节)。

与 NASGRO 程序相反，使用 AFGROW 程序可以叠加具有残余应力的载荷，将用户定义的残余应力简单地转化为残余应力强度因子。

此外，通过 AFGROW 程序，还可以选择在给定的初始裂纹长度范围内确定裂纹萌生寿命，并将其添加所确定的缺口构件的剩余寿命中。这需要使用 SMITH、WASTON 和 TOPPER 的损伤参数并要建立在 NEUBER 规则基础上。

7.2 数值裂纹扩展模拟

在一般构件载荷作用下，裂纹的长度及方向都会随着裂纹的扩展而改变。当存在模式Ⅱ、模式Ⅲ或二/三维混合模式载荷时，情况也是如此[见图 3.23(b)~图 3.23(d)]。尤其是研究这样复杂的裂纹扩展过程时，数值模拟是不可避免的。对于任意三维结构中的任意三维裂纹扩展，还需要三维仿真程序，以保持裂纹扩展过程的几何复杂性。然而，在某些情况下，二维裂纹模型和二维裂纹扩展模拟就足够了。

对于二维裂纹扩展模拟，程序 FRANC2D[6]、FRANC/FAM[7]、PCCS-2D[8]都是可供选择的。

用以下程序系统——FRANC3D[9]、ADAPCRACK3D[10,11]、CRACKTRACER[12]、BEASY[13]可以进行三维疲劳裂纹扩展模拟。

7.2.1 有限元的基本程序

有限元法[10,14,15]已被证明是一个应用广泛的数值方法，边界元法也被应用到裂纹问题的求解中[16]。

有限元法可对构件进行完全网格化，即将其划分为有限单元。对于裂纹问题，裂纹边缘(二维问题)和裂纹表面(三维问题)都必须分配单独的节点。由于裂纹处有奇异应力场，裂纹区一般需要划分成精细的网格。尤其是通过裂纹区域的应力场和位移场确定应力强度因子时(见 3.7.1 节和 3.7.2 节)。当使用裂纹闭合积分研究裂纹断裂力学量时(见 3.7.4 节)，可以进行较粗略的网格划分。

疲劳裂纹扩展时，裂纹必须逐渐扩展，此时需要在裂纹区域重新划分网格。

如果裂纹受到模式Ⅰ的载荷，则产生的裂纹路径对于二维裂纹问题来说是已知的。在这种情况下，可以应用脱黏技术，即当裂纹区域被网格化时，在未来的裂纹路径上已经包含了双倍裂纹节点。裂纹扩展是通过节点脱黏来模拟的，如图 7.2 所示。整个裂纹扩展区域从一开始就被分为非常细化的网格，以便精确地模拟裂纹区域的应力分布，这也产生了尽可能小的裂纹增量。

如果对初始裂纹施加二维混合模式载荷，裂纹将以 φ_0 变形扭曲(见 3.8.2.3 节)。也就是说，裂纹必须向这个方向扩展，这就需要重新划分网格。要做到这一点，裂纹区域的单元必须被擦除，并且在不断扩展的裂纹区重新划分网格，如图 7.3 所示。这个过程常常导致裂纹尖端区域的网格质量更差，以致应力强度因子 K_{I} 和 K_{II} 的值不准确。

这种问题的一个解决方案是共同移动的特殊网格，如图 7.4 所示。通过围绕裂纹尖端的特殊网格，可以保证高质量地确定应力强度因子或其他断裂力学量。

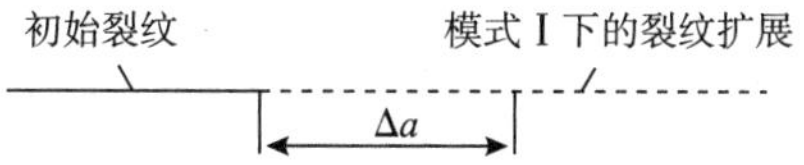

初始裂纹　　模式 I 下的裂纹扩展

Δa

(a)初始裂纹在模式 I 载荷下的疲劳裂纹扩展
(裂纹沿初始裂纹方向扩展)

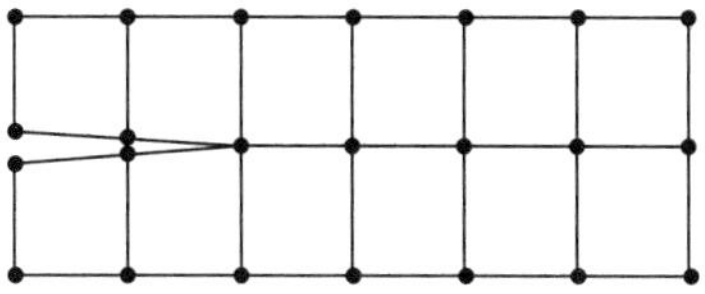

Δa

(b)初始裂纹的有限元网格(细节) 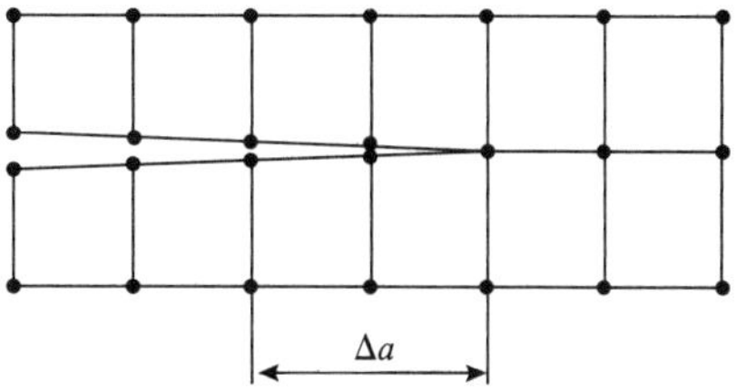　　(c)通过脱黏技术增加的裂纹扩展量 Δa

图 7.2 使用有限元法对模式 I 加载下的疲劳裂纹扩展进行模拟

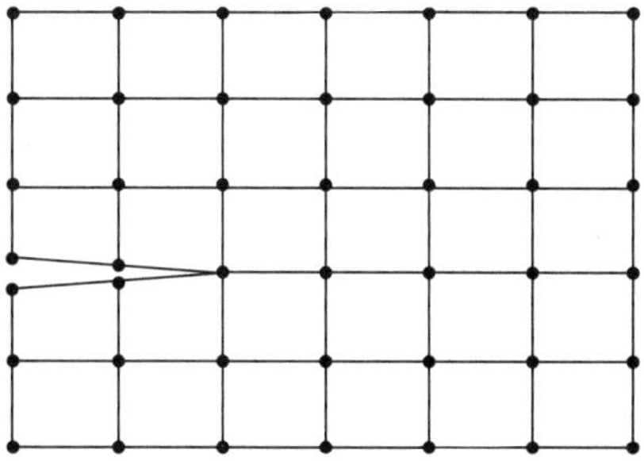

(a)初始裂纹的有限元网格 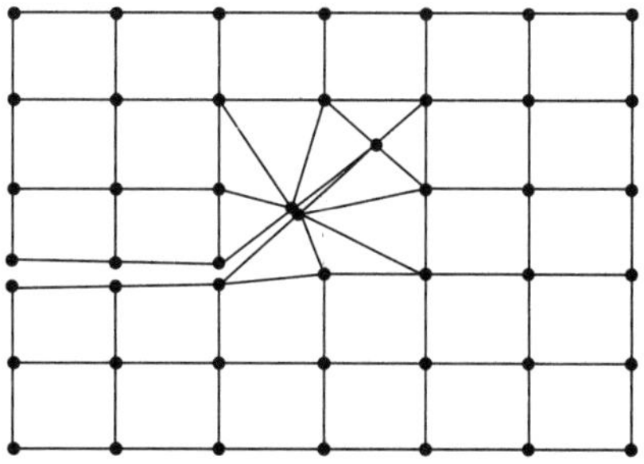　　(b)重新划分网格的裂纹区域的裂纹扩展

图 7.3 混合模式载荷下疲劳裂纹扩展的有限元模拟

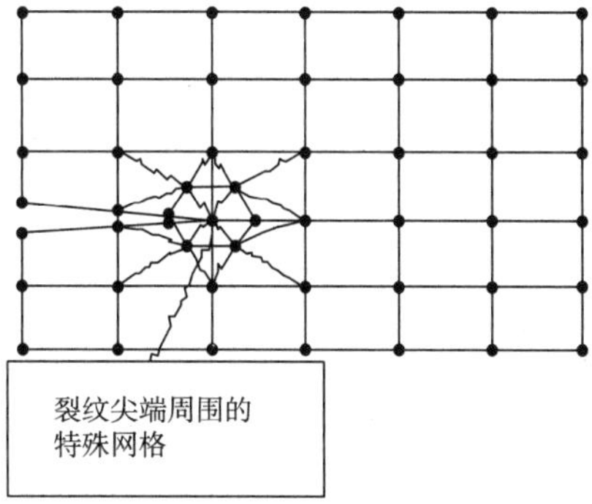

裂纹尖端周围的
特殊网格

(a)初始裂纹的有限元网格及裂尖周围的特殊网格 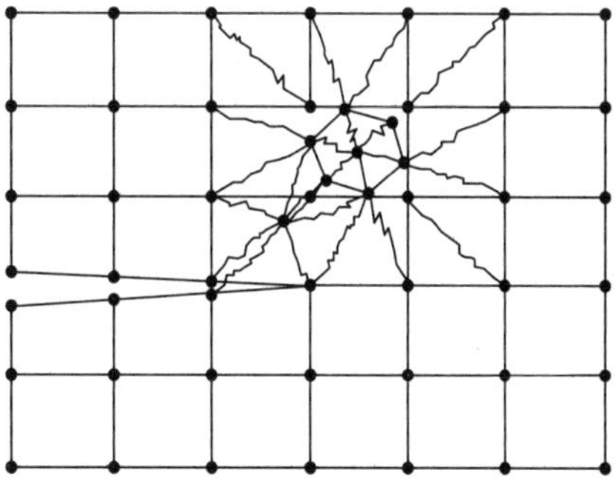　　(b)协同移动特殊网格的裂纹扩展

图 7.4 协同移动特殊网格的疲劳裂纹扩展模拟

随着裂纹的扩展，特殊的网格与裂纹尖端一起移动，保证了裂纹附近良好的网格特性，即便是正在扩展的裂纹也是如此。但是，下一层次的有限元网格必须不断调整到特殊网格的新位置。在处理三维裂纹问题时，这是非常困难的。

为此，在 7.2.3 节中，ADAPCRACK3D 程序系统利用了子模型技术。使用这种技术，特殊网格不能再与基础网格进行几何连接，然后直接从基础网格确定特殊网格的运动学边界条件(通常为叠加位移)。

这种方法允许我们模拟任何三维构件或结构中的裂纹扩展[10,11,15]。

7.2.2 用于二维裂纹扩展模拟的 FRANC / FAM 程序系统

如图 7.5 所示的 FRANC/FAM 程序系统[7]能够模拟任何二维裂纹扩展情况。该程序使用一个协同移动的特殊网格，见图 7.4。

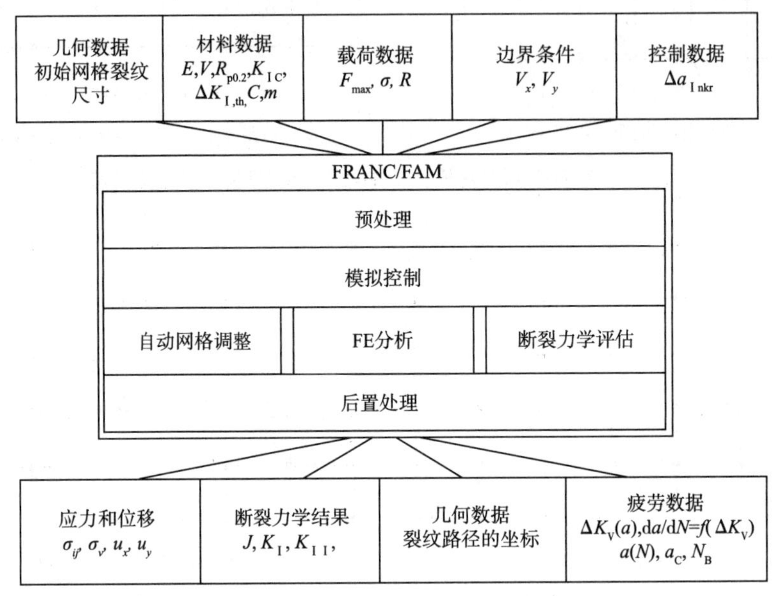

图 7.5 程序系统 FRANC/FAM 的基本结构

应力场强度因子 K_I 和 K_{II} 通常利用 J 积分(见 3.7.3 节)或 MVCCI 方法(见 3.7.4 节)来确定。使用 FRANC/FAM 程序系统，可以计算出无裂纹构件和结构中裂纹形成所需的裂纹萌生位置和裂纹萌生寿命。随后是一个全自动的裂纹扩展模拟，当 $\Delta K_V > \Delta K_{I,th}$ 时(见 4.3 节和 4.4 节)，现有裂纹模拟开始。当 $\Delta K_V = \Delta K_{IC}$ 时，模拟结束。

根据 K_I 和 K_{II} 因子，确定混合载荷模式下的每个模拟步骤(见 4.4.3 节和 3.8.2.3 节)的扭转角 φ_0，并且裂纹在 φ_0 方向上扩展的增量为 Δa。

图 7.6 说明了使用 FRANC / FAM 程序系统对带孔圆盘裂纹扩展的模拟。加载结果如图 7.6(a)所示，在初始裂纹处存在混合模式加载。由于不对称的孔洞排列，右裂纹尖端承受的载荷最大，因此裂纹扩展从那里开始。根据模式Ⅱ和模式Ⅰ的百分比，裂纹会发生不同程度的扭结。在第一步模拟之后，左边的裂纹尖端也开始扩展了。这两个裂纹根据负载情况扩展。右侧的裂纹扩展得更快，但仍然停留在小孔的阴影中[见图 7.6(b)、图 7.6(c)]。左边的裂纹扩展得越来越快，最终失稳，如图 7.6(c)所示。

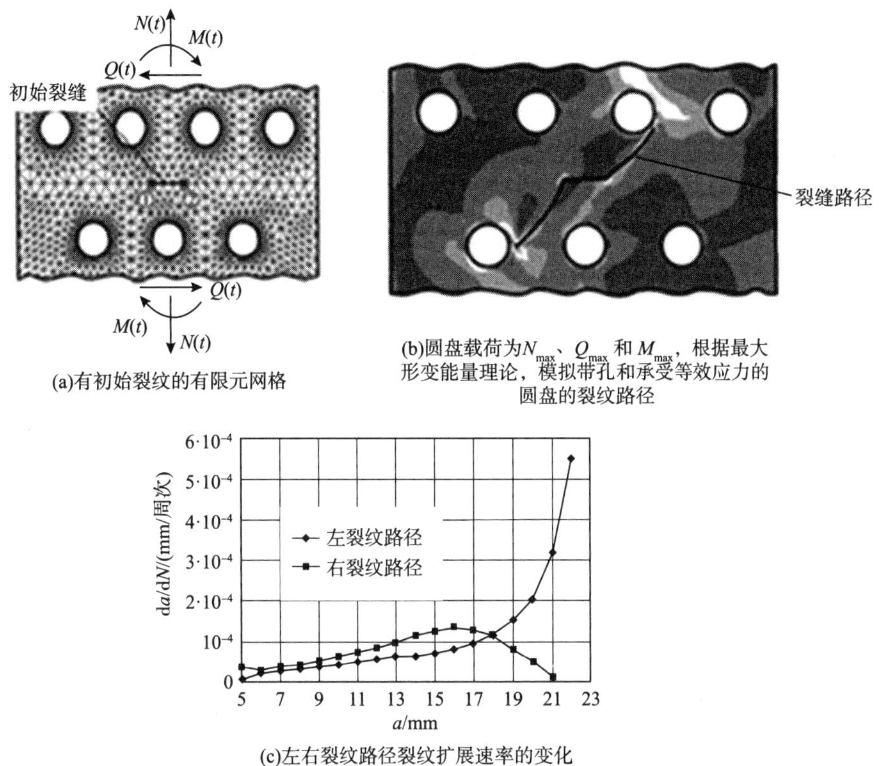

(a)有初始裂纹的有限元网格

(b)圆盘载荷为N_{max}、Q_{max} 和 M_{max}，根据最大形变能量理论，模拟带孔和承受等效应力的圆盘的裂纹路径

(c)左右裂纹路径裂纹扩展速率的变化

图 7.6　使用程序 FRANC/FAM 模拟有孔圆盘的裂纹扩展

7.2.3　用于三维裂纹扩展模拟的程序系统 ADAPCRACK3D

ADAPCRACK3D 程序系统[10,11,15]已被证明可用于三维结构中的裂纹扩展模拟。该程序包含三个功能模块，它们共同进行自动裂纹扩展模拟，如图 7.7 所示。此基本输入包括 3D 有限元网格形式的完整分量描述、初始裂纹描述和用于定义裂纹扩展行为的材料数据。

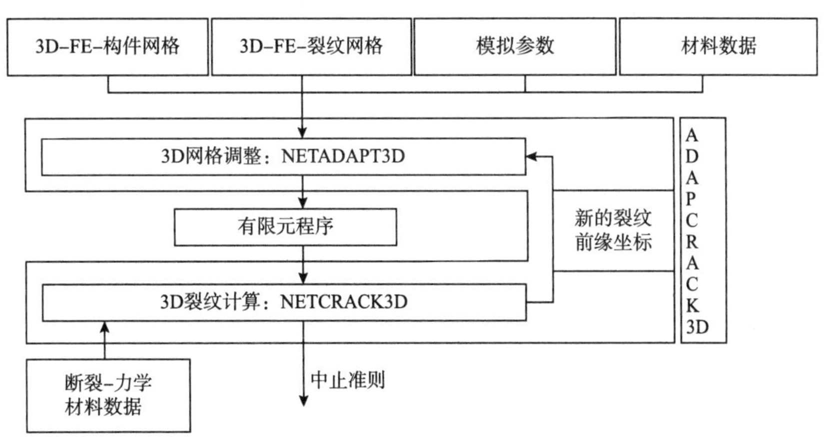

图 7.7　程序系统 ADAPCRACK3D 的基本结构

NETADAPT3D 模块负责处理扩展裂纹引起的所有必要的网格调整。沿着裂纹前缘，以子模型的形式生成特殊网格，该子模型与构件的整体网格没有几何连接。裂纹扩展导致的整体网格的几何变化是通过随后的脱黏调整网格来实现的。也就是说，裂纹扩展表面首先通过单元划分、节点位移等简单有限元表面法来进行模拟，然后以几何方式通过表面倍增和分离的方式来进行再现。

对于每个迭代步骤，使用标准有限元程序(例如使用 ABAQUS)进行有限元计算，这为所有节点提供了位移和力、应力和应变。

根据给定的节点力和节点位移，NETCRACK3D 模块使用裂纹闭合积分法(见 3.7.4 节)计算能量释放率 G_{I}、G_{II} 和 G_{III} 以及沿裂纹前缘的应力强度因子 K_{I}、K_{II} 和 K_{III}，结合程序中应用的裂纹扩展定律(见 4.3 节)，一起用于计算新的裂纹前缘坐标，并确定一个定义的裂纹增量所需的载荷周期数。

自动裂纹扩展模拟一直持续，达到材料的断裂韧性和裂纹扩展发生失稳。

有关 ADAPCRACK3D 程序系统的更多信息可以在文献[17，18]中找到。在三维结构中的裂纹模拟例子可以在文献[11，15，19]以及在 8.2 节和 8.3 节中找到。

7.3 用有限元分析确定载荷变化的影响

除了使用线弹性材料定律来模拟裂纹扩展外，通常使用弹塑性材料行为进行裂纹扩展模拟有助于解释裂纹的闭合行为或服役负荷引起的相互作用(见第 6 章)[20~24]。

为此，有必要用合适的模型(如 CHABOCHE 模型[25,20])来模拟弹塑性材料弹性行为和硬化过程。

图 7.8 显示了 CTS 试样的有限元网格(见 5.4.2 节)的例子，该网格用于模拟穿插在恒

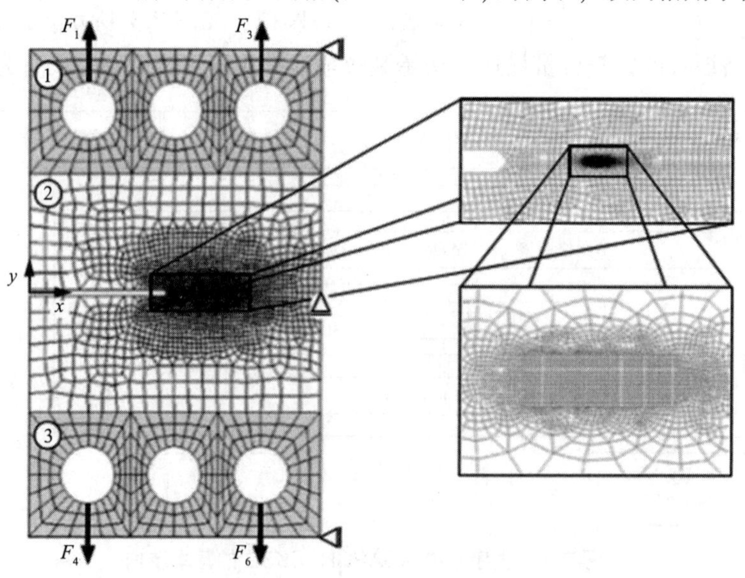

图 7.8 放大后的 CTS 试样的有限元网格

定基线水平载荷 $\Delta K_{\mathrm{I,B1}}$ 上的过载。CTS 试样的有限元模型由三个区域组成：在 1 区和 3 区中，假设其为线弹性材料行为；而在 2 区中，使用循环应力 - 应变曲线来模拟弹塑性材料行为。CHABOCHE 模型考虑了非线性运动学硬化。为了表示裂纹闭合和裂纹表面上的力传递，裂纹边缘被定义为接触表面。

在应该发生裂纹扩展的中间区域，选择了一个矩形区域，该区域具有四节点二次单元，单元长度为 25μm。因此，要精确地模拟裂纹顶端的应力集中和由此产生的塑性区，这样的网格细度是必不可少的。另外，通过应用脱黏技术，根据单元长度确定裂纹扩展增量。由于单元边缘的选择在模拟中特别有用，所以在这个主题上进行了大量的研究。文献[20]对整体做了一个总结。

沿裂纹表面的节点在模拟开始时部分互连，因此可以识别裂缝顶端。在模拟过程中，采用脱黏技术，在裂纹顶端的这些节点依次分离节，见图 7.2。

图 7.9 是作为加载步骤函数的加载顺序实例。文献中描述了一些裂纹扩展概念，建议在最小或最大载荷下，或在载荷上升或下降时进行裂纹扩展[20~22]。为了获得每个裂纹扩展步骤之间的平稳状态，在每个脱黏之间模拟一定数量的循环。

为了描绘沿着裂纹边缘和韧带处的残余应力，在模拟负载变化之前，首先产生一个疲劳裂纹是有必要的。如图 7.9 中的过载[20,26]。

弹塑性模拟的结果包括：沿裂纹边缘或韧带的应力和残余应力分布，裂纹闭合，疲劳裂纹扩展或裂纹张开行为。

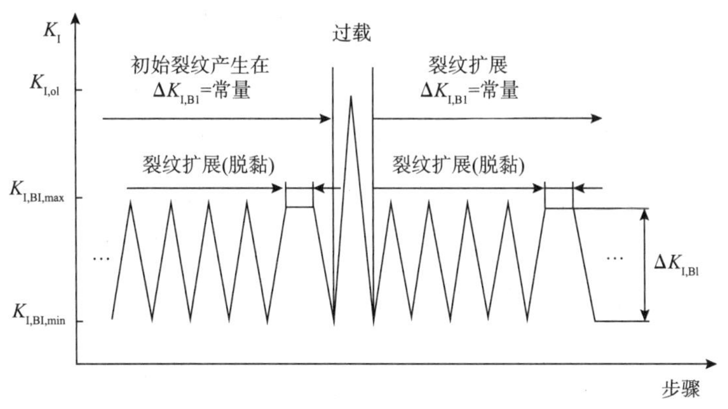

图 7.9 带有过载的裂纹扩展模拟顺序[27]

图 7.10 显示了在 2.5 倍过载和没有过载条件下，具有 y 方向位移的裂纹开口在裂纹长度为 50mm 时的比较，具体取决于裂纹扩展[27]。当引入过载时，裂纹张开很宽，如图 7.10(a)所示。随着负载释放到最小 $K_{\mathrm{I,B1,min}}$，裂纹仍然完全张开，而不同于恒幅加载，如图 7.10(b)所示。在进一步裂纹扩展过程中，可以明显看到一个由主要塑性区引起的高度塑性变形区域，如图 7.10(c)所示。与恒定振幅载荷相比，这种塑性变形区域“驼峰”突出进入裂纹开口。因此，在一定裂纹长度下，即使在最大负载下也出现完全或部分裂纹闭合。在最小基线水平负荷 $K_{\mathrm{I,B1,min}}$下，甚至在裂纹扩展 1mm 之后，隆起导致过载后部分裂纹闭合。随着过载区的塑性化，由于变形，裂纹张开很宽，因此过载相对于恒幅加载，裂

纹尖端也会张开[27]。

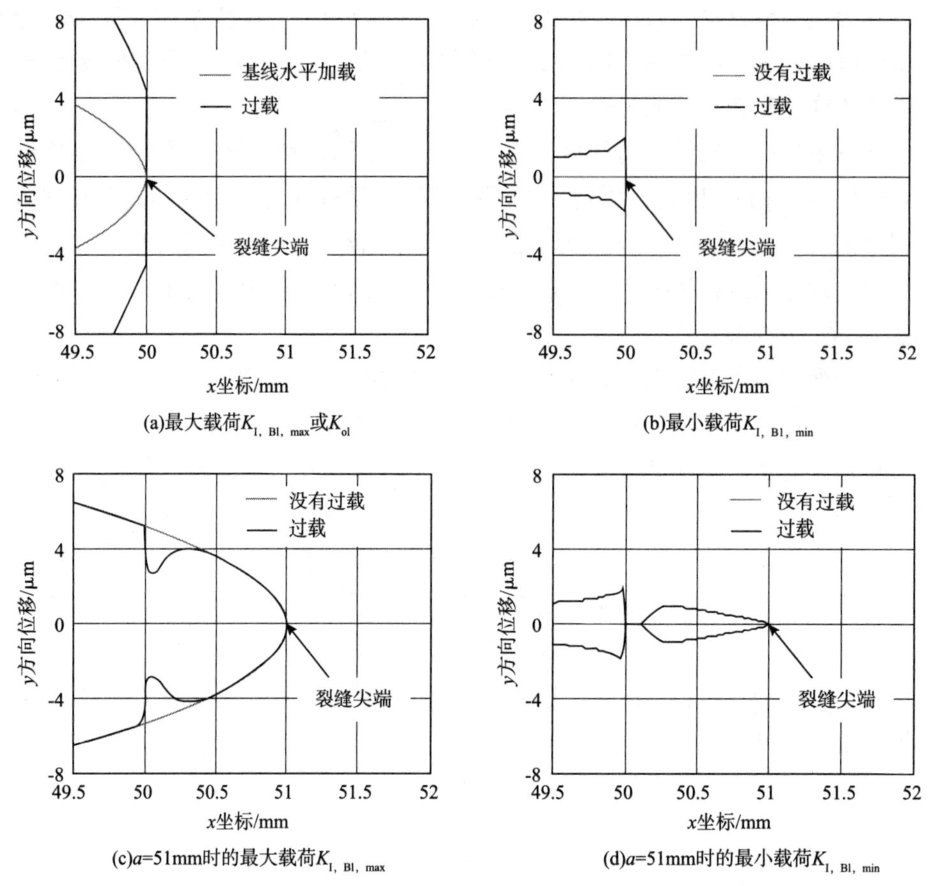

图7.10 裂纹长度为50mm时，没有疲劳过载和施加2.5倍疲劳过载下的裂纹张开的比较[27]

通过评估开裂行为，获得了有关裂纹张开应力强度因子$K_{I,张开}$的确定信息，如图7.11所示。由于在如图7.10(a)所示的最大载荷和如图7.10(b)所示的最小负载下的最初巨大的裂纹张开，因此最初裂纹张开应力强度降低，有效循环应力强度增加。也就是说，过载后的裂纹扩展速率会立即暂时上升(见6.2.1.1节)。此后，$K_{I,张开}$急剧增加，导致裂纹扩展迟滞，直到在一定的裂纹长度之后，重新获得裂纹张开强度的稳定状态。这种状态受到过载强度的影响。过载比越小，$K_{I,张开}$的稳定状态受到的干扰就越小。

裂纹闭合行为不仅受到过载的影响，还受到应力分布的影响。如果CTS试样完全卸载，则得到图7.12所示的残余应力曲线。可以清楚地看出，在$a=50$mm的过载位置处有相当大的残余压应力。如果过载率降低，则残余压应力的最大值急剧下降。然而，在韧带区域也会出现明显的残余应力，这些应力受过载率的影响[27]。

这种模拟有可能表明，只要韧带裂纹尖端前方的应力分布被过载破坏，就会发生裂纹的闭合[20]。

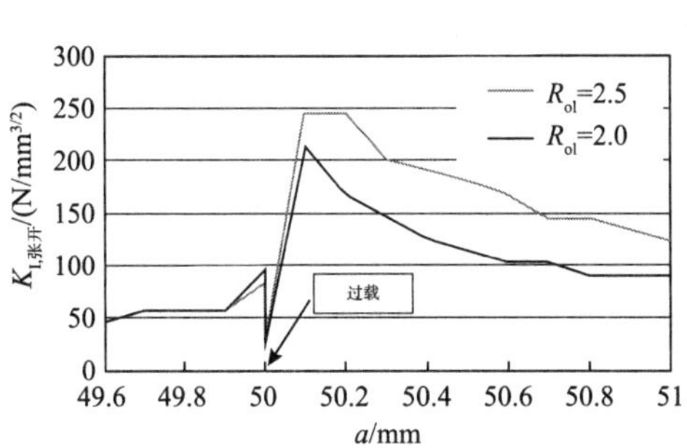

图7.11 过载比 R_{ol} 对裂纹张开应力强度的影响

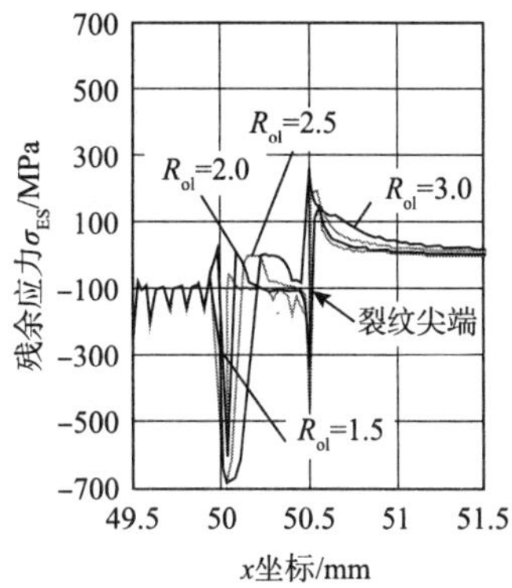

图7.12 在 a =50mm 处出现一个过载，裂纹扩展 0.5mm 之后的残余应力 σ_{ES} 与过载率 R_{ol} 的函数关系

在文献[5，20，27，28]中可以找到关于负载变化后弹塑性裂纹扩展模拟的进一步细节，如模式Ⅰ、模式Ⅱ和混合模式过载或块载荷，包括短裂纹扩展。

参考文献

[1]NASGRO ®：Fracture mechanics and fatigue crack growth analysis software “NASGRO” Version 6.0，NASA and Southwest Research Institute(2009).

[2]ESA：ESACRACK User’s Manual. Version 4.1.2，TOS－MCS/2000/41/In，European Space Research and Technology Centre(ESTEC)，Thermal and Structures Division，Noordwijk，Niederlande(2000).

[3]Harter，J. A. AFGROW users guide and technical manual. Air vehicles Directorate，Air Force Research Laboratory，Wright－Patterson Air Force Base，Ohio(2006).

[4]ViDa ® 2002－Visual Damagemeter for Windows. User Manual. ViDa Inc，Rio de Janeiro(2002).

[5]Sander，M. Sicherheit und Betriebsfestigkeit von Maschinen und Anlagen. Springer，Berlin(2008).

[6]Wawrzynek，P. A，Ingraffea，A. R，Interactive finite element analysis of fracture processes：an integrated approach. Theoret. Appl. Fract. Mech. 8，137－150(1987).

[7]Richard，H. A，May，B. Schöllmann，M. Prediction of crack growth under complex loading with the software system FRANC/FAM. In：Brown，M. W，de los Rios，E. R，Miller，K. J.(eds.)Fracture from Defects，pp. 1071－1076. EMAS Publishing，West Midlands(1998).

[8]Theilig，H. Wünsche，M. Bergmann，R. Numerical and experimental investigation of curved fatigue crack growth under proportional cyclic loading. Steel Res. 74，566－576(2003).

[9]FRANC3D：Concepts/Users Guide. FRANC3D—Version 2.6，Cornell University，Ithaca，New York(2003). http：//www. cfg. cornell. edu.

[10]Fulland，M. Schöllmann，M. Richard，H. A. ADAPCRACK3D－development of the program for simulation of three－dimensional crack propagation processes. In：Atluri，S. N. Brust，F. W.(eds.)Advances in Computational Engineering & Sciences，vol. 1，pp. 948－953. Tech Science Press，Palmdale(2000).

[11]Richard，H. A，Fulland，M. Schöllmann，M. Sander，M. Simulation of fatigue crack growth using ADA-

PCRACK 3D. In: Blom, A. F. (ed.) Fatigue 2002. Proceedings of the 8th International Fatigue Congress, pp. 1405 - 1412, Stockholm, Sweden(2002).

[12] Timbrell, C. Claydon, P. W. Cook, G. Application of ABAQUS to analysis 3d cracks and fatigue crack growth prediction. In: ABAQUS Users' Conference Proceedings, pp. 527 - 541. Newport, Rhode Island (1994).

[13] BEASY. http: //www. beasy. com.

[14] Dhondt, G. Automatic three - dimensional crack propagation predictions with finite elements at the design stage of an aircraft engine. In: Applied Vehicle Technology Panal Symposium on Design Principles and Methods for Aircraft Turbine Engines (NATO - RTO), pp. 33. 1 - 33. 8, Toulouse, Frankreich(1998).

[15] Fulland, M. Richard, H. A. Application of the FE - Method to the simulation of fatigue crack growth in real structures. Steel Res. 74, 584 - 590(2003).

[16] Kuhn, G. Partheymüller, P. 3D crack growth simulations with the boundary element method. In: Sarler, B. Brebia, C. A. Power, H. (eds.) Moving Boundaries V - Computationed Modelling of Free and Moving Boundary Problems, pp. 69 - 78. WIT Press, Southampton(1999).

[17] Schöllmann, M. Vorhersage des Risswachstums in ebenen und räumlichen Strukturen mittels numerischer Simulation. Fortschritt - Berichte, VDI - Reihe 18, Nr. 269, Düsseldorf(2001).

[18] Fulland, M. Risssimulation in dreidimensionalen Strukturen mit automatischer adaptiver Finite - Elemente - Netzgenerierung. Fortschritt - Berichte, VDI - Reihe 18, Nr. 280, Düsseldorf(2003).

[19] Richard, H. A. Sander. M. Kullmer, G. Fulland, M. Finite - Elemente - Simulation im Vergleich zur Reali tät. MP Materialprüfung 46, pp. 441 - 448(2004).

[20] Sander, M. Richard, H. A. Fatigue crack growth under variable amplitude loading - part Ⅱ: analytical and numerical investigations. Fatigue Fract. Eng. Mater. Struct. 29, 303 - 319(2006).

[21] Newman, J. C. Advances in finite - element modelling offatigue - crack growth and fracture. In: Blom, F. (ed.) Fatigue 2002, pp. 55 - 70. EMAS, Stockholm(2002).

[22] Pommier, S. Cyclic plasticity and variable amplitude loading. Int J Fatigue 25. 983 - 997(2003).

[23] Mc Clung, R. C. Sehitoglu, H. On the finite element analysis of fatigue crack closure - 1. Basic modelling issues. Eng. Fract. Mech. 33. 37 - 45(1970).

[24] Lee, H. - J. Song, J. - H. Finite - element analysis of fatigue crack closure under plane strain conditions: Stabilization behaviour and mesh size effect. Fatigue Fract. Eng. Mater. Struct. 28, 333 - 342(2005).

[25] Chaboche, J. L. Viscoelastic constitutive equations for the description of cyclic and anisotropic behaviour of metals. Bulletin de l' Academie Polonaise des Sciences. Série des sciences et techniques, pp. 33 - 39 (1977).

[26] Wang, H. Buchholz, F. - G. Richard, H. A. Jägg, S. Scholtes, B. Numerische und experimentelle Untersuchungen von Eigenspannungen bei Ermüdungsrisswachstum unter Mode I - und Mode II - Beanspruchung. In: DVM - Bericht 231, Berlin, pp. 131 - 140(1999).

[27] Sander, M. Einfluss variabler Belastung auf das Ermüdungsrisswachstum in Bauteilen und Strukturen. Fortschritt - Berichte, VDI - Reihe 18, Nr. 287, Düsseldorf (2003).

[28] Sander, M. Richard, H. A. Finite element analysis of fatigue crack growth with interspersed mode I and mixed mode overloads. Int. J. Fatigue 27, 905 - 913 (2005).

第8章　循环载荷下的裂纹萌生

裂纹萌生的位置主要取决于载荷水平。据 Bathias 介绍，抛光圆形样品的裂纹萌生有三种基本类型[1]。在低周疲劳的情况下，即高应力导致快速失效(总使用寿命 $N_f \approx 10^4$ 周次)，表面上的几个位置裂纹会萌生在试样表面几个位置。与此相反，在高周疲劳($N_f \approx 10^6$ 周次)和超高周疲劳($N_f \approx 10^8$ 周次)的情况下，裂纹仅在一个位置萌生。高周疲劳裂纹萌生往往发生在表面，而在超高周疲劳的情况下，裂纹常以鱼眼的形式出现在构件内部。

裂纹萌生首先通过微观结构(晶粒尺寸、滑移带和滑移面)来表征。在材料中，滑移带在最优取向的晶粒上形成，尤其在最大滑移面上。通常，在平行于最大剪切应力的滑移平面中形成微裂纹。在裂纹扩展通过几个晶粒尺寸(第 1 阶段裂纹)之后，会切换到垂直于最大主正应力的平面，与微观结构无关。这个阶段被认定为第 2 阶段裂纹。Tokaji 和 Ogawa 已经发现了一个 200～250μm 的过渡裂纹长度，从这里开始，裂纹开始进入第 2 阶段[2]。然而，从第 1 阶段到第 2 阶段的过渡是由微观结构、载荷或周围条件决定的[3]。

根据阶段 1 和阶段 2 的不同，短裂纹可以分为三类[2,4]：(1)显微组织短裂纹；(2)力学短裂纹；(3)物理短裂纹。

显微组织短裂纹的大小与显微组织的特征尺寸相同，这标志着连续力学的极限[2]。裂纹扩展速率和显微组织短裂纹的路径受到显微组织的影响。随着裂纹尖端接近材料的缺陷(如晶界、相界、夹杂物或微孔)，裂纹扩展速率急剧降低，并在克服微结构的阻碍(如文献[2，5]中的例子)后显著增加。在细晶粒材料中，裂纹扩展速率的急剧下降比在大晶粒材料中更为明显。此外，细晶粒材料中的平均裂纹扩展速率比大晶粒材料低一个数量级[2]。

力学短裂纹始于第 2 阶段裂纹的扩展。其长度大致对应于裂纹尖端塑性区的大小，所以线弹性断裂力学和小尺寸屈服定律并不总是适用的。因此，选择应力强度因子 K 作为加载参数是有争议的(参见文献[6，7]中的例子)。

物理短裂纹的长度大致对应于使用无损检测方法可检测到的缺陷尺寸。虽然裂纹长度很小，但线性弹性断裂力学的规则仍然适用。

一般而言，在相同的循环应力强度 ΔK 下，短裂纹比长裂纹扩展得更快，在临界点附近尤其如此。虽然循环应力强度 ΔK 处于长裂纹的疲劳扩展的临界值以下，但一般而言，短裂纹能够扩展。这种短裂纹的异常行为如图 8.1 所示。

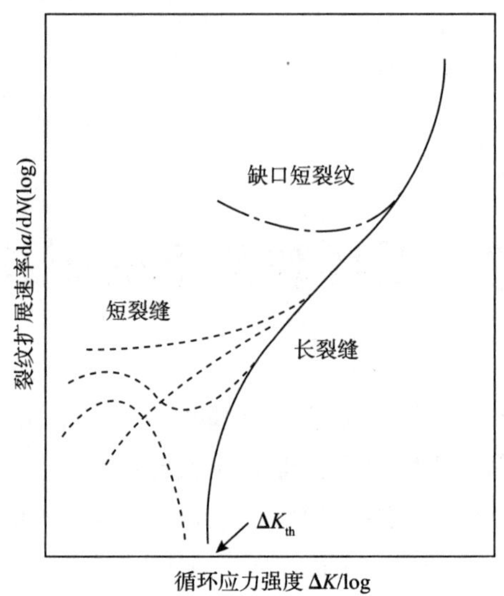

图 8.1 短裂纹和长裂纹的裂纹扩展速率与循环应力强度因子的函数关系[3]

8.1 描述裂纹萌生的模型

对于循环载荷，有许多用于描述裂纹萌生的模型和概念，可以细分为四组[8]：

(1)临界值曲线概念；

(2)临界距离理论；

(3)疲劳抗裂曲线概念；

(4) $\sqrt{面积}$概念。

下面将介绍每个组中的概念，进一步的描述可以在文献[8]中找到。

8.1.1 临界值曲线概念

短裂纹不一定会导致构件失效。例如，如果存在大的微结构阻碍，或者存在尖锐的缺口，并且构件中的名义应力很小，则在某些情况下裂纹不会在整个构件中扩展，而是会在一定量的扩展之后停止。

非扩展裂纹现象首先被 Frost 发现，并在 Frost 图(见图 8.2)中总结(见文献[9])。对于具有固定缺口深度的缺口，Frost 图显示了钝锐缺口作为缺口半径 ρ 或应力集中系数 α_k 的函数。在应力集中系数 α_k 小于 α_k^* 的钝型缺口的情况下，裂纹萌生的特征是疲劳强度除以应力集中系数。也就是说，它是弹性缺口应力影响下的强度问题。随着缺口更尖锐，缺口呈现出来的性能更像一个相同长度的裂纹，因此疲劳裂纹扩展的临界值 ΔK_{th} 对裂纹萌生起决定性作用。

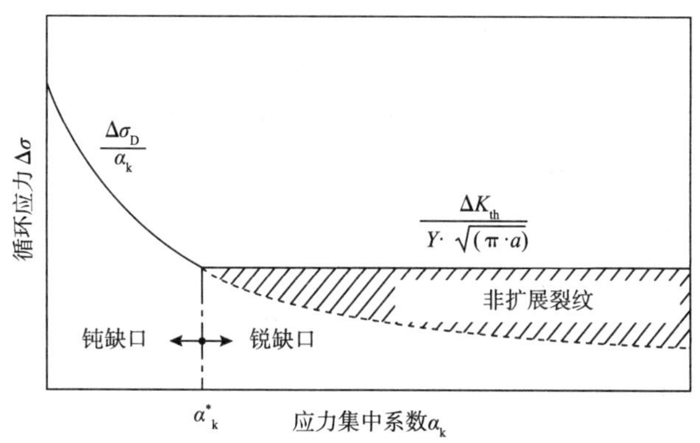

图 8.2 评估缺口构件疲劳强度的 Frost 图

注：极限循环应力是具有固定缺口深度的应力集中因子 α_k 的函数（根据文献[9]中的例子）。

在 $\alpha_k > \alpha_k^*$ 范围内，应力方式和断裂－力学方式不同。在这两种方法之间的范围内(阴影区域)，应力和应力集中系数的组合可能会导致裂纹萌生，但不会导致裂纹扩展。

Kitagawa 和 Takahashi 图[10]也能够说明裂纹萌生的极限应力取决于裂纹长度。对于小于极限裂纹长度 a_0 的裂纹长度，临界应力渐进接近一个恒定的应力水平，这种应力水平大致对应于无缺口试样的疲劳强度。超过这个极限裂纹长度，应该使用疲劳裂纹扩展的临界值。这种行为可以用 Kitagawa－Takahashi 图表示(见图 8.3)。图 8.3 所示的函数是一条极限曲线，在此曲线下将发生裂纹停滞，并在此之上发生裂纹的萌生和扩展(见 4.6 节)。

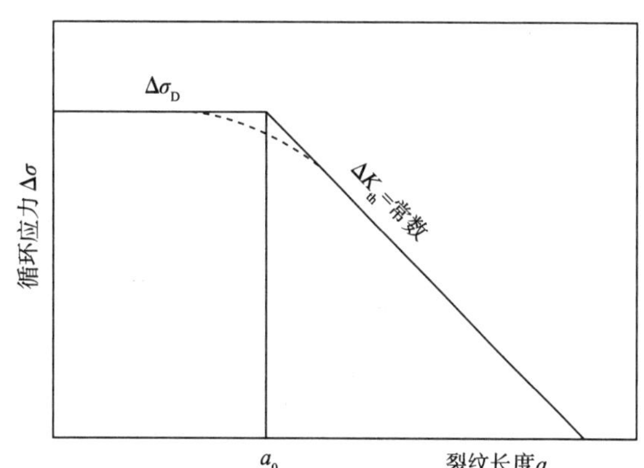

图 8.3 Kitagawa－Takahashi 图[10]

在弹性应力的情况下，还定义了忽略几何因子 Y 的 ΔK，如下所示：

$$\Delta K = \Delta\sigma\sqrt{\pi(a + a_0)} \tag{8.1}$$

式中，a_0代表由疲劳裂纹扩展的临界值与疲劳强度之比定义的材料常数：

$$a_0 = \frac{1}{\pi}\left(\frac{\Delta K_{th}}{\Delta\sigma_D}\right)^2 \tag{8.2}$$

引入材料常数 a_0抵消了临界值对裂纹长度的影响，也使得长、短裂纹的裂纹扩展曲线相吻合。El Haddad 等人[11]用表面晶粒的损伤屈服准则解释了经验常数，而 Radaj[6]提出 a_0为典型的特定材料的固有裂纹长度，并且不能进一步扩展。Atzori 等人[12]说明，钢的 R_m 的固有裂纹长度与 σ_D 之间存在一定的相关性。

因此，Kitagawa－Takahashi 极限曲线图可以根据 El Haddad 等人的理论[11]描述如下：

$$\Delta\sigma_{th} = \frac{\Delta K_{th}}{\sqrt{\pi \cdot (a + a_0)}} \tag{8.3}$$

由于依据 El Haddad 理论，原始临界应力曲线理论上适用于无限延伸的板($Y=1$)中的裂纹。Atzori 等人[9]通过考虑裂纹的几何函数 Y 来扩展函数(见 3.4.1 节)，结果获得了以下循环应力强度因子等式：

$$\Delta K = \Delta\sigma \cdot \sqrt{\pi \cdot (a + a_0)} \cdot Y \tag{8.4}$$

这样，线弹性断裂力学所描述的中间区域的极限应力就会按比例减小(见图 8.4)。

如果构件或结构包含长度为

$$a_D = \frac{a_0}{Y^2} \tag{8.5}$$

的缺陷，则疲劳行为应该用下面的函数来描述：

$$\Delta K_{th} = \Delta\sigma_{th} \cdot \sqrt{\pi \cdot (a + a_D)} \cdot Y = \Delta\sigma_{th} \cdot \sqrt{\pi \cdot (Y^2 \cdot a + a_0)} \tag{8.6}$$

表达式 $Y^2 \cdot a + a_0$对应于由相同名义应力加载的无限延伸板中的等效裂纹的长度 $a_{äq}$。疲劳强度极限不受几何函数 Y 的影响。

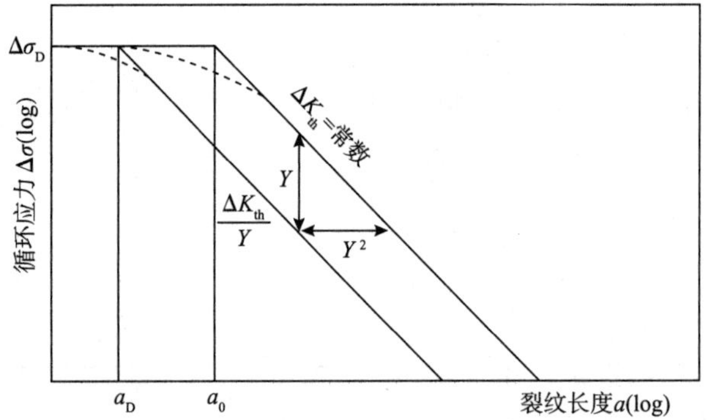

图 8.4 考虑几何函数 Y 的疲劳行为[13]

8.1.2 临界距离理论

Taylor 等人[14-17]运用了临界距离理论，Fujimoto 等人[18]运用了基于 Neuber[19]的替代结构长度和 Peterson 的点法建立的固有损伤区概念。这些方法假定，在 $\Delta K = \Delta K_{th}$ 的载荷下，在缺口根部前方或裂纹前方的一定距离 r 处，弹性应力 $\Delta\sigma$ 等于疲劳强度 $\Delta\sigma_D$。通过对裂纹或缺口使用弹性应力法，可以确定裂纹长度函数的临界应力(见图 8.5)。

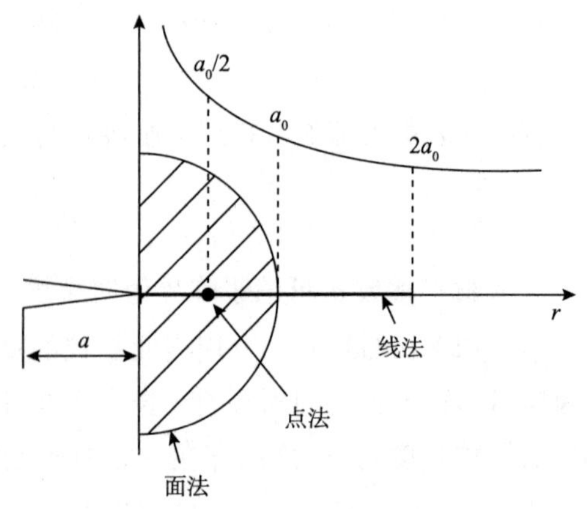

图 8.5 临界距离理论[13]

Taylor 区分了点、线、面积和体积方法。

在点法中，对于 $r=a_0/2$ 点，应力与疲劳强度完全相等，由此 a_0 等于 El Haddad 参数[见式(8.2)]。与此相反，在其他方法中，平均应力 $\Delta\sigma_{av}$ 是通过沿缺口或裂纹前方的一条线($r=0\sim2a_0$)或沿一个区域($r=a_0$)的积分求得的。然后将这个平均应力设定为等于疲劳强度。在点法和线法中，与疲劳强度的一致性是精确的。然而，面法导致了10%的偏差，所以这个预测有些保守[14]。因此，当使用面法或体积法时，疲劳强度要乘以系数1.1。

由于临界距离理论不需要相关的缺口几何信息，所以它可以用于在弹性有限元分析的基础上计算复杂结构，以得出有关疲劳强度的结论[16]。

8.1.3 疲劳裂纹阻力曲线概念

Tanaka 等人[20~22]、Pippan 等人[23-26]和其他人认为疲劳裂纹扩展的临界值随着裂纹长度的增加而增加，直到达到长裂纹扩展的恒定值 ΔK_{th}。这种行为在"疲劳裂纹阻力曲线"或 R 曲线中进行了描述。R 曲线将材料抗疲劳裂纹扩展的能力(由临界值 ΔK_{th} 表征)定义为裂纹扩展的函数。

图8.6提供了作为应力比 R 函数的疲劳裂纹阻力曲线的示意图。显然，对于低 R 比率，短裂纹和长裂纹的临界值之间的差异更显著[23]。疲劳裂纹阻力曲线与萌生裂纹的缺口几何形状[27]无关。缺口深度对 R 曲线的影响也很小[28]。由于不同缺口几何形状导致的几何函数不同，载荷曲线会发生变化[29]。利用 Pippan 提出的确定裂纹扩展曲线和临界值的方法(如文献[23, 25]中的例子；见5.2.2.3节)，可以建立疲劳裂纹阻力曲线。另外，Chapetti[30]建议在计算 R 曲线时，要考虑疲劳强度和最大微观结构障碍距离引起的微结构临界值，也要考虑长裂纹临界值和裂纹闭合效应引起的微结构临界值。

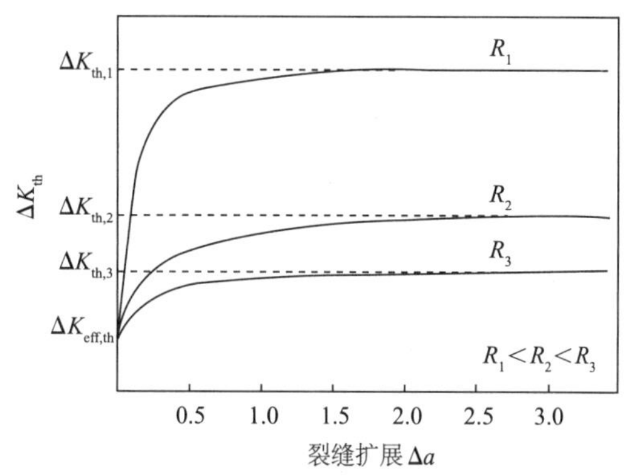

图8.6 疲劳裂纹阻力曲线与 R 比率的函数关系[23]

使用疲劳裂纹阻力曲线和裂纹的循环应力强度因子，构件中的一个力学初始裂纹 a_i 的疲劳裂纹扩展中所需的临界值可以用裂纹长度和循环应力的函数表示(见图8.7)。假设存在表面缺陷并且缺陷尺寸远小于构件的缺陷尺寸，则可以采用1.12的几何因子 Y 来计算循环应力强度。

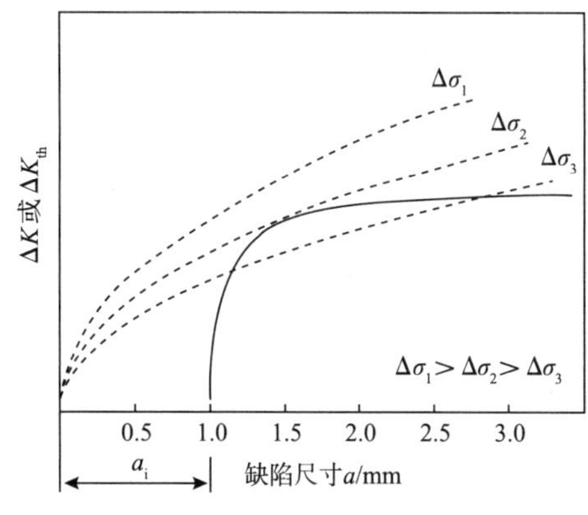

图8.7 疲劳裂纹扩展曲线概念[26]

应力强度曲线与 R 曲线在某一点切向相交，得出给定初始裂纹长度 a_i 下疲劳裂纹扩展的临界值。在图8.7中，这对应于 $\Delta\sigma_2$ 的循环应力。

对于较小的应力(如 $\Delta\sigma_3$)，应力强度曲线在两点处与 R 曲线相交，裂纹将首先扩展，但随后会停滞。另外，$\Delta\sigma_1$ 会导致裂纹的持续扩展，直到构件失效。

假定疲劳裂纹阻力曲线的形状与初始尺寸无关，通过将电阻曲线转移到不同的初始裂纹长度，可以建立不同的极限应力，作为初始缺陷大小的函数。以这种方式确定的应力被编在 Kitagawa - Takahashi 图中。

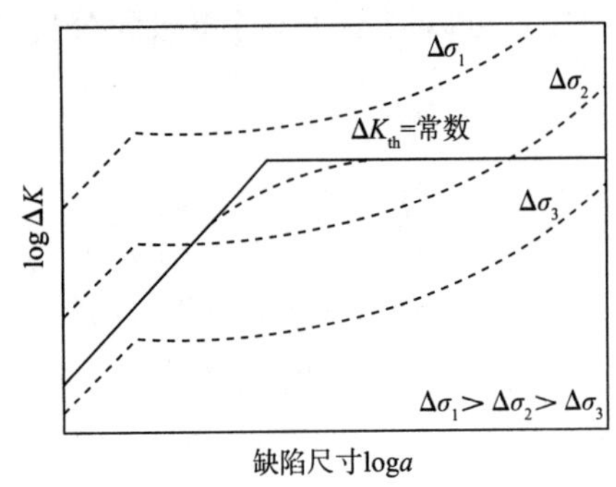

图 8.8 Yates 和 Brown 的概念[31]

Yates(耶茨)和 Brown[31] 利用相同的程序，以找到临界应力和非扩展裂纹的尺寸。他们通过将循环应力强度因子绘制在裂纹长度上获得Kitagawa - Takahashi 图的曲线，代替疲劳裂纹阻力曲线。图 8.8 显示了根据 Kitagawa - Takahashi 图计算出的曲线和从缺口开始的短裂纹的应力强度曲线(虚线)，应力强度曲线是载荷的函数。应力强度曲线也可以用近似方法确定，这也为分段描述其过程提供了可能[32]。

这样，缺口附近裂纹的应力强度因子可以用下式获得：

$$K = 1.12\alpha_k \cdot \sigma \cdot \sqrt{\pi \cdot a} \tag{8.7}$$

在缺口的影响区域之外，根据 Smith 和 Miller 理论，Yates 和 Brown 使用下列方法计算应力强度因子：

$$K = \sigma \cdot \sqrt{\pi \cdot (a + a_k)} \tag{8.8}$$

式中，a_k 为缺口深度。

从前面提到的疲劳裂纹阻力概念来考虑，可以得到一个 Haigh 图(见图 8.9)，其中光滑试样和裂纹试样的临界应力都可以表示为初始裂纹长度的函数[21]。

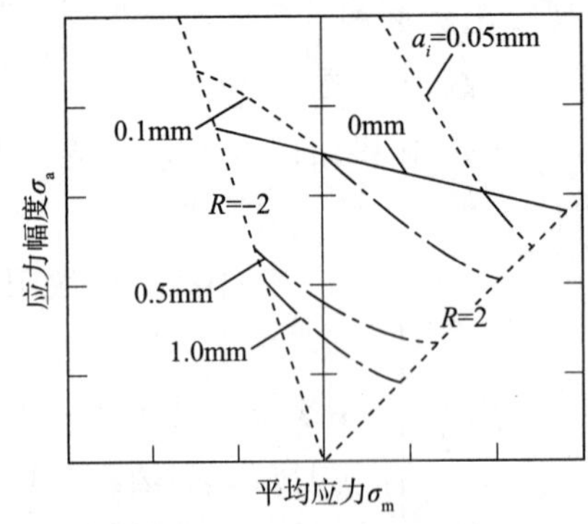

图 8.9 具有初始裂纹试样的 Haigh 图(是初始裂纹长度 a_i 的函数)与光滑试样确定的临界应力的比较(根据文献[21])

8.1.4 $\sqrt{面积}$ 概念

Murakami[33] 发现，对于小缺陷，用的不是应力集中因子 α_k，而是应力强度因子去评

估非扩展裂纹的临界值。为此，他应用了参数 $\sqrt{面积}$，这是评估各种尺寸和形状缺陷对疲劳影响的特征尺寸。这是因为：一方面，有缺陷的零件的疲劳极限可以看作是裂纹问题；另一方面，$\sqrt{面积}$与应力强度之间存在一定的关系。

参数“面积”表示投影在垂直于最大主应力的平面上的裂纹表面。在不规则形状的裂纹的情况下，存在一个有效的区域，以规则的形状覆盖不规则的轮廓（如图 8.10 所示）。

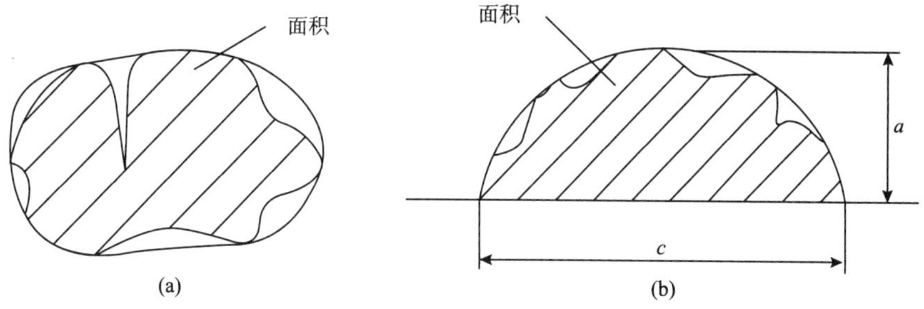

图 8.10 由常规轮廓近似获得不规则形状的裂纹[33]

对于 $c>10a$ 的非常平坦的表面裂纹或 $a>5c$ 的非常深的裂纹，采用 $\sqrt{面积}=\sqrt{10}c$ 的恒定值[34]。两个相邻的裂纹也代表着一种特殊情况，相邻裂纹之间的有效面积是通过它们之间的距离来定义的。如果两个裂纹之间的距离与较小裂纹的尺寸一样大，那么只用较大裂纹的面积来计算应力强度。然而如果距离较小，则有效面积必须根据包括中间面积在内的两个裂纹面积来确定[33]。

使用 $\sqrt{面积}$表达式，计算内部裂纹的最大应力强度如下：

$$K_{\mathrm{I,max}}=0.5\sigma\cdot\sqrt{\pi\sqrt{面积}} \tag{8.9}$$

对于表面裂纹使用下式[33]：

$$K_{\mathrm{I,max}}=0.65\sigma\cdot\sqrt{\pi\sqrt{面积}} \tag{8.10}$$

$\sqrt{面积}<1000\mu\mathrm{m}$ 的短裂纹的临界值 ΔK_{th}定义为维氏硬度（HV）的函数如下：

$$\Delta K_{\mathrm{th}}=3.3\cdot10-3\cdot(\mathrm{HV}+120)\cdot(\sqrt{面积})^{1/3} \tag{8.11}$$

为了计算得到 ΔK_{th}的单位为 $\mathrm{MPa}\cdot\mathrm{m}^{1/2}$，插入 $\sqrt{面积}$使用单位 μm。联立式（8.11）和式（8.10），获得具有小的表面缺陷的构件的临界应力式（8.12）所示，单位为 MPa[35]：

$$\sigma_{\mathrm{th}}=\frac{1.43\cdot(\mathrm{HV}+120)}{(\sqrt{面积})^{1/6}} \tag{8.12}$$

这种方法也可以应用于非金属夹杂物。然而，在这种情况下，有效面积必须被视为夹杂物位置的函数[33]。

这种方法适用的局限性在于缺陷的尺寸。缺陷最大的 $\sqrt{面积}$可能有 1000μm，但是具有最小长度 a^* 的非扩展裂纹。

最小面积 $\sqrt{面积}$可以使用式（8.12）和无缺陷构件的疲劳强度 σ_{D0}确定。如果 σ_{D0}是未知的，Murakami 提出的估计方法如下：

$$\sigma_{D0} \approx 0.5R_m \approx 1.65HV \tag{8.13}$$

此外，$\sqrt{面积}$概念仅适用于具有小缺陷样品的疲劳强度范围，与缺陷的几何形状无关。

相比之下，缺陷的形状在有限疲劳强度范围内具有明显的可检测效果。在$\sqrt{面积}$值相等的情况下，存在裂纹构件的剩余寿命通常小于存在缺口构件的剩余寿命，因为在一个裂纹处，裂纹萌生寿命要短得多[33]。

8.2 短裂纹扩展

过去已经提出了各种短裂纹扩展概念，可以分为三类：

(1)微观组织模型；

(2)裂纹闭合模型；

(3)断裂-力学短裂纹扩展模型。

读者可以参考文献[8]总结这些概念。

参考文献

[1]Bathias, C.: Damage mechanisms in gigacycle fatigue. In: CD-ROM Proceedings of 9th International Fatigue Congress, Atlanta (2006).

[2]Tokaji, K., Ogawa, T.: Thegrowthbehaviourofmicrostructurallysmallfatiguecracksinmetals. In: Miller, K. J., de los Rios, E. R. (eds.) Short Fatigue Crack Growth, ESIS 13, pp. 85-99. Mechanical Engineering Publications, London (1992).

[3]Socie, D. F., Marquis, G. B.: Multiaxial Fatigue. SAE, Warrendale (2000).

[4]Ritchie, R. O.: Small crack growth and the fatigue of traditional and advanced materials. In: Wu, X. R., Wang, Z. G. (eds.) Fatigue'99, pp. 3-14. Higher Education Press, Beijing (1999).

[5]Davidkov, A., Pippan, R.: Studies on short fatigue crack propagation through a ferrite-pearlite microstructure. In: CD-ROM Proceedings of 9th International Fatigue Congress, Atlanta (2006).

[6]Radaj, D.: Ermüdungsfestigkeit: Grundlagen für Leichtbau, Maschinen-und Stahlbau, 2. Auflage. Springer, Berlin (2003).

[7]Ritchie, R. O.: Small crack growth and the fatigue of traditional and advanced materials. In: Wu, X. R., Wang, Z. G. (eds.) Fatigue'99, pp. 3-14. Higher Education Press, Beijing (1999).

[8]Sander, M.: Sicherheit und Betriebsfestigkeit von Maschinen und Anlagen. Springer, Berlin (2008).

[9]Atzori, B., Lazzarin, P., Meneghetti, G.: A unified treatment of the mode I fatigue limit of components containing notches and defects. Int. J. Fract. 133, 61-87 (2005).

[10]Kitagawa, H., Takahashi, S.: Applicability of fracture mechanics to very small cracks or the cracks in the early stage. In: Proceedings of the 2nd International Conference on Mechanical Behavior of Materials, Boston, pp. 627-631 (1976).

[11] El Haddad, M. H., Topper, T. H., Smith, K. N.: Prediction of non propagating cracks. Eng. Fract.

Mech. 11, 573 – 584 (1979).

[12] Atzori, B., Meneghetti, G., Susmel, L.: Material fatigue properties for assessing mechanical components weakend by notches and defects. FFEMS 28, 83 – 97 (2005).

[13] Atzori, B., Lazzarin, P., Meneghetti, G.: Fracture mechanics and notch sensitivity. FFEMS 26, 257 – 267 (2003).

[14] Taylor, D.: Geometrical effects in fatigue: a unifying theoretical model. Intern. J. Fatigue 21, 413 – 420.

[15] Taylor, D.: Size effect in fatigue from notches. In: CD – ROM Proceedings of 9th International Fatigue Congress, Atlanta (2006).

[16] Taylor, D., Wang, G.: The validation of some methods of notch fatigue analysis. FFEMS 23, 387 – 394 (2000).

[17] Taylor, D., Wang, G.: Component design: the interface between threshold und endurance limit. In: Newman, J. C., Piascik, R. S. (eds.) Fatigue Crack Growth Thresholds, Endurance Limits, and Design, ASTM STP 1372, ASTM, West Conshohocken, pp. 361 – 373 (2000).

[18] Fujimoto, Y., Hamada, K., Shintaku, E., Pirker, G.: Inherent damage zone model for strength evaluation of small fatigue cracks. Eng. Fract. Mech. 68, 455 – 473 (2001).

[19] Neuber, H.: Kerbspannungslehre. Theorie der Spannungskonzentration – Genaue Berechnung der Festigkeit, 3. Aufl. Springer, Berlin (1985).

[20] Tanaka, K., Akiniwa, Y.: Notch – geometry effect on propagation threshold of short fatigue cracks in notched components. In: Ritchie, R. O., Starke, E. A. (eds.) Fatigue'87, Vol. II, pp. 739 – 748. EMAS, West Midlands.

[21] Tanaka, K., Akiniwa, Y.: Mechanics of small fatigue crack propagation. In: Ravichandran, K. S., Ritchie, R. O., Murakami, Y. (eds.) Small Fatigue Cracks: Mechanics, Mechanisms and Applications, pp. 59 – 71. Elsevier Science Ltd., Amsterdam (1999).

[22] Tanaka, K., Nakai, Y.: Propagation and non – propagation of short fatigue cracks at a sharp notch. FFEMS 6, 315 – 327 (1983).

[23] Pippan, R.: Short cracks: a problem for the life – time prediction. In: CD – ROM Proceedings of 22nd CAD – FEM Users' Meeting (2004).

[24] Pippan, R., Stüwe, H. P., Golos, K.: A comparison of different methods to determine the threshold of fatigue crack propagation. Intern. J. Fatigue 16, 579 – 582 (1994).

[25] Tabernig, B., Pippan, R.: Determination of length dependence of the threshold for fatigue crack propagation. Eng. Fract. Mech. 69, 899 – 907 (2002).

[26] Tabernig, B., Powell, P., Pippan, R.: Resistance curves for the threshold of fatigue crack propagation in particle reinforced aluminium alloys. In: Newman Jr., J. R., Piascik, R. S. (eds.) Fatigue Crack Growth Thresholds, Endurance Limits, and Design, ASTM STP 1372, pp. 96 – 108. ASTM, West Conshohocken (2000).

[27] Akiniwa, Y., Tanaka, K.: Prediction of initiation and propagation thresholds of fatigue cracks in notched components. In: Blom, A. F. (ed.) Fatigue 2002, Proceedings of the Eighth International Fatigue Congress, vol. 2, pp. 1207 – 1214. EMAS (2002).

[28] Tanaka, K., Akiniwa, Y.: Notch – geometry effect on propagation threshold of short fatigue cracks in not-

ched components. In: Ritchie, R. O., Starke, E. A. (eds.) Fatigue'87, vol. II, pp. 739 - 748. EMAS, West Midlands.

[29] Tanaka, K., Akiniwa, Y.: Resistance - curve method for predicting propagation thresholds of short fatigue cracks at notches. Eng. Fract. Mech. 30, 863 - 876 (1988).

[30] Chapetti, M. D.: Fatigue propagation threshold of short cracks under constant amplitude loading. Intern. J. Fatigue 25, 1319 - 1326 (2003).

[31] Yates, J. R., Brown, M. W.: Prediction of the length of non - propagating fatigue cracks. FFEMS 10, 187 - 201 (1987).

[32] Wingenbach, M.: Lebensdauervorhersage scharf gekerbter Bauteile - Ein Beitrag zur Erweiterung der schadenstoleranten Bauteilauslegung. Dissertation, Universität Paderborn (1994).

[33] Murakami, Y.: Metal Fatigue: Effects of Small Defects and Non - metallic Inclusions. Elsevier, London (2002).

[34] Murakami, Y., Nagata, J., Matsunga, H.: Factors affecting ultralong life fatigue and design method for components. In: CD - ROM - Proceedings of 9th International Fatigue Congress, Elsevier, Atlanta (2006).

[35] Murakami, Y., Nomoto, T., Ueda, T.: Factors influencing the mechanism of superlong fatigue failure in steels. FFEMS 22, 581 - 590 (1999).

第9章　实例

前面的章节列举了若干例子来帮助读者加深对基本原理的理解。在整个过程中，实际相关性始终是重点。以下实际案例用于总结本书中介绍的方法和概念，并提供有关这些主题的进一步见解。此外，第9.8节介绍了延长机器、系统和结构的剩余寿命的措施。

9.1　管道泄漏

在直径 $d=500\text{mm}$、壁厚 $t=5\text{mm}$ 的管道中，发现一条长度 $a=60\text{mm}$ 的裂纹状漏洞，其中有少量流经管道的介质发生泄漏。在管道中，有一个 $p=20\text{bar}=2.0\text{N/mm}^2$ 的内部压力，分布在其几个拐角中，管道也承受了扭矩 $M_T=40.000\text{N}\cdot\text{m}$ 的扭转载荷。管道的原材料为钢铁，其屈服强度 $R_{p0.2}=500\text{MPa}$，抗拉强度 $R_m=700\text{MPa}$，断裂韧度 $K_{IC}=80\text{MPa}\cdot\text{m}^{1/2}$（见图9.1）。

由于少量从管道中泄漏的介质是完全无害的，因此首先要确定管道是否会因所发现的泄漏而爆裂。因此，必须确定裂纹失稳扩展的安全系数 S_R 或者管道爆炸对应的裂纹长度 a_c。

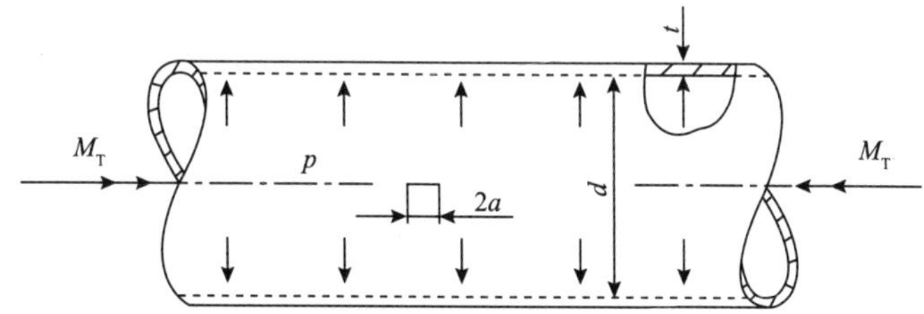

图9.1　承受内部压力和扭转载荷下管道，具有长度2*a*的裂纹状泄漏口

9.1.1　管道中的应力

根据Barlow公式（见文献［1］中的例子），管道内部的压力会产生一个周向应力

$$\sigma=\frac{p\cdot d}{2t}=\frac{2.0\text{N/mm}^2\cdot 500\text{mm}}{2\cdot 5\text{mm}}=100\ \frac{N}{\text{mm}^2}=100\text{MPa} \tag{9.1}$$

由扭转载荷导致的管道中的剪切应力用下式计算：

$$\tau = \frac{M_T}{W_T} = \frac{2M_T}{\pi \cdot (d-t)^2 \cdot t} = \frac{2 \cdot 40000000\text{N} \cdot \text{mm}}{\pi \cdot (500\text{mm} - 5\text{mm})^2 \cdot 5\text{mm}} = 20.8\ \frac{\text{N}}{\text{mm}^2} = 20.8\text{MPa} \tag{9.2}$$

根据式(1.16)或式(1.17)(见图9.2)，基于畸变应变能假设(GEH)确定的等效应力为：

$$\sigma_{\text{V,GEH}} = \sqrt{\sigma^2 + 3\tau^2} = \sqrt{(100\text{MPa})^2 + 3 \cdot (20.8\text{MPa})^2} = 106.3\text{MPa} \tag{9.3}$$

根据式(1.13)或式(1.14)，基于正应力假设(NH)确定的等效应力为：

$$\sigma_{\text{V,NH}} = \frac{\sigma}{2} + \frac{1}{2}\sqrt{\sigma^2 + 4\tau^2} = \frac{100\text{MPa}}{2} + \frac{1}{2}\sqrt{(100\text{MPa})^2 + 4 \cdot (20.8\text{MPa})^2} = 104.2\text{MPa} \tag{9.4}$$

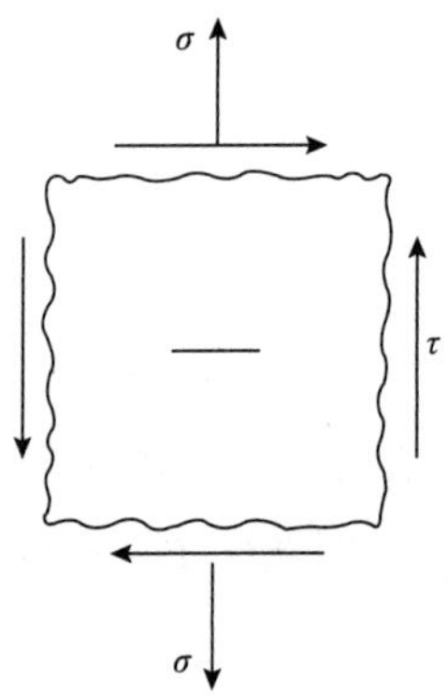

图9.2 管道中由内部压力 p 和扭矩 M_T 产生的正应力 σ(周向应力)和剪切应力 τ

因此，抗屈服的安全因子确定如下：

$$S_F = \frac{R_{P0,2}}{\sigma_{\text{V,GEH}}} = \frac{500\text{MPa}}{106.3\text{MPa}} = 4.7 \tag{9.5}$$

抗断裂(强度失效)的安全因子确定如下：

$$S_B = \frac{R_m}{\sigma_{\text{V,NH}}} = \frac{700\text{MPa}}{104.2\text{MPa}} = 6.7 \tag{9.6}$$

9.1.2 裂纹的应力强度因子

正应力 σ 导致模式Ⅰ应力场强度因子：

$$K_I = \sigma \cdot \sqrt{\pi \cdot a} \cdot Y_I = 100\text{N/mm}^2 \cdot \sqrt{\pi \cdot 30\text{mm}} \cdot 1 = 971\text{N/mm}^{3/2} = 30.70\text{MPa} \cdot \text{m}^{1/2} \tag{9.7}$$

其中 $Y \approx 1$[同时见3.4.2.1节和式(3.14)]。

剪切应力 τ 导致模式Ⅱ应力场强度因子[见式(3.15)和式(3.19)]：

$$K_{\mathrm{II}}=\tau\cdot\sqrt{\pi\cdot a}\cdot Y_{\mathrm{II}}=20.8\mathrm{N/mm^2}\cdot\sqrt{\pi\cdot 30\mathrm{mm}}\cdot 1=201.9\mathrm{N/mm^{3/2}}=6.39\mathrm{MPa}\cdot\mathrm{m^{1/2}} \tag{9.8}$$

等效应力强度因子由式(3.33)得到：

$$\begin{aligned}K_{\mathrm{V}}&=\frac{K_{\mathrm{I}}}{2}+\frac{1}{2}\sqrt{K^2{}_{\mathrm{I}}+5.336\cdot K^2{}_{\mathrm{II}}}\\&=\frac{30.72\mathrm{MPa}\cdot\mathrm{m^{1/2}}}{2}+\frac{1}{2}\cdot\sqrt{(30.72\mathrm{MPa}\cdot\mathrm{m^{1/2}})^2+5.336\cdot(6.39\mathrm{MPa}\cdot\mathrm{m^{1/2}})^2}\\&=32.40\mathrm{MPa}\cdot\mathrm{m^{1/2}}\end{aligned} \tag{9.9}$$

9.1.3　防止裂纹扩展失稳的安全系数

使用式(3.102)，防止裂纹扩展失稳的安全系数如下：

$$S_{\mathrm{R}}=\frac{K_{\mathrm{IC}}}{K_{\mathrm{V}}}=\frac{80\mathrm{MPa}\cdot\mathrm{m^{1/2}}}{32.40\mathrm{MPa}\cdot\mathrm{m^{1/2}}}=2.47 \tag{9.10}$$

9.1.4　裂纹失稳扩展的起始裂纹长度

利用公式(3.34)和(3.79)得到：

$$K_{\mathrm{V}}=\left(\frac{\sigma}{2}+\frac{1}{2}\cdot\sqrt{\sigma^2+5.336\cdot\tau^2}\right)\cdot\sqrt{\pi\cdot a}=K_{\mathrm{IC}} \tag{9.11}$$

根据此式，临界裂纹长度

$$\begin{aligned}a_{\mathrm{C}}&=\frac{K_{\mathrm{IC}}^2}{\pi\cdot(\frac{\sigma}{2}+\frac{1}{2}\sqrt{\sigma^2+5.336\cdot\tau^2})^2}\\&=\frac{(80\mathrm{MPa}\cdot\mathrm{m^{1/2}})^2}{\pi\cdot\left(\frac{100\mathrm{MPa}}{2}+\frac{1}{2}\sqrt{(100\mathrm{MPa})^2+5.336\cdot(20.8\mathrm{MPa})^2}\right)^2}\\&=0.183\mathrm{m}=183\mathrm{mm}\end{aligned} \tag{9.12}$$

即可获得，即在裂纹长度为 $2a_{\mathrm{C}}=366\mathrm{mm}$ 时，裂纹扩展开始失稳。

9.2　研究 ICE 轮胎的疲劳裂纹扩展

1998 年在德国 Eschede 发生 ICE 事故(见 2.4 节)之后，人们对断裂的列车车轮疲劳强度和结构耐久性进行了大量研究。一项研究的任务是，对橡胶弹性车轮进行三维分析，并从断裂力学的角度来研究轮箍的疲劳裂纹扩展。由于与断裂相关的断裂力学涉及本书所讨论的许多主题，因此将在这里对它们进行总结。

9.2.1　橡胶弹性轮的结构和载荷

数十年来，橡胶弹性车轮已在世界各地用于有轨电车和地铁。有了它们，由窄轨道曲线和这些铁路网络的其他特征引起的磨损和噪声可以保持在限制范围内。由于ICE列车的振动和噪声，橡胶弹性轮得到进一步发展，并在1992年被允许用于德国铁路公司的高速列车。自1998年发生事故以来，这些车轮不再用于高速列车。在ICE中使用的橡胶弹性轮由轮箍、34个橡胶体、轮体(轮辋)和实心轴组成，如图9.3所示。

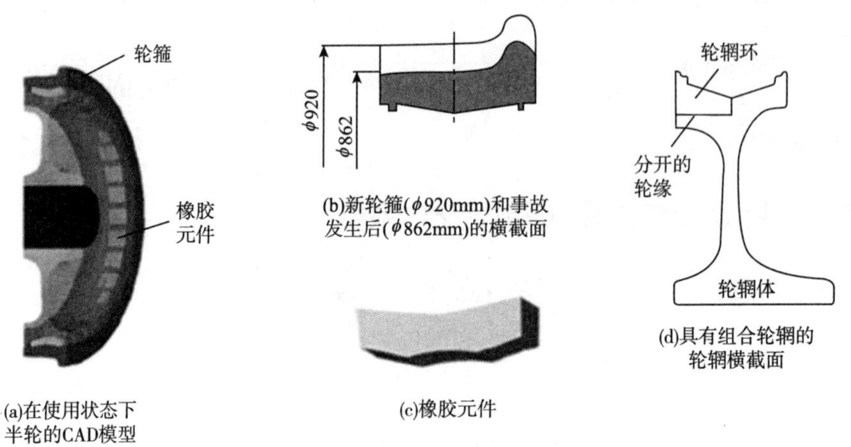

图9.3 橡胶弹性铁路车轮的结构

为了方便装配，轮辋分为两部分，由轮辋本体和轮辋环组成，如图9.3d所示。在组装过程中，首先将橡胶体[见图9.3(c)]以相等的间隔插入轮胎和轮体之间的间隙中，如图9.3(a)所示。通过将轮辋圈和轮辋旋合在一起，橡胶体被拉紧，即它们沿轴向和径向受到压缩，并可沿周向扩展到现有的开放空间中。

新轮的直径为920mm，如图9.3(b)所示。由于磨损和形变等的影响，该直径显著减小。发生事故的车轮直径为862mm，因此轮箍厚度从60mm减小到31mm。下面所述的所有的研究都是针对事故中的车轮尺寸进行的。

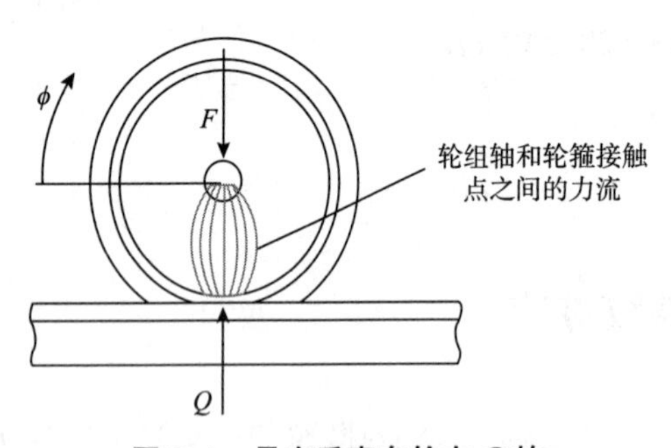

图9.4 具有垂直车轮力 Q 的直行列车行驶时的力传递

安装完成的橡胶弹性轮代表整体结构。在组装过程中，轮箍被预先施加应力，导致轮箍内侧边缘上的周向应力基本不变。另外，轮箍接触点与轮组轴之间的基本力传递是在操作过程中发生的，如图9.4所示。

根据UIC草案510－5[2]或DIN－EN 13979－1[3]，使用关系式(9.13)计算垂直车轮力 Q：

$$Q = 1.25\,Q_0 \tag{9.13}$$

式中，Q_0代表汽车重量导致的静态轮载荷。对于 $Q_0 = 78\text{kN}$，获得 $Q = 98\text{kN}$ 的垂直车轮力。当火车/车轮直线向前移动，这种垂直力(如图9.5所示)会影响车轮轮箍。这种加载情况会在磨损的轮箍内边缘产生最大的周向应力，对于裂纹扩展起决定性作用。因此，进一步的研究仅集中在直行行驶的载

荷情况下，忽略了弯道行驶和所通过点的载荷情况。

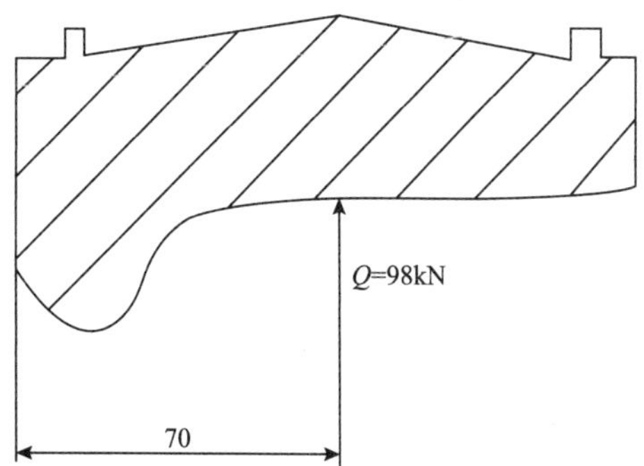

图 9.5 “直线前进”工况下的垂直车轮力 Q

9.2.2 应力数值分析

对橡胶弹性轮进行有限元三维分析是必要的，参见文献[4，5]。图 9.6 显示了事故发生时 ICE 车轮的有限元网格及其尺寸。

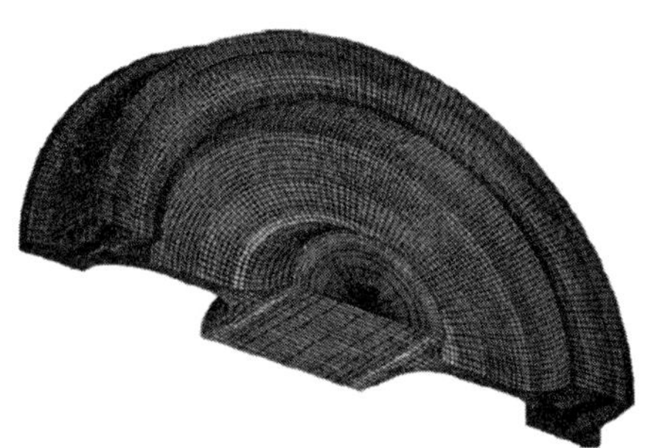

图 9.6 直径为 862mm 的 ICE 车轮的有限元网格

由于对称性的原因，只关注车轮的一半就足够了。横截面和轴承的对称性是由相关的运动边界条件满足的。车轮的垂直力影响垂直对称平面，必须减半，因为只计算一半的车轮。有关应力数值分析的更多信息可参见文献[4，6]。

分析“直线前进”车轮的载荷情况时，会发现在车轮轮箍的内边缘上产生正周向应力，该周向应力在圆周方向上急剧变化。图 9.7 显示了两轮旋转时轮箍内边缘上的周向应力。每转一次，车轮经历一个最大应力 $\sigma_{max}=220\text{MPa}$、最小应力 $\sigma_{min}=6\text{MPa}$、应力幅度 $\sigma_a=107\text{MPa}$ 和 R 比率为 $R=0.03$ 的载荷循环。

这种循环载荷是造成轮箍裂纹扩展的原因。

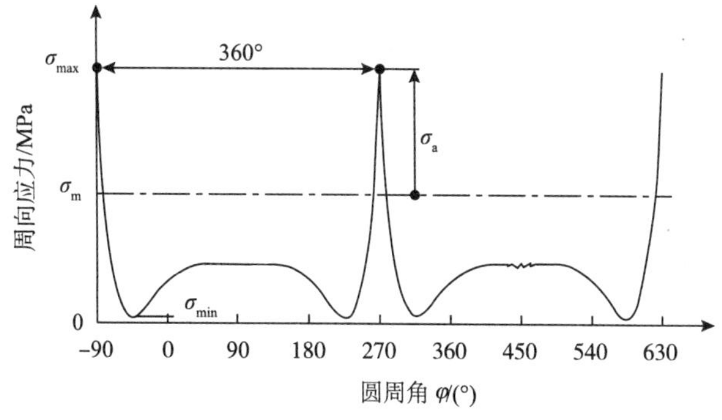

图 9.7 两轮旋转时车轮轮箍内侧的周向应力(圆周角 φ，见图 9.4)

9.2.3 轮箍断裂的损伤分析

如第 2 章所述，断裂表面提供了有关构件和结构中裂纹扩展进展的信息。图 2.13 显示了断裂的 ICE 车轮轮箍的断裂表面。

可以识别出大范围扩展的疲劳裂纹和相对较小的静态断裂表面。疲劳裂纹扩展始于屋脊形区域，在那里，轮箍中的最大周向应力占据主导地位。在疲劳裂纹扩展过程中，可以发现清晰的颜色效应和载荷变化标志，表明裂纹扩展过程非常不连续。只有当轮箍横截面的 80% 通过疲劳裂纹扩展损伤时，静态断裂(不稳定裂纹扩展)才会发生(见文献[4])。下面利用数值和试验模拟，研究发生在 ICE 车轮轮箍上的疲劳裂纹扩展。

9.2.4 轮箍材料的断裂力学表征

如第 5 章所述，断裂力学特征值 $\Delta K_{\mathrm{I,th}}$ 和 ΔK_{C} 或 K_{C} 以及裂纹扩展曲线 $\mathrm{d}a/\mathrm{d}N = f(\Delta K)$ 由试验确定。以下为确定出的轮箍材料特征值：

疲劳裂纹扩展门槛值：$\Delta K_{\mathrm{I,th}} = 8.2\mathrm{MPa} \cdot \mathrm{m}^{1/2}$

断裂韧度：$K_{\mathrm{C}} = 86.8\mathrm{MPa} \cdot \mathrm{m}^{1/2}$

裂纹扩展曲线 $\mathrm{d}a/\mathrm{d}N = f(\Delta K_{\mathrm{I}}$ 和 $R = 0.1)$ 如图 9.8 所示。

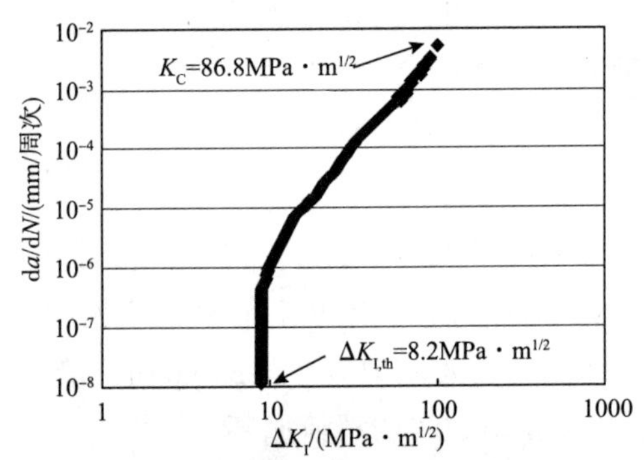

图 9.8 轮箍材料的裂纹扩展曲线

这些材料数据与轮箍中的应力一起构成了下面的疲劳裂纹扩展数值模拟的基础。

9.2.5 疲劳裂纹扩展的数值模拟

使用 ADAPCRACK3D 程序对 ICE 车轮轮箍疲劳裂纹扩展进行数值模拟(见 7.2.3 节和文献[7])。基础是半径为 $r = 1.5\mathrm{mm}$ 的半圆形初始裂纹，由此确定的应力强度超过沿着整个裂纹前缘的轮箍材料的疲劳裂纹扩展临界值 $\Delta K_{\mathrm{I,th}}$。裂纹的实际开始位置，相对于“屋脊”[见图 9.9(a)]偏移了 13mm。

模拟是针对 $Q = 98\mathrm{kN}$ 的恒定车轮载荷进行的。对应于图 9.7 所示的循环应力，车轮每转一圈计算出一定量的裂纹进展。整个裂纹扩展模拟包括 26 个模拟步骤，并且仅仅在达

到断裂韧度 $K_C = 86.8\text{MPa} \cdot \text{m}^{1/2}$ 时结束。图 9.9(b) 显示了每个模拟步骤产生的裂纹前沿。

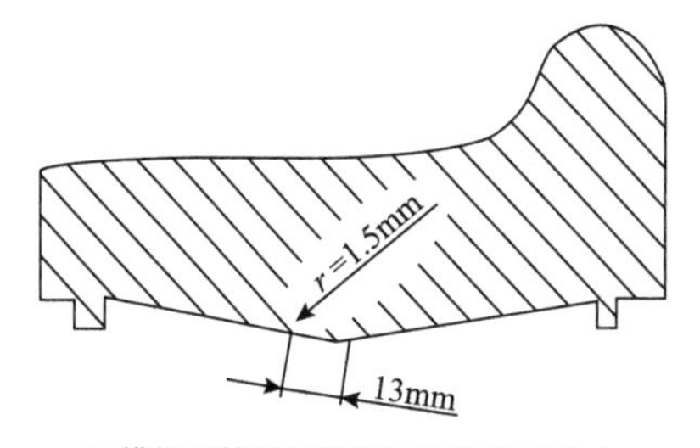

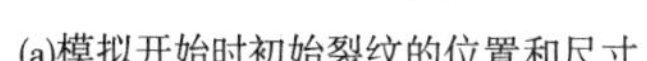
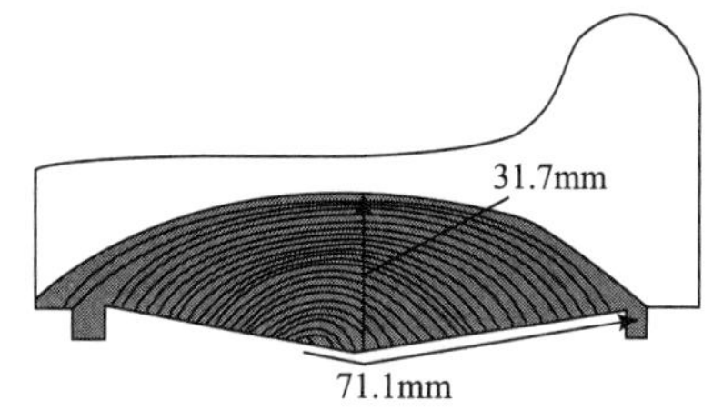

(a)模拟开始时初始裂纹的位置和尺寸　　(b)在失稳开始前，具有图示尺寸的模拟的裂纹前缘

图 9.9　直径为 862mm(事故车轮)和载荷 Q 为 98kN 的 ICE 轮毂疲劳裂纹扩展的数值模拟

起初裂纹只要以半圆形形状生长，后来在宽度上快速扩展(半椭圆形表面裂纹)。在失稳扩展发生之前，裂纹的深度为 31.7mm，车轮内侧最大裂纹扩展为 71.1mm。

图 9.10 显示了数值模拟的裂纹扩展与实际发生在车轮轮毂断裂处的裂纹扩展之间的比较。数值模拟显然很适用于预测这种损伤事件。模拟还表明，ICE 轮箍的断裂只有在大量的疲劳裂纹扩展(稳定的裂纹扩展)后才会发生，并且只有很少的静载断裂。

图 9.10　轮箍断裂情况下数值模拟裂纹扩展和实际裂纹扩展的比较

由于载荷值 Q 较高(使用 $Q = 98\text{kN}$ 的极限值，见 9.2.1 节)，模拟疲劳裂纹扩展的速度略快于实际的 ICE 轮胎断裂速度。

在模拟过程中，由于裂纹扩展，应力强度增加，如图 9.11 所示。很明显，轮箍内表面上的应力强度因子 K_I(裂纹宽度 c)比深度方向(裂纹深度 a)增加得更厉害，这在疲劳裂纹扩展中得到了证明。

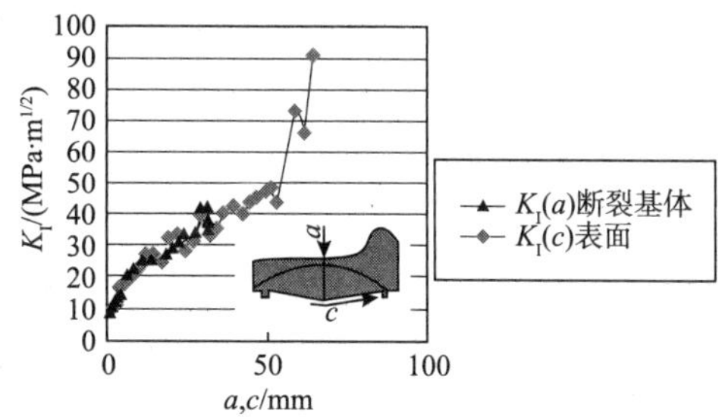

图 9.11　ICE 轮箍疲劳裂纹扩展过程中应力场强度因子 $K_I(a)$ 和 $K_I(c)$ 随裂纹深度 a 和裂纹宽度 c 的变化曲线

9.2.6　试验模拟裂纹扩展

表征轮箍材料断裂－力学性能的试验(见 9.2.4 节)已经证明，裂纹表面在较高裂纹扩

展速率下具有较亮的颜色，在较低裂纹扩展速率下具有较暗的颜色(见文献[4，8])。

在变幅循环载荷作用下，裂纹表面也会变得更亮和更暗(见2.3节)。可以猜测断裂的ICE轮箍经常改变载荷强度，这可以从断裂表面来推出，如图2.13所示。

根据轮箍断裂表面的不同颜色，借助于CT试样的断裂面确定了裂纹扩展速率和应力强度，从而获得 $da/dN-\Delta K$ 曲线。将这一信息应用于采用CT试件完成的疲劳试验中，目的是在实验室再现ICE轮箍的裂纹历史。

图9.12显示了在不断变化的载荷(应力强度)和断裂表面颜色之间的关系。可以看出，载荷强度(应力强度)的每次变化也表现在断裂面上(见图9.13)。

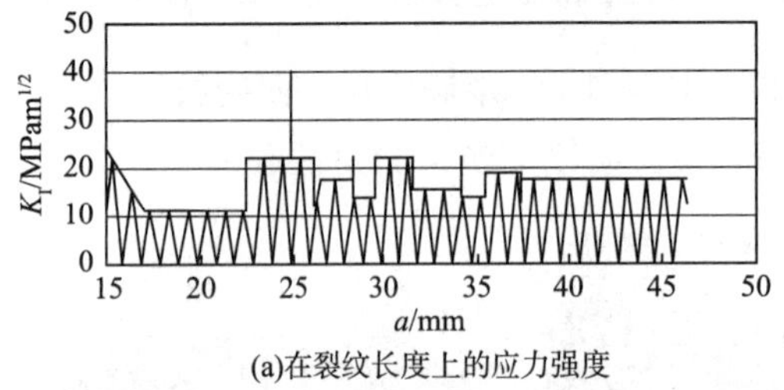

(a)在裂纹长度上的应力强度

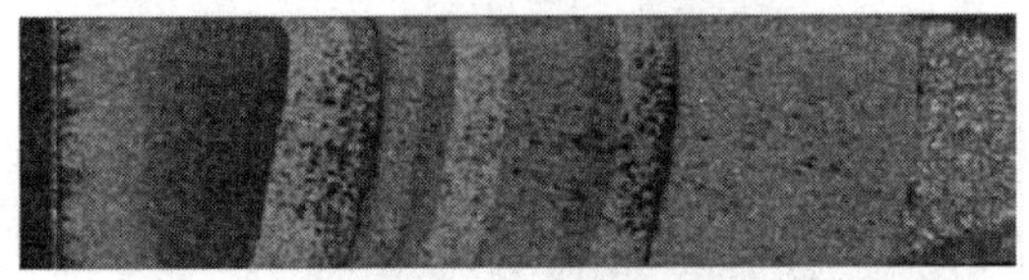

(b)时变载荷产生的断裂表面标记

图9.12　裂纹载荷(应力强度)与断裂表面颜色之间的关系

3500万个负载周次，至少95000km

图9.13　轮箍断裂面与CT试件断面的比较

图9.14显示了利用CT试样完成的疲劳裂纹扩展试验的裂纹载荷(应力强度因子)、裂纹扩展速率和剩余寿命。可以看出，载荷变化下裂纹扩展速率和相互作用效应[见图9.14(b)]的显著变化[见图9.14(a)，另见6.2节]。

不连续的裂纹扩展在裂纹长度曲线($N-a$ 曲线)的循环次数中也很明显，见图9.14(c)。该曲线显示了快速和慢速裂纹扩展的交替阶段。对于30mm的裂纹扩展，可以获得超过3500万次载荷循环的剩余寿命。这对应于ICE约95000km的路线。

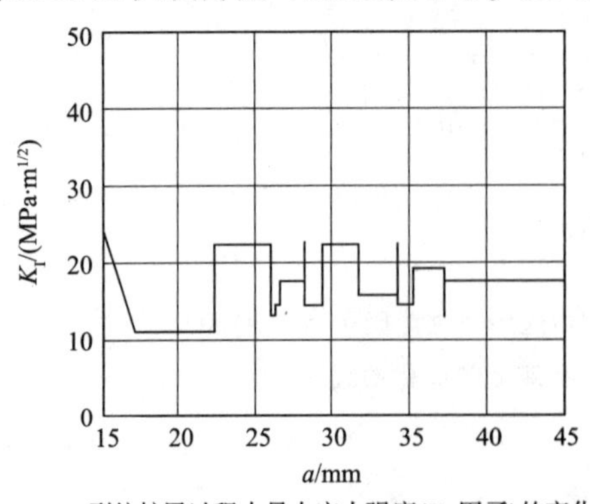

(a)裂纹扩展过程中最大应力强度(K_I因子)的变化

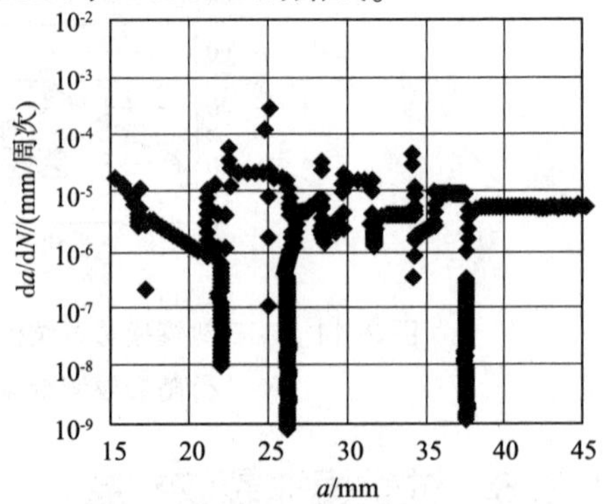

(b)依赖于载荷变化的裂纹扩展速率

图9.14　利用CT试样完成的疲劳裂纹扩展试验所产生的载荷(应力强度)、裂纹扩展速率和剩余寿命

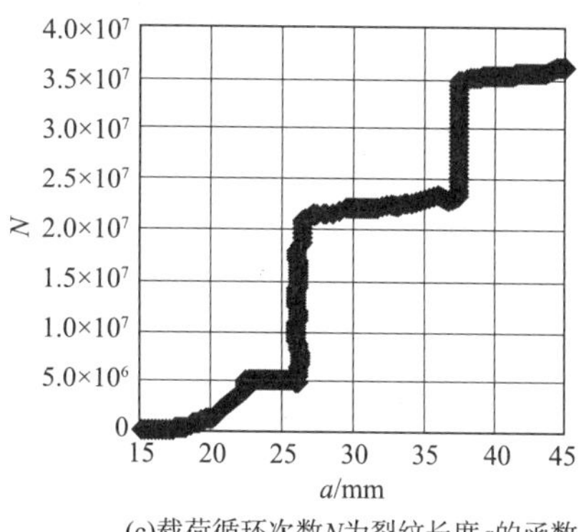

(c)载荷循环次数N为裂纹长度a的函数

图 9.14 利用 CT 试样完成的疲劳裂纹扩展试验所产生的载荷(应力强度)、裂纹扩展速率和剩余寿命(续)

图 9.13 比较了轮箍和用 CT 试件完成的疲劳试验的断裂面。它们之间相对较好的一致性表明了轮箍断裂之前确实发生了不连续的裂纹扩展。

9.3 压机机架疲劳裂纹扩展的模拟

在设备操作过程中，一个裂纹出现在内高压成型机压头头部。经过约 860000 次冲压循环，不断伸长的后疲劳裂纹的扩展导致冲压构件断裂(见 2.5 节)。由于属于异常断裂以及产品和损坏的责任原因，后续进行了全面的检查，以下将进行总结。

在操作过程中，压力机机架在每个工作循环中都被加载，内部压力来自油压膜。在设备运行过程中，60MN 的垂直作用标称力未完全达到。为了获得关于冲压机机身压力情况的信息，进行了有限元综合分析。图 9.15(a)显示了机身总体几何形状四分之一的 CAD 模型。有限元模型由具有 10 个节点和二次位移函数的四面体单元组成。在划分网格时，裂纹扩展起点的缺口区域网格往往特别细。图 9.15(b)介绍了用有限元法确定的压力机机架的主法向应力分布和裂纹路径。

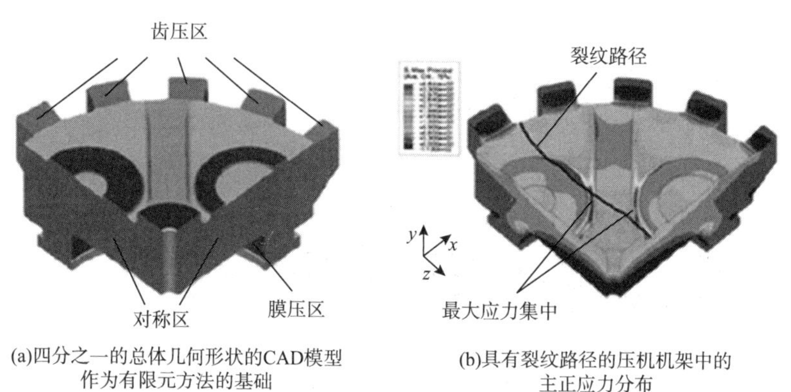

(a)四分之一的总体几何形状的CAD模型作为有限元方法的基础

(b)具有裂纹路径的压机机架中的主正应力分布

图 9.15 压机机架的 CAD 模型及应力分布

有限元分析结果表明，在裂纹开始扩展时，缺口区域出现了较高的应力集中。在循环载荷下，缺口区域正应力 σ_{max} 达到 304MPa，同时应力幅 σ_a 达到 152MPa。

由 NiCrMo106 铸铁制造的压机机架的疲劳强度评估表明，有效应力幅 σ_a 小于 162MPa 的允许应力幅 σ_{AK}。尽管抗疲劳断裂的安全系数较低，但单独凭疲劳强度计算方法无法解释损伤。

出于这个原因，有必要对压机机架进行断裂力学评估。评估的重点是图 2.14 所示的材料缺陷（注意：在这张照片中，压机机架倒挂在起重机吊钩上），这个缺陷显然是疲劳裂纹的起点。这种铸造缺陷，如图 2.14（b）所示，可以视为表面裂纹。

尺寸：$2c = 28\text{mm}$ 和 $a = 10\text{mm}$，最大应力 $\sigma_{max} = 304\text{MPa}$。根据 3.4.2.6 节，可以获得最大应力强度因子：

$$K_{I,max} = \sigma_{max} \cdot \sqrt{\pi \cdot a} \cdot Y(a/c) = 304\text{N/mm}^2 \cdot \sqrt{\pi \cdot 10\text{mm}} \cdot 0.75$$
$$= 1278.0\text{N/mm}^{3/2} = 40.4\text{MPa} \cdot \text{m}^{1/2} \tag{9.14}$$

对于 R 比率 $R = 0$ 的构件中的循环载荷，所得到的最大循环应力强度为

$$\Delta K_I = K_{I,max} = 40.4\text{MPa} \cdot \text{m}^{1/2} \tag{9.15}$$

这个值比材料的临界值 $\Delta K_{I,th} = 5.7\text{MPa} \cdot \text{m}^{1/2}$ 要高很多。利用一个性能相当的材料的裂纹扩展曲线[9]，4×10^{-4}mm/载荷循环次数的裂纹扩展速率可以估计为裂纹扩展的开始。这种较高的裂纹扩展速率是压机机框内非常广泛的疲劳裂纹扩展的首要解释。

除了这些断裂力学估算之外，还可以通过有限元计算来模拟疲劳裂纹扩展。为此，使用 ADAPCRACK3D 程序（见 7.2.3 节）。初始裂纹的尺寸与图 2.14（b）中的铸造缺陷的尺寸相对应。结果表明，随着裂纹长度的增加，应力强度因子仅略有增加。图 9.16 显示了模拟和实际裂纹扩展之间的比较。很明显，使用有限元计算可以很好地重现实际的裂纹扩展。数值模拟结果表明剩余寿命约为 400000 个载荷循环。这是剩余寿命的一个非常好的估计方法，特别是不考虑由于交互作用引起的迟滞，虽然它们确实存在于真正的裂化过程中，如断裂表面上的色彩效应所示。有关此主题的更多信息可以在文献[9，10]中找到。

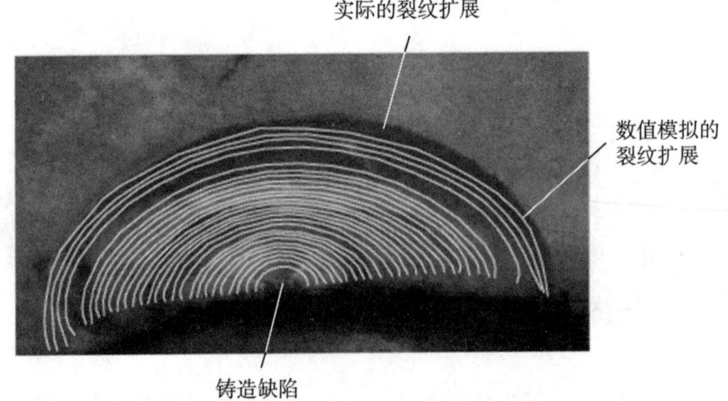

图 9.16 裂纹扩展模拟与实际断裂表面在裂纹扩展初期的比较

9.4 防止活塞裂纹扩展

在许多卡车中，发动机损坏是由车辆发动机活塞的失效引起的。疲劳裂纹扩展开始于活塞孔的内边缘，最终导致活塞上部区域断裂，从而导致活塞失效。

事实上，非常小的缺陷和夹杂物或裂纹都会引发操作活塞的断裂，因此需要进行系统的断裂－力学研究。这些试验的重点是确定与合金成分变化和热处理相关的材料疲劳裂纹扩展临界值 ΔK_{th}。研究中的材料的断裂韧度 K_{IC} 也必须计算出来，以评估脆性断裂的风险。

由于取样受到有关的几何形状、材料或生产相关的限制，不能总是使用 ASTM 标准 E647 和 E399 中标准化的 CT 样品确定裂纹扩展曲线和断裂韧度。因此，为了确定疲劳裂纹扩展临界值和断裂韧度，提出了图 9.17 所示的特殊断裂－力学试样，并根据构件的几何形状进行了调整(另见文献[11])，然后直接从原始构件上取样、加工。

为了用上述专门开发的断裂－力学试样进行试验，首先需要找到几何函数 Y 作为裂纹长度 a 的函数(定义见图 9.17a)。

$$Y(a)=K_{\mathrm{I}}\cdot\frac{w\cdot t}{F\cdot\sqrt{\pi\cdot a}} \tag{9.16}$$

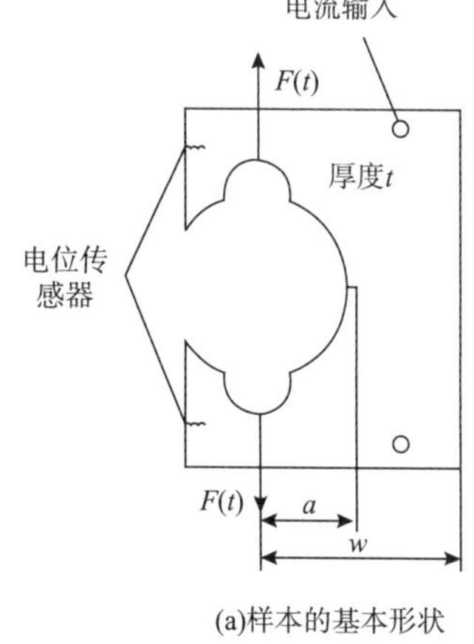

(a)样本的基本形状

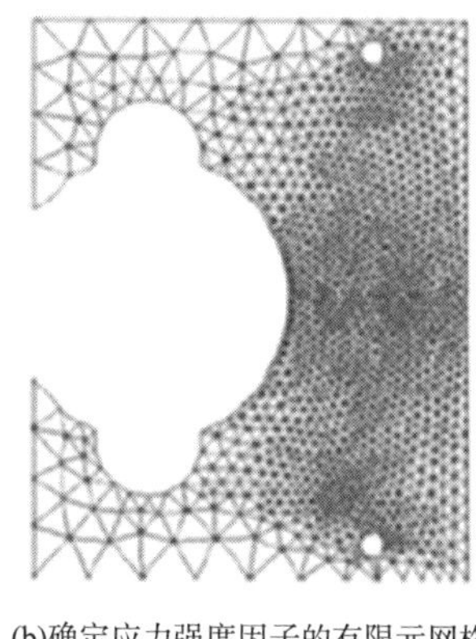
(b)确定应力强度因子的有限元网格

(c)使用的试样

图 9.17 特殊的断裂－力学试样，根据活塞的形状进行调整

为此，借助 FRANC/FAM(见 7.2.2 节)进行了二维有限元计算，以确定与相关试样几何形状相关的应力强度函数 $K_{\mathrm{I}}=K_{\mathrm{I}}(a)$。图 9.17(b)显示了用于特殊断裂－力学试样的有限元网格。

图 9.18(a)显示了特殊断裂－力学试样和 $w=72$mm 的 CT 试样几何函数的比较。比较表明，特殊断裂－力学试样的几何形状函数比 CT 试样的几何形状函数明显增加得更多。这意味着，在恒定应力下，为了增加应力强度，需要较小的裂纹扩展量。

为了在使用特殊的断裂－力学试样时能使用直流电位降法测量裂纹长度，还需要通过试验来建立校准曲线。为了确定曲线，或者将单个过载穿插在恒定幅度的疲劳载荷中，或者施加具有适合最小力的块载荷，其在断裂表面上产生载荷变化标志(见2.3节)。通过显微镜下测量载荷变化标志，可以明确确定平均裂纹长度和相应过载或块负载时有效的电位差的分配。相关测试提供了图9.18(b)所示的校准函数。

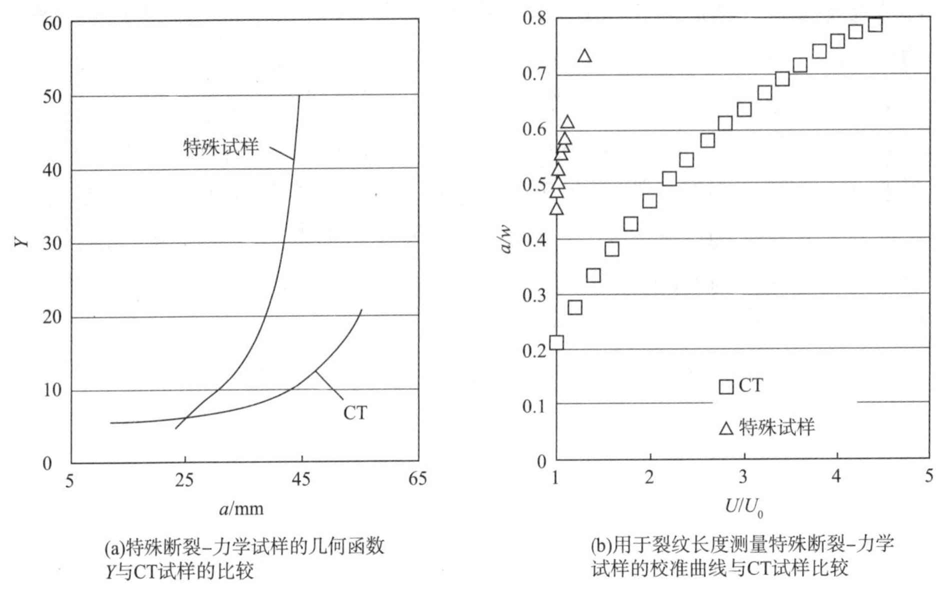

(a)特殊断裂-力学试样的几何函数Y与CT试样的比较

(b)用于裂纹长度测量特殊断裂-力学试样的校准曲线与CT试样比较

图9.18　特殊断裂－力学试样的几何函数和校准曲线

在确定疲劳裂纹扩展临界值ΔK_{th}的试验中，首先需要在试样中引入起始裂纹。通过计算机控制降低试样中的应力强度，裂纹在循环载荷下扩展直至停止。考虑到在损伤活塞中确定的疲劳裂纹扩展临界值ΔK_{th}和在活塞孔中确定的周向应力，确定出在裂纹长度a_{th} = 0.2mm处裂纹扩展是可能的。这证明小的夹杂物或缺陷会导致活塞中的疲劳裂纹扩展。通过使用其他合金和其他热处理，ΔK_{th}和a_{th}的值显著增加，从而在很大程度上降低了断裂的风险。

9.5　飞机结构中的裂纹扩展研究

在飞机机翼中，缝翼履带移动和引导缝翼以增加升力，在起飞和降落过程中尤为重要。由于这是涉及安全的关键构件，因此其设计必须具有安全保障。出于这个原因，缝翼履带由超高强度钛或钢合金制成，并在很大的安全裕度范围内设计(见图9.19)。

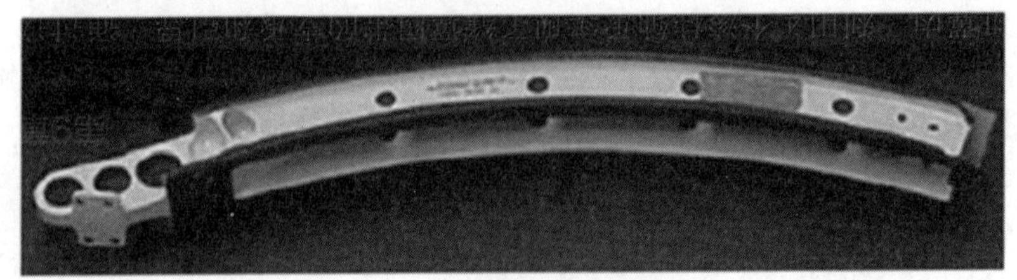

图9.19　缝翼履带的几何形状

在飞机机翼内，利用4个滚柱轴承实现了缝翼履带的支承和引导。通过这种方式，缝翼履带可以通过执行器和与它们连成一体一起伸缩。在伸展位置(典型的起飞和降落位置)，缝翼履带暴露在机翼前缘的相当大的空气动力下。

为了识别缝翼履带内的高应力位置或热点以及初始裂纹的可能位置，首先进行损伤分析。在参考飞行中发现了分析和进一步研究所需的三个基本载荷参数的实际载荷时间序列，并对其进行了适当的放大[12]。

由于几何形状和材料原因，对 ASTM 标准 E 647 和 E 399 中用于确定裂纹扩展曲线和断裂韧度的 CT 试样进行了修改。图 9.20 显示了如何从原始构件采样。这种改进的 CT 试样还要求确定用于测量裂纹长度的几何函数 $Y(a)$ 和校准曲线。

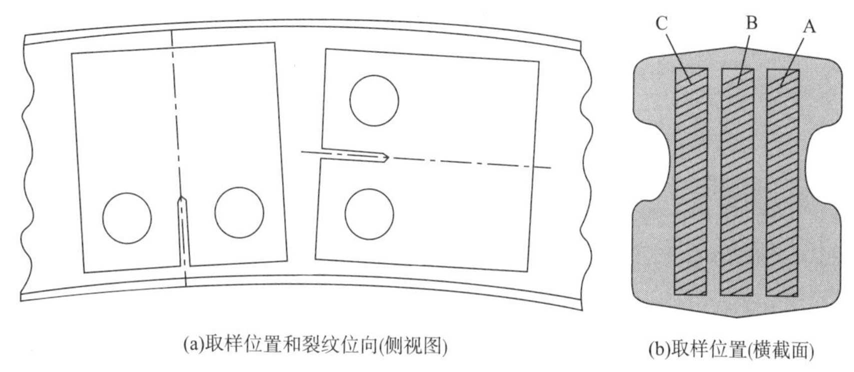

图 9.20 缝翼履带样本的分布示意图

图 9.21 显示了不同取样位置和裂纹位向的缝翼履带材料的裂纹扩展曲线。在数值模拟的背景下，这些试验确定的裂纹扩展曲线，用 FORMAN/METTU 方程参数表示(见 4.3.3 节)，随后以解析形式被应用。

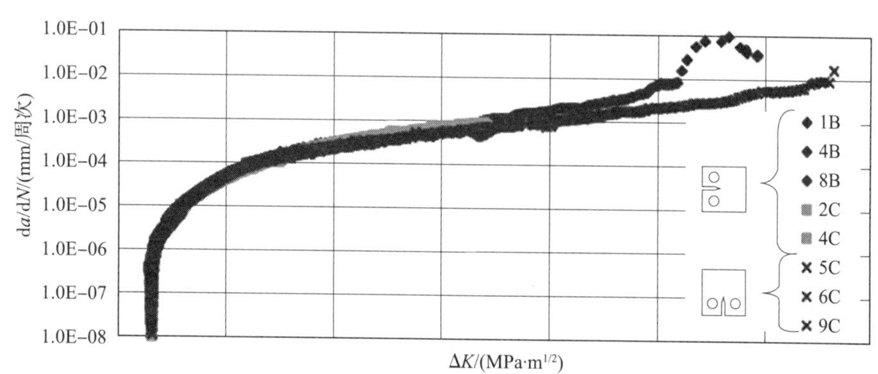

图 9.21 不同取样位置和裂纹位向的缝翼履带材料的裂纹扩展曲线(R=0.1)

使用程序 ADAPCRACK3D 对两种不同的初始裂纹构型进行数值裂纹扩展试验(见 7.2.3 节)。图 9.22 显示了裂纹构型 1，其中四分之一圆的初始裂纹被插入到缝翼履带中，与损伤分析计算出的位置一致。选择的半径 r = 0.4mm，这是从以前的初始裂纹模拟获得的。该模拟确定出了在给定的加载情况下能够扩展的初始裂纹的最小尺寸。随后的裂纹扩展模拟接着进行，直至达到断裂韧度。裂纹前沿的进展表明，在模拟过程中，裂纹的形状稍微改变为四分之一椭圆形。由于所有裂纹前沿存在几乎纯Ⅰ型载荷，因此裂纹扩展在初始裂纹的横截面内进行。

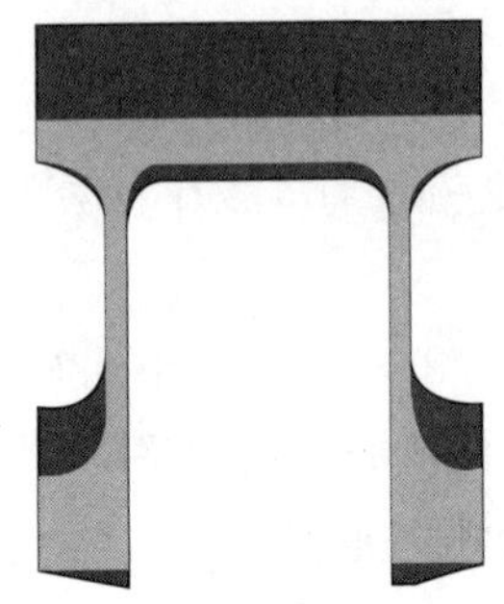
(a)裂纹构型1的缝翼履带的横截面

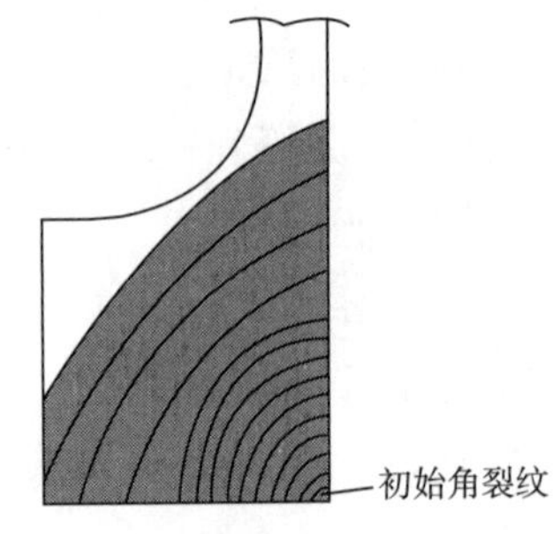

(b)从初始角裂纹开始的裂纹扩展

图9.22 缝翼履带的裂纹扩展模拟

选择四分之一圆初始裂纹作为研究的第二裂纹构型。这个初始裂纹半径 $r = 1.27$mm，位于一横截面的上角。在这个模拟中，裂纹前沿的进展可以在图9.23中看到。在模拟开始时，裂纹形状立即变为四分之一椭圆形，因为沿缝翼履带顶部的裂纹扩展速率最初远高于沿侧面的裂纹扩展速率。裂纹到达缝翼履带的内表面后，裂纹分裂成两个独立的裂纹。在缝翼履带的顶部达到断裂韧度，从而导致裂纹扩展失稳。

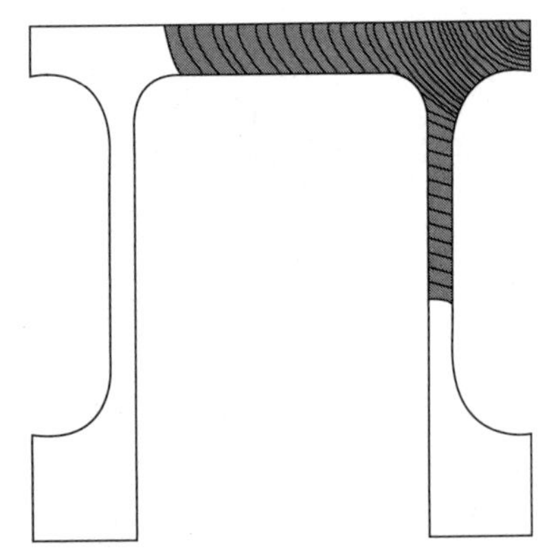
图9.23 裂纹构型2的裂纹前沿进展

将数值模拟结果与利用原始构件通过试验方法确定的剩余寿命进行比较，显示出非常好的一致性。正如预期的那样，数值和试验方法都可以表明，在设计中必须考虑由于疲劳裂纹扩展导致的安全失效。

9.6 旋转弯曲载荷下轴表面裂纹的参数研究

通过断裂-力学裂纹扩展研究，可以确定危险裂纹以及循环加载构件的检查间隔。在没有考虑断裂-力学的情况下，不可能按照"安全-寿命"原则制定有效的检查间隔规范。为此，从可检测的裂纹开始进行裂纹扩展模拟，并确定剩余寿命。为了进行计算，可以使用数方法(见7.2节)和分析方法(见7.1节)。裂纹扩展模拟包括许多影响因素，需要在参数研究的背景下进行研究。例如，这样的研究可能是一个肩轴，在交通工程或一般工程等许多领域都很常见。肩式空心轴除了装配时需要压配合外，还需要承受旋转弯曲载荷。裂纹扩展计算是在NASA开发的NASGRO程序的帮助下完成的(见7.1.1节)。

在具有半椭圆形表面裂纹的空心轴的情况下，可以使用如图9.24所示的SC05模型，假定旋转弯曲载荷可以近似为交替弯曲载荷。Madia等人的研究显示[13]，剩余寿命和裂纹

几何尺寸误差小于1%。使用NASGRO模型SC05，可以用线性弯曲应力分布和恒定拉伸应力来模拟裂纹扩展。

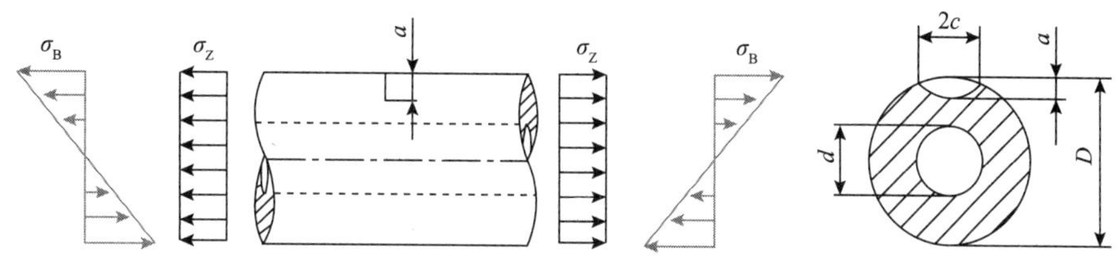

图9.24 NASGRO程序的裂纹模型SC05

然而，由于轴上的肩部会产生缺口应力，这些应力表现为非线性弯曲应力分布，如图9.25所示。此外，压配合也导致非线性应力分布叠加在弯曲应力之上。为了近似考虑这种应力情况，将线性标称应力分布乘以表面上的应力集中系数α_k用于模拟。然后，在此比例的线性弯曲应力分布上叠加一个恒定的正压配合应力，该应力出现在裂纹横截面的表面。也就是说，当轴由旋转弯曲载荷加载时，应力比从—1增加到更高的值。

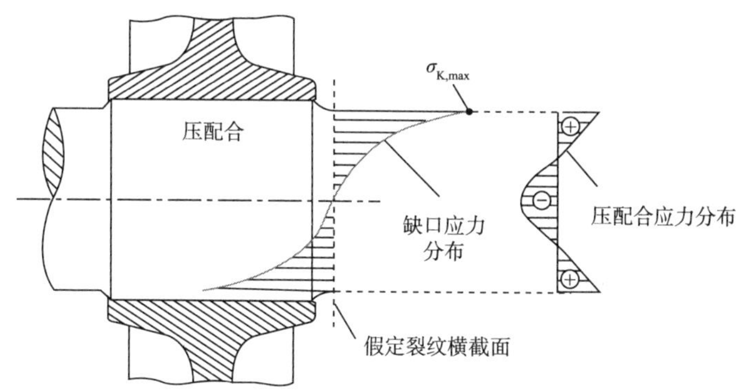

图9.25 轴肩缺口应力分布及压力配合引起的应力分布

这个过程确保模型表面的应力与轴上实际发生的应力一致。然而，在轴的内部，应力被高估，这通常会导致偏保守的结果。

使用线性损伤积累的分析模拟，以便定性地阐明影响计算剩余寿命的因素。但是，这些模拟仅仅对于给定的几何尺寸和载荷是有效的，很小的改变都可能导致剩余寿命发生很大的变化。有关此主题的更多信息参见文献[14～16]。

9.6.1 累积频率分布的影响

对在服役负载测量中获得的名义应力形式的负载－时间函数进行分类，外推并组合为累积频率分布，然后用于剩余寿命预测。

然而，在通常情况下，累积频率分布的范围非常大，以致在模拟过程中负载－时间函数只能重复几次。即使应用了线性损伤累积法，将累积频率分布的水平重建为一个序列，仍然会对模拟剩余寿命产生重大影响。从一定数量的序列重复(通过)来看，累积频率分布的重构对线性损伤累积的加载－时间函数的影响非常小[14]。出于这个原因，在这些研究中，每个级别的频次都被一个固定因子减少，确保了大量的序列重复(通过)。

在缩放载荷累积频率分布的应力振幅时，剩余寿命有显著变化。例如，将应力水平提高 10% 会导致轴上载荷循环次数明显减少，直至轴断裂。另外，将累积频率分布的幅值减小 10% 会导致剩余寿命的显著延长。

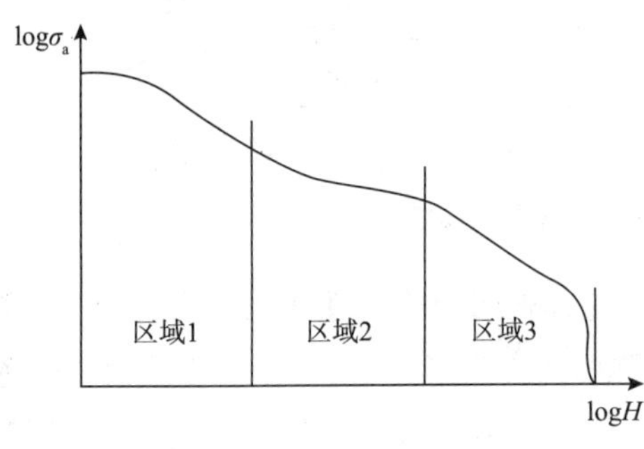

图 9.26　细分为三个区域的累积频率分布的示意图

(区域 1 高幅值，区域 2 中幅值，区域 3 低幅值)

为了预测剩余寿命(见图 9.26)，修改了一个累积频率分布作为示例，说明如何研究累积频率分布形式，尤其是累积频率分布的不同部分。累积频率分布的高幅值(区域 1)、中幅值(区域 2)和低幅值(区域 3)分别以 1.1 或 1.2 的固定因子进行缩放。这就产生三个累积频率分布，在累积频率分布的不同区域，每一个都有 10% 或 20% 的更高的幅值。

结果表明，从 2mm 的初始裂纹开始，在这个模拟中，高幅值增加 10% 和 20% 对剩余寿命有轻微影响。

另外，在较低的频率分布，特别是在累积频率分布的中间区域，振幅的增加导致剩余寿命的显著降低(见图 9.27)。这种影响的大小取决于累积频率分布和裂纹产生的应力强度因子或裂纹扩展速率范围。

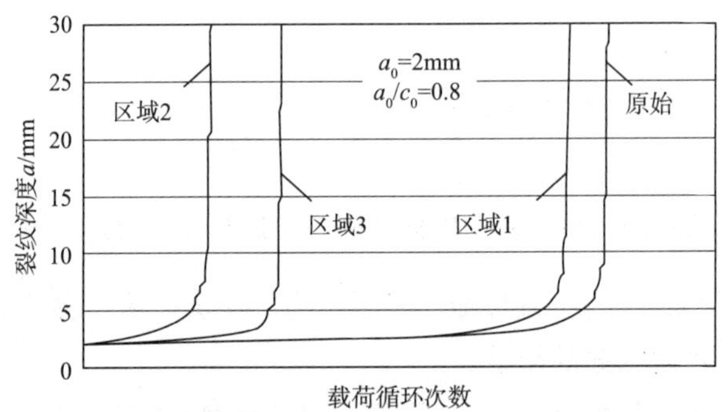

图 9.27　原始累积频率分布的模拟剩余寿命值与累积频率的下、中、上区域增加 20% 的比较

9.6.2　缺口效应和压装应力的影响

用于上述研究的 NASGRO 模型需要使用主应力集中系数，如图 9.28 所示。较高的应力集中系数 α_k 导致剩余寿命的明显减少，因为这会导致整体应力水平的提高，并伴随着循环应力强度因子的增加。

压配合会在靠近表面的邻近区域产生拉应力，随着压配合距离的增加而减弱(见图 9.25)。

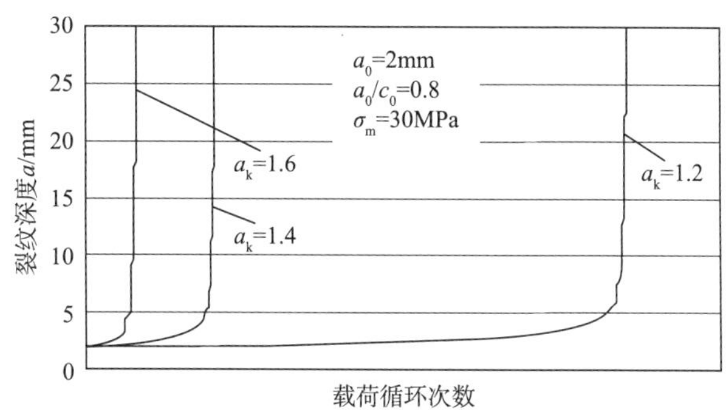

图 9.28 应力集中系数对轴的剩余寿命的影响

正压配应力类似于静态平均应力。用这个平均应力叠加弯曲应力将 R 比率从 -1 改变到更高的值。

为了检查压配应力对裂纹扩展的影响，使用 SC05 裂纹模型对不同压配应力进行了裂纹扩展模拟。图 9.29 显示了压配应力对剩余寿命产生显著影响的例子。很明显，随着压配应力 σ_m 的增加，剩余寿命降低。应力范围确实不受平均应力以及循环应力强度因子的影响，然而随着应力比的增加，裂纹扩展速率被提高。另外，Madia 等人[13]研究表明，压配应力不仅减少了剩余寿命，而且影响了扩展裂纹的 a/c 比。压配应力使表面裂纹扩展速率增大、裂纹变平。

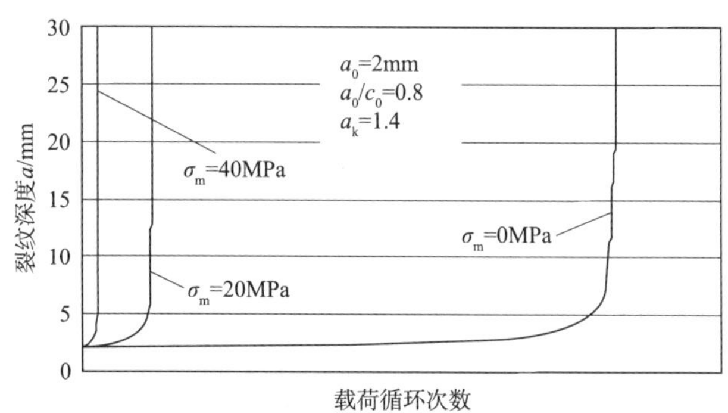

图 9.29 平均应力对轴的剩余寿命的影响

9.6.3 初始裂纹深度和几何形状对剩余寿命模拟的影响

确定剩余寿命和相关检查间隔时间基本上取决于所选初始裂纹深度和长度。然而，所使用的无损检测方法对可检测缺陷 a_{det} 的大小有决定性的影响。不同的测试方法具有不同的基本灵敏度，这些灵敏度决定于测试方法的物理基础、构件几何形状、表面状况、测试表面的可接近性和选定的测试技术(见 2.10 节)。检测概率(POD)随着裂纹深度而增加。特别是针对小缺陷的情况，决定使用哪种方法是至关重要的。初始裂纹深度越小，模拟剩余寿命越大(见图 9.30)。但应该考虑到，较小的检测极限可能导致错误的指示，需要检测员进行适当的评估。另外，模拟开始的初始裂纹几何形状起着重要作用。图 9.31 显示

了模拟结果与不同 a_0/c_0 比的比较，a_0/c_0 比分别为 0.5、0.8(半椭圆)和 1.0(半圆)。随着 a_0/c_0 比率的下降，剩余寿命也会减少。

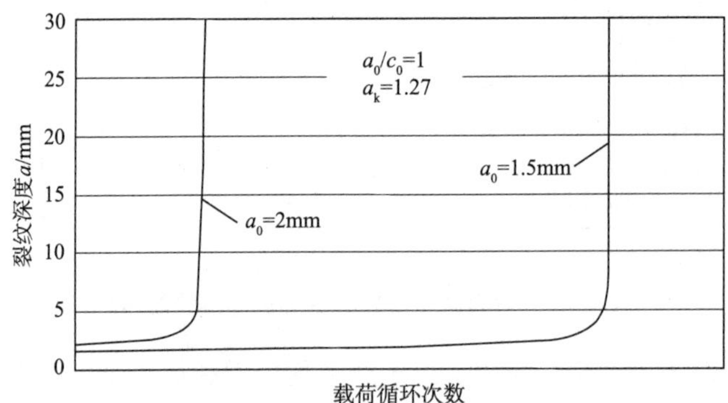

图 9.30 初始裂纹深度 a_0 对轴的剩余寿命的影响

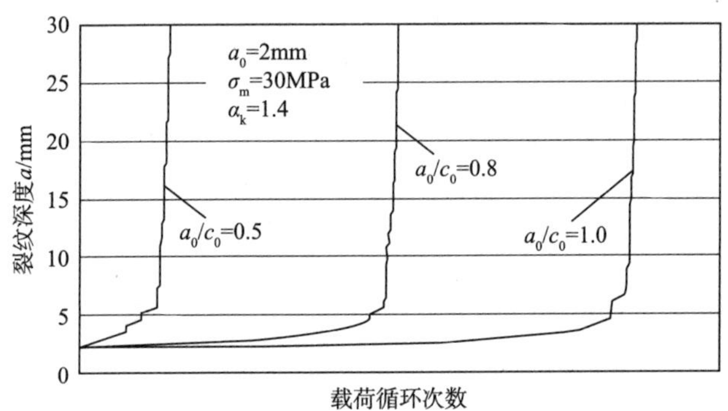

图 9.31 a/c 比对轴剩余寿命的影响

9.7 压力恢复

由灰口铸铁制成的内部高压成型机的密封盖从圆周圆角开始迅速扩展裂纹。圆角已经在大约 220°的圆周角度上裂开，如图 9.32 所示。在密封盖的顶部，可以看到裂纹已经穿过初始裂纹中间区域的盖横截面。裂纹情况和机器功能已经在文献[17]中详细描述。

图 9.32 密封盖内侧圆周圆角的裂纹

试运行结果表明，工作压力可以减少一半。

作为进一步的措施，裂纹表面应采用夹紧螺栓进行支撑，以降低裂纹前缘的有效应力强度，并降低裂纹扩展速率。通过有限元分析和适当的断裂－力学分析，确定了充分延长剩余寿命所需的紧固螺栓数目。

9.7.1 密封盖中裂纹几何建模

圆角内侧的裂纹的圆周角度为220°。裂纹已穿过袋状区域内加强筋之间的盖横截面。因此，实际的裂纹几何形状只能估计。假定具有半椭圆形状的表面裂纹。此外，裂纹相对于盖对称扩展，所以图9.33所示的半CAD模型可用于预期的检查。读者将会看到文献[17]中描述的建模过程细节。

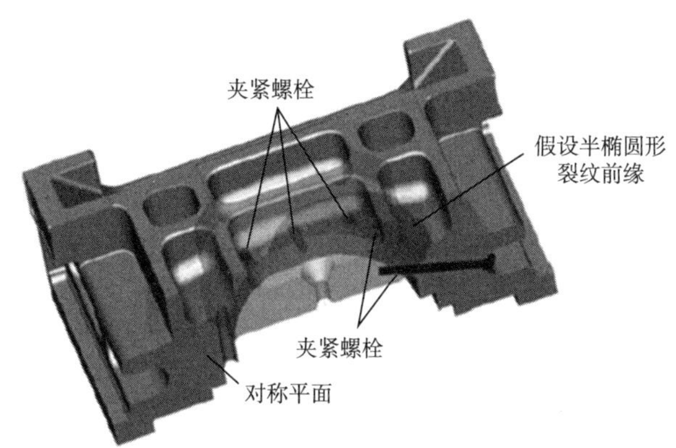

图9.33 具有夹紧螺栓的密封盖的CAD模型[17]

9.7.2 盖的应力分析

盖的应力分析涉及没有夹紧螺栓的模型、有3个夹紧螺栓的模型和有9个夹紧螺栓的模型(见图9.33)。没有夹紧螺栓的模型代表了用紧固螺栓评估修复措施的初始状态。考虑到盖的几何形状和安装的可行性，每个加强筋之间的中间侧袋状区域中安装了3个夹紧螺栓。中间的螺栓位于对称平面内，另两个位于左右一定距离处。所有夹紧螺栓都穿过裂纹表面，并与水平面成20°角，以尽可能垂直支撑裂纹表面。有限元分析的详细结果在文献[17]中给出并讨论。

9.7.3 开裂密封盖的有限元分析结果

结果表明，与无螺栓模型相比，安装3个夹紧螺栓确实减小了裂纹前缘的主应力集中，但裂纹前部区域的裂纹开口几乎不受影响。通过使用9个夹紧螺栓，裂纹前缘区域的主要拉应力集中和裂纹开口低得多，从而使得剩余寿命显著增加成为可能。这种效果主要是由靠近裂纹前沿并穿透裂纹表面附近的夹紧螺栓来实现的。

9.7.4 有限元结果的断裂力学评估

采用改进的虚拟裂纹闭合积分法(见3.7.4节)对有限元结果进行了断裂－力学的评价，以便找到总能量释放率 G。为确保沿裂纹前沿具有线性位移函数的六面体单元的均匀网格，沿裂纹前沿生成了特殊的线性六面体单元网格，并借助子模型技术进行了分析[17]。假设二维应力状态下，式(3.62)适用于应力强度因子和能量释放率之间的关系。

图9.34显示了所研究的三个模型在最大膜压下沿裂纹前缘的应力强度因子计算曲线：没有夹紧螺栓、有3个夹紧螺栓和9个夹紧螺栓。对于假定的裂纹前缘路径，在没有螺栓的模型中，裂纹前缘出现最大应力强度。在中部区，压力几乎不变。带有3个夹紧螺栓的模型的结果表明，沿着裂纹前缘的应力强度没有明显降低。在有9个螺栓的模型中，沿裂纹前缘的应力强度明显减小。由于盖处于循环载荷下，最大应力强度对应于循环应力场强度因子 ΔK。

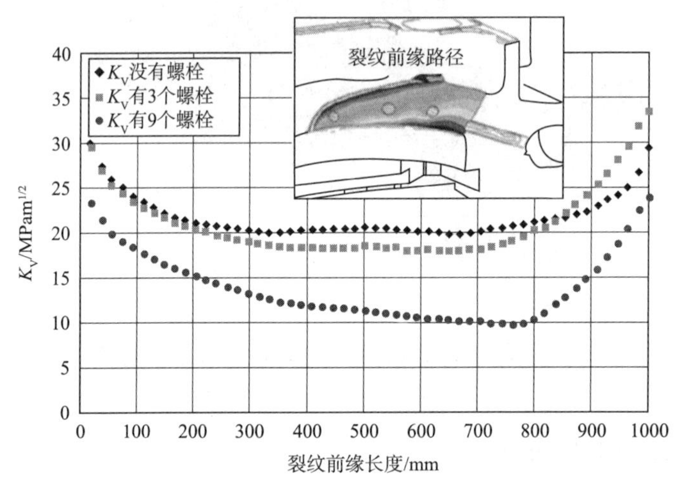

图9.34 膜压力为16MPa时沿裂纹前缘的应力强度随夹紧螺栓的数量而变化

对于没有夹紧螺栓的盖，平均循环应力场强度因子 $\Delta K = 21.8\text{MPa} \cdot \text{m}^{1/2}$。有3个夹紧螺栓和9个夹紧螺栓的循环应力场强度因子分别是 $\Delta K = 21.1\text{MPa} \cdot \text{m}^{1/2}$ 和 $\Delta K = 13.9\text{MPa} \cdot \text{m}^{1/2}$。如果材料使用断裂－力学特征值，则 ΔK 的这些值位于 Paris 裂纹扩展曲线的范围内。

9.7.5 继续机器操作的后果

上述研究结果表明，可以使用夹紧螺栓延长具有初始裂纹的机器构件的使用周期。显然，最有效的夹紧螺栓是插入裂纹前沿附近的那些。但是，即使安装了最大数量的9个夹紧螺栓(由空间限制决定)，也不可能完全阻止裂纹扩展。这是因为循环应力强度的平均值 $\Delta K = 13.9\text{MPa} \cdot \text{m}^{1/2}$ 几乎是使用灰铸铁疲劳裂纹扩展临界值 $\Delta K_{th} = 7\text{MPa} \cdot \text{m}^{1/2}$ 的2倍。然而，如果不使用夹紧螺栓，则可以预计裂纹扩展速率是3倍以上。借助所述的恢复措施，内部高压成型机的剩余寿命大大延长，并且避免了生产更换零件期间的停工期。

9.8 延长机器和设备的剩余寿命的措施

在技术实践中，偶尔会在定期检查过程中发现裂纹，然后必须决定机器或系统是否必

须立即停止使用，或者仍然可以在检查下运行，直到损坏的构件被更换或更换新机器为止。

为了避免由于生产损失造成的重大经济损失，明智的做法是在安全条件下妥善管理，持续运行设备。然而，只有在能够防止更大的损伤(例如由于不稳定裂纹扩展或断裂)时，才有可能做到这一点。为做出这一决定，本书中描述的断裂－力学检查是必需的。如果决定有监督的继续操作是可能的，那么必须考虑哪些措施可以延长机器或系统的剩余寿命(见9.8.1节)。

作为一个规则，当损坏发生时，需要提出改进设计的优化措施。9.8.2节提供了这方面的一些想法。

9.8.1 裂纹检测后机器或系统的继续运行

如果检测到裂纹，则必须考虑哪些措施可以确保机器或系统的(通常)有限的进一步操作，必须借助现有的运营数据来评估裂纹的危险性。另外，需要回答以下问题：

(1)从何时开始运行机器或系统？

(2)在这段时间内，它已经经历了什么样的负载和负载循环？

(3)机器是否有过停机或过载？

(4)什么时候发现裂纹？从那以后它扩展了吗？

(5)裂纹尺寸有多大？(注意：这个问题不容易回答，因为裂纹通常只在表面上才看得见。)

(6)用哪些材料制造了损坏的构件？

(7)是否有重要数据？(注意：通常，公司不能提供断裂－力学材料数据。)

(8)发现的裂纹是否会变得不稳定，从而导致构件突然断裂或系统崩溃？

(9)受损构件或系统的剩余寿命有多长？

(10)受损机器或系统的持续运行有哪些危险？

(11)在特定情况下，能否负责任地继续操作机器，直至更换构件、机器或系统完全翻新？

(12)可以引入哪些控制措施以及可用的控制方法？

9.8.1.1 定期检查后继续运行

在估计或具体确定剩余寿命之后，必须确定系统的进一步有限操作是否可行。根据剩余寿命，必须建立适当的检查方法和检查间隔，以确保安全操作。此外，这些检查确保我们对以前关于裂纹扩展率和剩余寿命的假设进行双重检查。

9.8.1.2 在降载情况下继续运行

在检测到裂纹之后，经常可以在小于满负荷的负载下操作机器或系统(如果是临时的)，而且在机器操作或产品制造中没有明显的限制。然而，减少负载通常会导致剩余寿命的显著延长。图 9.35(a)说明了这一点。

图 9.35(b)显示了负载减少对循环裂纹扩展速率的影响。

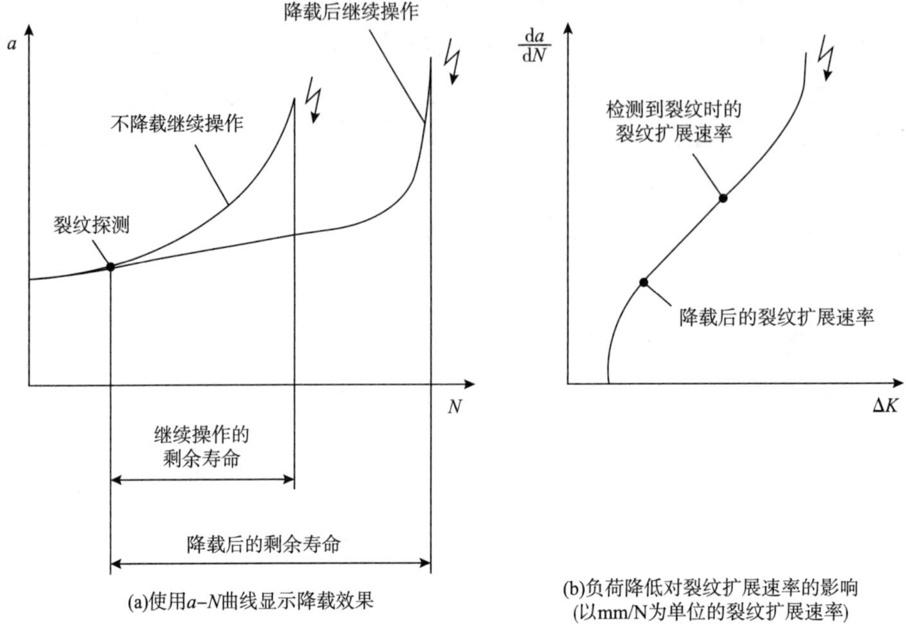

图 9.35 通过降低操作负载实现的剩余寿命延长

9.8.1.3 通过具有针对性的恢复措施来延长剩余寿命

受损构件的剩余寿命也可以通过有针对性的恢复措施来加以延长。例如，这可能包括使裂纹变得平滑或堆焊。对于疲劳开裂较大的构件，用夹紧螺栓桥接裂纹也有助于减小裂纹局部应力和应变，从而减缓裂纹的扩展，例如：可以使得大铸件中的大裂纹变得稳定；损坏的构件可以在下一个公司假期进行更换，而不需要做更多其他工作(见 9.7 节)。

9.8.1.4 更换损坏的构件

所有恢复措施的目标必须是用新的构件替换损坏的构件。在这个过程中，优化措施的目标是处理局部应力(避免或减少缺口效应)，确保制造过程完美或使用新的、不易受裂纹影响的材料，应该在时间允许的情况下予以处理。

9.8.2 新设计的优化措施

如果决定要立即或在监督继续操作一段时间后更换损坏的构件或机器，应考虑以下建议。

9.8.2.1 限制或减少构件负载

借助诸如功率限制、过载保护、安装预定断裂点、减震、主动悬挂或优化结构中的力

传递等特定措施，可以实现限制或减轻关键构件的负载。如 9.8.1.2 节所示，减少负载意味着增加剩余寿命。

9.8.2.2 减少构件中的局部应力

裂纹扩展通常始于几何形状或材料的不连续性。因此，目标应该是防止和减少缺口、连结或铸造缺陷。

应力峰值可以通过改善全局和局部力流而得以缓解，只需稍微改变该力流方向。也就是说，通过优化构件的形状，有针对性地布置和改进缺口的几何形状，可以帮助减小局部应力，由此防止裂纹产生或至少阻碍裂纹扩展。

9.8.2.3 选择不易开裂的材料

第 5.3 节中通过比较显示了断裂 - 力学材料特性值的变化情况。

如果所有其他措施都证明无益，则选择不易受裂纹影响的材料是另一种可能的途径。为了防止或减少疲劳裂纹扩展，应将重点放在临界值 $\Delta K_{\mathrm{I,th}}$ 和疲劳裂纹扩展较低区域($\mathrm{d}a/\mathrm{d}N - \Delta K$ 曲线)上。

然而，材料并不总是需要改变的。在某些情况下，用不同的热处理方法使材料不易产生裂纹就足够了。

9.8.2.4 防止制造缺陷

除局部应力集中之外，制造缺陷通常也会导致疲劳裂纹扩展。因此，应避免制造缺陷，如表面划痕、深槽等，对于连接构件产生的缺陷也是如此。

9.8.2.5 优化潜力

如果遵循上述建议，则许多构件和结构具有相当大的优化潜力，我们应该利用这种潜力。作者希望生产商在这方面，取得成功。

参考文献

[1] Richard, H., Sander, M.: Technische Mechanik. Festigkeitslehre. Vieweg + Teubner, Wiesbaden (2011).

[2] UIC - Merkblatt 510 - 5 - Technische Zulassung von Vollrändern, 14. Entwurf, Dezember 2001.

[3] DIN - EN 13979 - 1: Bahnanwendungen, Radsätze und Drehgestelle, Räder, Technische Zulassungsverfahren - Teil 1: geschmiedete und gewalzte Räder. Beuth - Verlag, Berlin, 2001.

[4] Richard, H. A., Sander, M., Kullmer, G., Fulland, M.: Finite - Elemente - Simulation im Vergleich zur Realität. MP Materialprüfung 46, 441 - 448 (2004).

[5] Richard, H. A., Fulland, M., Sander, M., Kullmer, G.: Fracture in a rubber sprung railway wheel. Eng. Fail. Anal. 12, 986 - 999 (2005).

[6] Richard, H. A, Kullmer, G.: 3D - Finite - Elemente - Spannungsanalysen für gummigefederte Räder. Der

Eisenbahningenieur 10, 37 –41 (2005).

[7] Richard, H. A. , Fulland, M. , chöllmann, M. , Sander, M. : Simulation of fatigue crack growth using ADAPCRACK3D. In: Blom, A. F. (ed.) Fatigue 2002. In: Proceedings of the 8th International Fatigue Congress, Stockholm, Sweden, S. 1405 – 1412 (2002).

[8] Sander, M. , Richard, H. A. : Lebensdauervorhersage unter bruchmechanischen Gesichtspunkten. MP Materialprüfung 46 (2004) S. 495 – 500.

[9] Kullmer, G. , Sander, M. , Richard, H. A. : Ermittlung der Versagensursache von Verschlusskörpern einer Innenhochdruckumformmaschine. MP Materialprüfung 48, 513 –519 (2006).

[10] Fulland, M. , Sander, M. , Kullmer, G. , Richard, H. A. : Analysis of fatigue crack propagation in the frame of a hydraulic press. Eng. Fract. Mech. 75, 892 –900 (2008).

[11] Sander, M. , Richard, H. A. : Ermittlung bruchmechanischer Kennwerte im Bereich der Verkehrstechnik. In: DVM – Bericht 236, Fortschritte der Bruch – und Schädigungsmechanik, Deutscher Verband für Materialforschung und – prüfung e. V. , Berlin, 2004, S. 131 – 140.

[12] Fulland, M. , Sander, M. , Richard, H. A. , Hack, M. , van der Linden, G. , Guillaume, P. : Simulation der Ermüdungsrissausbreitung in einem Slat Track. In: DVM – Bericht 239, Deutscher Verband für Materialforschung und – prüfung e. V. , Berlin, 2007, S. 123 – 132.

[13] Madia, M. , Beretta, S. , Zerbst, U. : An investigation on the influence of rotary bending and press fitting on stress intensity factors and fatigue crack growth in railway axles. In: Eng. Frac. Mechanics 75, 2008, pp. 1906 – 1920.

[14] Lebahn, J. Sander, M. : Untersuchungen zur Restlebensdauerberechnung mit NASGRO an eigenspannungsbehafteten, abgesetzten Hohlwellen. In: DVM – Bericht 242, Deutscher Verband für Materialforschung und – prüfung e. V. , Berlin, 2010, S. 103 – 112.

[15] Sander, M. , Richard, H. A. , Lebahn, J. , Wirxel, M. : Fracture mechanical investigations on wheelset axles. In: Proceedings of 16th International Wheelset Congress, Kapstadt, Südafrika (2010).

[16] Sander, M. , Richard, H. A. : Vorhersage des Risswachstums in Radsatzwellen zur Festlegung von Inspektionsintervallen. In: DVM – Tag 2010, Die Eisenbahn und ihre Werkstoffe – Neue Entwicklungen in der Bahntechnik, Deutscher Verband für Materialforschung und – prüfung e. V. , Berlin, 2010, S. 121 – 130.

[17] Kullmer, G. , Richard, H. A. : Bruchmechanische Untersuchungen zum Einfluss der Verspannung von Rissflächen mit Spannschrauben auf die Risswachstumsgeschwindigkeit im Deckel einer Innenhochdruckumformmaschine. In: DVM – Bericht 241. Deutscher Verband für Materialforschung und – prüfung. , Berlin, 2009, S. 273 –282.